电力焊接
技术管理

张佩良　张信林　编著

（第二版）

中国电力出版社
CHINA ELECTRIC POWER PRESS

内容提要

近年来，我国新建的大型机组广泛选用了大容量、高参数超临界、超超临界机组，锅炉及管道普遍采用新型高含量耐热钢材，对焊接、热处理工艺的要求更加严格，保证焊接接头的使用寿命及机组投产运行后的长期稳定性显得更加突出。

本书全面、详尽介绍了电力建设焊接技术管理工作。全书共8章，分别是：火电建设焊接工作的发展历程、焊接施工管理、焊接工艺评定管理、焊工培训管理、焊接质量管理、焊接工程验评管理、焊接热处理管理和焊接工程监理等。

本书适用于初涉焊接技术管理的人员、各级焊接主管、焊接质量检查人员和其他参与电力焊接管理工作的各类焊接人员。

图书在版编目（CIP）数据

电力焊接技术管理/张佩良，张信林编著. —2版. —北京：中国电力出版社，2013.10（2018.6重印）

ISBN 978-7-5123-4924-7

Ⅰ.①电… Ⅱ.①张…②张… Ⅲ.①焊接－技术管理 Ⅳ.①TG4

中国版本图书馆CIP数据核字（2013）第219829号

中国电力出版社出版、发行

（北京市东城区北京站西街19号 100005 http://www.cepp.sgcc.com.cn）

三河市百盛印装有限公司印刷

各地新华书店经售

*

2006年3月第一版

2013年10月第二版 2018年6月北京第四次印刷

787毫米×1092毫米 16开本 19印张 467千字

印数9001—10000册 定价**80.00**元

前 言

随着国民经济的持续、稳定发展，人民生活水平日益提高，对电力供应的需求愈来愈大，这就促使电力工业必须做到适度超前，以适应国民经济前进及人民生活用电的需求。

目前，我国火力发电机组多以燃煤、燃气为主要能源，提高机组的热效率、满足环境保护要求、减少有害气体排放污染成为努力奋斗的目标。为此，近年来我国新建的大型机组广泛选用了大容量、高参数超临界、超超临界机组，锅炉及管道普遍采用新型高含量耐热钢材，对焊接、热处理工艺的要求更加严格，保证焊接接头的使用寿命及机组投产运行后的长期稳定性显得更加突出。

经过长期实践的积累，电力工业在焊接技术管理方面已经形成了“以质量管理为核心，以贯彻规程标准为主线”的全面管理，并在实际管理过程中实行了以“严格工艺纪律、规范操作过程”统一认识和行为，规范了焊接过程的监控及质量验收和评价工作。

本书自2006年出版以来，经过近8年的应用，已被电力行业焊接专业举办的焊接质检人员培训班使用，对提高人员素质起到了一定的作用。近年来，由于多部规程的修订和出版，尤其是焊接质量验评新规程的出版，修订本书显得更为迫切。为此，在广泛征求意见和收集资料的基础上，对第六章焊接工程验评管理和第八章焊接工程监理做了重点修订，对其他各章做了适度的修改，对原错误之处做了勘误和修正，对不足之处做了必要的补充。

另外，由于焊接技术不断地进步，电力行业相关标准陆续修订，为及时使用或参照新标准、新规程，对在本书中涉及的标准、规程明确了使用原则，即凡是不注明发布年号的，使用时应采用最新版本。

由于编者水平所限，修订后仍会存在不足之处，敬请焊接同仁不吝指正。

编者

2013年5月

第一版前言

为适应电力工业发展和满足广大焊接工作者需要，中国电机工程学会电站焊接专业委员会从1996年开始策划、收集资料、拟定编写本书大纲和选定编写人员组织编写，至2001年完成了初稿。经电力焊接质检人员、焊接热处理人员培训班试用，在听取意见并作了认真分析和调整后，于2003年完成第二稿。在进一步广泛征求意见的基础上，并贯彻“以人为本、人才强国”战略思想，以尽快提高广大焊接工作者管理水平为目的，针对电力形势发展需要和电力焊接工作特点，于2005年又作了调整和完善，增补了新内容，现正式出版。

编写中以电力建设焊接技术管理工作为基础，涉及范围较广，既提出了技术管理的内容，又介绍了工作方法，且强调了应做到什么程度，对参与电力焊接技术管理工作的各类焊接人员都有重要参考价值，同时，对深入发展和健全完善焊接技术管理工作能起到一定作用。

本书由张佩良、张信林主编，并邀请焊接工程施工经验丰富和具有专长的人员提供技术资料，他们是齐绪伯、齐向前、尚承伟、廖传庆、严正等。

本书是以总结施工管理经验为基础，以指导电力焊接技术管理工作为目的而编写的，且以初涉焊接技术管理的技术人员、各级焊接主管、焊接质量检查人员和其他焊接人员为应用对象。故编写中采用了实用手法，文字上力求深入浅出，简洁易懂；内容上尽量多地吸收规程、标准和管理制度规定，并以其为主线；结构上按施工顺序编排，目的是让应用者对焊接技术管理工作的内容和做法有较全面了解，使从事该项工作人员有所借鉴。

电力工业焊接专业技术管理资料过去没有系统、全面地总结，这对发展和开拓焊接工作很不利，本书在这方面是第一本，其所涉及的内容比较全面，基本上包括了电力工业焊接技术管理工作的各个环节，是一本有利于焊接工作发展的技术管理书籍。

但由于水平所限和参考资料缺少，尚存不足。本书如能对大家有所启发和帮助或起到“抛砖引玉”作用，引起广大电力焊接工作者注意，将使更多经验总结出来，使更多从事电力焊接技术管理工作的同行受益，熟练地开展工作，实行严格管理，确保焊接工程质量，就达到了编者的初衷。

编者

2005年6月

目 录

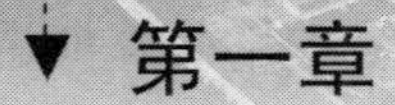

第一章

火电建设焊接工作的发展历程

电力是国民经济的基础产业之一，是国家历来发展的重点工业。1949 年新中国成立初期，我国发电容量仅有 185 万 kW，到 2012 年我国装机容量达到 11.4 亿 kW，是新中国成立初期的 616 倍。电力工业的发展对提高我国的综合国力和人民生活水平起到了极为重要的作用。

在火电建设中，焊接工作是一项重要的安装工艺，它直接关系到工程质量、建设速度以及投产以后的安全运行。现在各级领导越来越清楚地认识到焊接工作的重要性，因而在工作中给予了很大的关注。电力行业的广大焊接工作者爱岗敬业、勤奋学习，不仅很好地完成了工程建设任务，而且在科研、技术进步、队伍建设和技术管理等方面也取得了很大成绩。回顾火电建设焊接工作走过的历程，对今后焊接工作的发展会很有裨益。

第一节　焊接队伍的概况

1949 年新中国成立初期至 1952 年，是国民经济三年恢复时期。这个时期主要是修复旧中国遗留的残缺发电设备，主要依靠电厂的检修队伍来完成。1953 年我国开始第一个五年计划，国民经济进入发展时期，为适应火电建设工作的需要，陆续在东北、华北、华东、西北、中南组成了专业的火电建设队伍。1953 年开工建设的黑龙江富拉尔基热电厂是苏联援建的第一座高温高压火力发电厂，1955 年第一台机组发电，并由此奠定了电力焊接事业发展的基础。

一、焊接队伍的建立和发展

富拉尔基热电厂建设过程中，通过工程实践和技术培训班，培训出了我国第一代高压焊工和焊接技术人员。后来，这些人多数成为全国各地电建单位的技术骨干和带头人。可以说，富拉尔基工程是我国电力焊接技术人员和高压焊工的摇篮。与此同时开工的太原第一发电厂（360 工程）是苏联援建的中温中压电厂，通过工程建设和培训，为华北、西北地区培养出一批中压焊工。电力部基本建设总局（后为电力建设总局）分别于 1956 年在吉林、1957 年在兰州集中举办了三期高压焊工培训班，为全国各地培训出了 100 多名合格高压焊工。

到第一个五年计划完成时，我国已建成适合现代化建设的施工队伍。到 1965 年底，全国有 24 个独立的火电建设公司（处），从事焊接专业工作的约有 2000 人，其中：合格高压焊工 600 人左右，焊接技术人员 150 人左右。

二、焊接技术人员的培养

第一个五年计划期间，我国的高等院校和中等专业学校基本上没有焊接专业毕业生，焊接技术人员都是从其他专业改行过来的。为了解决焊接专业人员不足和水平不高的问题，电力建设总局于1957、1959年在北京良乡电力建设研究所举办了两期焊接技术人员培训班，有近100名具有中专、大学学历的人参加。经过系统的专业理论培训、考核，培训出一批焊接专业人员，并分布到全国各地火电建设队伍。

“文化大革命”期间，由于高等学校和中等专业学校停办，补充焊接技术人员没有来源。到了20世纪70年代初期，机组的安装工作遇到了新的问题：由于引进了法国、日本、意大利、苏联的机组，再加上我国生产的大型机组，各地普遍感到焊接技术人员数量不足和水平不高，对电力建设工程有所影响。水利电力部基建司于1975、1976年委托西安交通大学机械系焊接专业举办了两期时间为8个月的焊接专业短训班，有90多人参加，为各电建单位补充了一批急需的焊接技术人员。

改革开放以来，为适应电力工业发展形势引进大机组，通过这些大机组的安装，锻炼了队伍，培养了人才，但同时感到焊接人员不足的问题仍较突出，因而必须考虑培养适合电力系统需要的金属焊接人员。1978年以后，在电力部武汉水利电力大学机械系建立了金属焊接专业，其毕业生分布在电力系统的各个工作岗位上，同时也注意到在职焊接金属人员的培训和再教育。

三、大力开展焊工培训和考核

长期以来，电站焊接施工主要是手工电弧焊和手工钨极氩弧焊。其质量是靠焊工的技艺来保证的。从20世纪50年代开始，电力系统就很重视焊工的培训和考核工作，所有的焊工均需经过基础培训，练就了良好的基本功。

为保证发电机组安装质量，对所有的中压焊工、高压焊工坚持经考试合格才能上岗工作。即使在十年动乱期间，各电建单位也未放弃焊工培训和考核。“文化大革命”以后，为适应大机组安装工作的需要，对焊工的培训和考核提出了更高的要求。由于焊接队伍的扩大，焊工人数的剧增，原来“以考为主，以培为辅”的分散培训和考核，既不经济，也不先进，已不能适应发展的需要，为此，转向了“以培为主，以考为辅”的集中管理模式。各单位按“培训机构审验办法”要求，成立固定的焊接培训中心，经原电力部审核，至今已陆续批准成立了72个一级焊接培训中心（其中火电系统单位有69个）。为了搞好培训工作，相继出版了焊工培训教学大纲、焊工技术问答、焊工培训教材（焊工培训基础教材和焊工培训实用教材）、氩弧焊培训教材和焊工比赛理论试题库等。

目前电力系统的焊工在管道焊接方面处于国内领先水平，安装焊工的技能水平，可以说达到了国际水平。

四、其他焊接人员的培养

为保证焊接质量，仅靠焊工的自检是不够的，必须有行之有效的质量管理和监督。1992年颁发的电力建设施工及验收技术规范（火力发电厂焊接篇）明确提出：焊接各类人员（焊工、焊接质检员、焊接检验人员、热处理人员和焊接技术人员），必须经过培训和考核，做到持证上岗。

1. 无损检验人员的培训和考核

早在1979年，原电力部在国内首先提出无损检验人员的培训和考核办法。据此，对电力系统的无损检验人员分级进行了培训和考核。之后，劳动部门也颁发了无损检验人员的考核办法。

火电建设单位的高、中级无损检测人员（射线、超声波）均做到持电力、劳动两部门颁发的证件上岗。

2. 焊接质量检查人员的培训和考核

焊接质量除焊工自检外，还必须进行专业检查。专职的焊接质量检查员必须经过培训，做到持证上岗。电力部基建司在1986年开始委托部焊接信息网承办焊接质检员的培训考核工作，经过严格的理论考试和答辩通过者方能取得中级、高级质检员资格证书。目前火电建设49个公司都有持证的焊接质检员。

焊接质检员培训和考核工作，电力行业首开国内先例。

3. 光谱人员的培训和考核

为了防止错用钢材、焊材，光谱分析工作十分重要。原水电部基建司于1988年以来委托浙江火电建设公司、江苏电建一公司和新天光仪公司湖州分公司联合举办了光谱中、高级人员培训班，参加人员基本上覆盖了电力工业系统基建、生产和修造部门。

4. 热处理人员的培训和考核

焊后热处理是否严格按照规范要求作业，关系到消除焊接接头的残余应力、改善焊缝组织和性能，特别是对合金耐热钢尤为重要。1988年以来，东北电力试验研究院为电力系统举办了热处理培训考核班，火电建设系统内有关单位均有持证的热处理人员。

第二节 焊接技术的成就

自20世纪50年代起，我国注意引进技术的消化吸收工作，博采各国焊接技术之长，建立科研基地，创新焊接工艺，同时研制焊接材料。

一、科研基地的建立和新技术的应用

1. 建立焊接科研基地，积极开展研究工作

1956年，在水电部电力建设研究所设置焊接室，于十年动乱时下放解体，1978年重建。各大区及一些省市的电力试验研究所（院）内也设立了焊接室（组），各电建单位均设有金属焊接试验室。这样就在电力系统内形成了一个科研网。由各科研机构针对电站焊接中产生的问题进行研究，保证了电力建设顺利进行。

新中国成立以来，焊接科研取得了大量成果，如：铜铝焊接接头、焊制高压三通、汽缸补焊、汽包补焊、小口径全位置自动焊、耐热钢焊接性研究、焊接工艺评定、中频热处理等。

2. 形成电站专用焊条系列

新中国成立初期，我国电站用焊条主要依靠从苏联、民主德国、捷克等国家进口。一直到1958年，由当时水电部电力建设总局在上海建立了自己的焊条厂——上海电力备品厂（现上海电力修造总厂）。上海电力修造总厂（电力牌）具有多个生产品种，质量稳定，基本上满足了电站焊接的需要，此外，还可以为电站焊接生产特殊用途的焊条。20世纪70年代，为了推广氩弧焊接的需要，该厂与上海电力建设局科研所合作专门研制了TIG焊丝系列来替代进口焊丝，为国家节省了外汇。该焊丝的研制成功，系国内首创，填补了国内氩弧焊丝生产的空白。

3. 积极推广计算机在焊接技术管理上的应用

从20世纪80年代开始，一些电力建设单位开始使用计算机，仅限于数据统计、表格打印等简单应用。到了20世纪90年代，开发了一些管理方面的软件，对提高工程的焊接管理水平、监控工程质量起到了很大的作用。其中东北火电一公司开发的焊接技术管理软件较好，是结合我国焊接施工经验以及科学管理方法而制定的，它具有覆盖面广、简便、快速、容量大、能绘图等特点，且容易学，好掌握；浙江火电建设公司金属试验室开发的MISS系统实用、快捷。以上两个单位开发的软件不同程度在电力建设单位推广。同时，其他一些电建单位也结合自己的情况，积极开展计算机软件的开发和应用。火电建设单位在焊接技术管理和金属试验室的管理上不同程度地推广了计算机的应用。

二、焊接工艺的更新和完善

1. 掌握了中、高合金耐热钢焊接和热处理技术

我国火力发电设备使用的钢材，10万kW及以下机组以碳钢、铬钼钢和铬钼钒钢为主，经过30多年逐步过渡到大容量高参数机组，以合金钢为主。目前常用的合金钢号达20多个，合金钢中，合金含量范围在0.5%～12%之间，另有少量的奥氏体不锈钢。按金相组织划分则有珠光体、贝氏体、马氏体及奥氏体耐热钢。由于合金元素含量的增加，对焊接技术要求更高。为交流沟通大机组焊接技术经验，1974年和1979年水电部召开了两次大机组焊接技术会议，每次都有100多人参加。1990年在北仑60万kW机组工程现场专门召开了一次引进大机组焊接技术研讨会，并出版了大机组焊接技术专辑，使各单位普遍掌握了大机组的焊接要点。

为了掌握P91钢的焊接工艺，国家电力公司火电建设部于1999年在日照、2000年5月在邯峰工程现场召开P91钢焊接专题研讨会，交流经验。在焊接篇未修订前，出版了P91钢焊接暂行技术规定（后为工艺导则）。

20世纪70年代以前，焊接接头焊后热处理以电阻炉、电感应加热为主，个别也有氧—乙炔火焰加热，以上几种方法均为手工操作和控温记录，因而热处理质量不够稳定。20世纪70年代以后，焊后热处理工作普遍采用工频、中频感应加热和远红外线加热方法、自动控温和自动记录，不但减轻了劳动强度，而且提高了热处理质量。

2. 全国推广氩弧焊接工艺

通过多年来的电站焊接工作，掌握了不同类型的焊接工艺和操作方法。最初学习苏联管道带垫圈以酸性焊条为主的工艺，之后吸取东欧一些国家的焊接特点，采用不带垫圈的根部“击穿熔透法”，以及碱性焊条的“连弧焊法”等。带垫圈根部焊层易出现裂纹，目前已被淘汰。而“击穿熔透法”和“连弧焊法”焊工较难掌握，易出现“内凹、烧穿、焊瘤”缺陷，尤其是焊根处的药渣很难清除掉，影响汽水品质。

随着机组容量的增大，安全要求日益提高，为确保管道焊缝质量，在20世纪70年代中期开始采用氩弧焊打底、电焊盖面的新工艺。由于这一工艺的优质高效，很快在全国电建部门推广使用。为推广氩弧焊工艺，曾于1975年在上海闸北电厂、1979年在天津电力建设公司举办了三期氩弧焊工培训和考核，为全面推广奠定了基础。20世纪90年代以后，很多电力建设单位对小径管焊接采用了全氩弧焊接工艺。在采用氩弧焊的过程中，不断发展和创新了氩弧焊工艺方法，有内加丝、外加丝和摆动摇滚法等工艺手法，解决了焊缝成型和困难位置的焊接问题。可以认为，我国电站焊接的焊条电弧焊和手工钨极氩弧焊的水平已经达到世

界水平。同时根据电站施工的特点改进了氩弧焊工具，并研制简易直流氩弧焊机，为全面推广氩弧焊创造了条件。

三、新设备的推广应用

1. 采用新型电子整流式逆变电焊机

过去电力系统使用的焊接设备主要是交流焊机和AX系列旋转式直流电焊机，约有2万台左右（火电建设单位）。从20世纪90年代开始，国家明令淘汰能耗高、技术落后的AX系列电焊机，逐步采用整流式逆变焊机，电力建设单位广泛选用进口和国产逆变焊机。

2. 金属试验设备的更新

为了保证电力建设的焊接质量，加强焊接质量的监督检验工作，原电力工业部质量监督中心总站对火电建设的金属试验室进行资质认证。认证内容包括质量体系、人员状况、设备品种和数量以及企业的安装业绩等。火电建设单位普遍通过一级资质金属试验室认证。

通过认证的单位为能适应30万kW及以上机组的安装，均配备先进的无损探仪器，如视频显微镜、金属内窥镜、金属分析仪、自动洗片机、数字式超声波探伤仪等20世纪90年代先进设备和仪器，为做好焊接、金属质量的监督工作起到有力的保证作用。

第三节 焊接技术管理体系的形成和任务

焊接技术管理工作是开展焊接工作的基础和核心，是一项专业性极强的工作，同时，它也是工程总体技术管理的重要组成部分，其实施程序对总体技术管理有极大的影响。50多年来，从事焊接技术管理工作人员勤奋努力地工作，在上级主管部门的指导下，从人员资质培训和考核、质量控制与监督、工作的规范等多方面，都有很大的发展，尤其是在专业规程、标准编制和管理制度建立等方面做了大量工作。目前，在电力行业中，焊接技术管理已形成一套全面、完整的管理体系。

一、焊接技术管理体系形成过程

电力行业焊接技术管理是从零开始的，是在学习、分析和吸收国内、外经验的基础上发展的，忆其历程，归纳起来，可分为三个阶段。

1. 第一阶段：从解放初至20世纪50年代末

我国火电建设从第一个五年计划开始直到20世纪50年代末，基本上是安装苏联、捷克、民主德国、波兰、罗马尼亚等国家10万kW及以下发电机组。当时，锅炉、管道使用的钢材主要是碳钢、低合金钢，焊接方法是焊条电弧焊和手工气焊，使用的焊接材料也多从国外进口，执行的焊接规程、标准也是国外的。

由于大量地接触国外设备和资料，充实和丰富了专业人员的知识，提高了能力，对行业特点有了一定的认识，具备了探索形成具有行业特色的自己的管理模式和确立发展方向的条件，因此，该阶段焊接技术管理工作处于学习、积累经验，刚刚起步阶段。

2. 第二阶段：从20世纪60年代初至20世纪80年代中期

1958年以后，我国生产了仿苏联的中压和高压发电机组，20世纪60年代初期，在学习苏联等国家经验的基础上，随着积累的丰富，开始走自己的路，1962年编制了我国火力发电厂第一套焊接技术规程，即《碳素钢、低合金钢子管子电弧焊接暂行技术规程》和《碳素钢、低合金钢子管子气焊暂行技术规程》。

20世纪70年代开始，我国陆续兴建一批国产12.5万、20万、30万kW发电机组，并引进日本、法国、意大利等国家20万、25万、30万、32.5万kW发电机组，同时也引进氩弧焊等新技术，除丰富了焊接工艺外，在焊接技术管理上也积累了经验。经过安装大型机组锻炼，焊接人员专业能力也得到了提高。在此基础上于1977年编制了《电力建设施工及验收技术规范　火力发电厂承压管子焊接篇》，随后又于1982年编制了《焊工技术考核规程》。

20世纪80年代初期，经过对工程实践经验的总结和国外资料的分析，广泛地应用于技术管理中，同时，专业人员对焊接技术管理有了较为清晰和深刻的认识，使技术管理工作得到了完善和进一步的发展，并于1980年先后编制和颁发了一套焊接技术管理制度，如《焊接施工组织设计编制条例》、《焊接技术交底制度》、《火电施工焊接质量检验及评定标准》等。从此，焊接技术管理朝着一条较为规范的思路发展。回顾这个阶段，应是焊接技术管理工作奠定基础、确定发展方向的阶段。

3. 第三阶段：从20世纪80年代中期至今

20世纪80年代中期，随着国产第一台60万kW以及国产和引进50万、60万、66万、80万、90万kW和100万kW等超临界和超超临界大型机组的安装，我们注重了技术引进、消化吸收，通过推广应用焊接新工艺、新技术、新材料和新设备，以及广泛地组织大型机组焊接技术研讨会、座谈会、交流会等活动，电力工业焊接工作得到了迅猛发展。在博采众长、认真总结的基础上，焊接技术管理工作，有了清晰的轮廓，理清了管理工作层次，理顺了相关环节关系，确立了管理内容，目前已经形成了具有一定规模、系统的管理模式。

这阶段是电力行业焊接工作大发展和技术管理工作稳步发展时期。管理工作方向已经明确，管理工作内容已经清晰，全面、规范的管理系统已经形成，已建立了层次清楚、条理分明的管理体系和网络，按照电力行业焊接技术管理规律制定了许多制度、规定和要求，指导着电力行业焊接工作。因此，这一阶段是焊接技术管理工作向着全面、完善方向发展的阶段，也是不断总结、不断提高的阶段。

二、焊接技术管理的任务和核心

电力建设中，焊接是个较小的专业，是配角，但又是一个对工程质量影响极大的专业，具体上既被人们重视，而在总体上又很难处理好相关的问题，焊接工作者必须了解这一特殊性，才能在确定的岗位上，竭尽全力地完成所承担的工作。

按焊接工作特点、规律和工程施工阶段不同，焊接技术管理工作有不同的重点和内容，但焊接工作者首先必须了解焊接技术管理的任务，对总体管理工作有清晰的概念，明确的目标，以使技术管理工作沿着正确的轨道发展。根据对多年积累经验的总结，在实施管理活动中，电力行业焊接技术管理工作现在已形成了“以质量管理为核心，以贯彻规程、规范、标准为主线”的管理体系，并以此为基础开展焊接工作。

1. 电力工业焊接工作特点

（1）随着发电设备单机容量增大、参数增高，使用的钢材品种多、合金成分复杂、含量高。特别是近20多年来，引进了很多国外机组，其钢材、焊材更为繁杂，因而对焊接工艺提出了更高的要求，焊接技术管理工作复杂。

（2）机组容量、参数的提高，势必使设备和管道的规格（管径、壁厚）相应变大，致使焊接应力加大，连续焊接时间加长，焊工劳动强度越来越大。

(3) 焊接结构复杂，各种空间位置的焊接接头数量巨大，施工条件和环境难度增加，在目前仍以手工焊为主的施焊方法下，焊工操作困难，极易出现焊接缺陷，焊接质量易受人为因素干扰，对焊工技术能力提出了更高要求。

(4) 施工过程中，焊接期限短，需用焊工量大，检验数量增加，对焊工的调配、使用提出了更高的要求。

同时，在焊接工程施工组织中，还具有阶段性、被动性、紧迫性和规范性等特征。

从以上特点可以看出，焊接工程质量是电力建设总体质量的一个重要环节，它直接影响电厂的安全运行，因此焊接工作必须树立“质量第一”的思想，贯彻“以防为主，以治为辅”的方针，实施全过程的质量控制、质量检验和质量监督。

2. 焊接技术管理的任务

(1) 熟悉、掌握、正确贯彻党、国家对电力行业的一系列方针政策，按电力建设规律和焊接工程特点组织施工，优质、高效完成电力建设任务。

(2) 保证发电设备的总体质量和焊接质量，不遗留隐患，为发电设备投产运行，经济、安全、稳定地发供电奠定良好基础。

(3) 准确地理解和贯彻电力建设的有关规程，焊接质量必须符合专业规程质量标准，焊接各项施工组织工作必须符合相关规范的规定。

(4) 注重焊接各类人员的培训与考核，坚持持证上岗，采取措施努力提高其素质，保证技术能力的稳定，注意改善施焊环境，确保焊接人员身心健康。

(5) 焊接工程尽可能地采用新技术、新材料、新工艺、新设备，科学地开展焊接各项活动，巩固成果，注重总结，不断提高焊接队伍的技术水平。

明确了焊接技术管理任务和了解电力工业发电设备焊接特点后，就能确立焊接技术管理的方向和重点，为编制各类焊接规程、规范和管理制度奠定基础。

3. 确立以质量为焊接技术管理的核心

焊接质量是焊接专业各项工作质量的综合反映，也是衡量焊接专业技术水平和管理水平的主要标志。目前，发电设备的安装，几乎百分之百采取焊接工艺方法连接，使其组成一体，焊接已成为电力工业设备安装的重要专业之一。“百年大计，质量第一”在焊接工作中得到了充分体现，保证焊接质量历来都是焊接工作者为之全力奋斗的目标。在焊接技术管理中，更把保证质量视为生命线，从多方面制定管理制度，并切实加以贯彻。同时，在施工管理指挥上，对焊接质量也施行强有力的全面控制和监督。

现行的焊接技术管理体系不是立即就建立的，也是经历了漫长的时间，逐步积累、总结、分析，发展形成的。

回顾焊接形成“以质量管理为核心”的历史，归纳起来有两个阶段。

第一阶段：为20世纪80年代以前，当时安装的多为中小型发电机组，设备结构简单，且工作量少，钢材品种少，合金成为含量低，比较起来焊接工作难度较小，焊接技术管理的目标是对汽水管道焊接要达到技术条件和规程要求的标准，对输送烟、风、煤、灰等结构，焊接要消灭“七漏”。此阶段无论是管理制度制定或技术管理工作开展，都围绕这个目标进行。

第二阶段：为20世纪80年代以后，此时，随着大型机组的兴建和国外设备的引进，焊接工作有了很大变化。由于发电设备结构复杂，焊接安装工作量大，钢材品种繁多，合金成分复杂且含量增大等，焊接技术难度急剧增加，单纯从杜绝几不漏和最低质量标准要求为目标的管理是不能保证焊接质量的，于是提出“从人员素质提高、材料质量控制、焊接设备优选、工艺过程监督”等全面的管理目标。此阶段确立了技术条件和质量标准保证外，还必须保证焊接接头的结合性能和使用性能综合的管理目标。

无论哪个阶段，以保证质量为管理目标的做法，始终是技术管理的核心，电力行业广大焊接工作者，对此不但有深刻的认识，同时围绕这一目标，适时地、多方面地调整技术管理工作的内容和重点，做了大量的充实和完善工作，促进了焊接质量水平的提高，取得了可喜的成绩。

从多年来全国电力工业焊接质量状况和统计发布的资料中可看出，最初焊接优良品率仅为91.6%左右（1981年），以后大多数年份里都保持在95%以上，这充分说明了“以质量管理为核心”技术管理目标的确立，意义是十分重大的。

4. 贯彻规程是技术管理的主线

电力工业焊接专业涉及的规程、规范、导则、标准很多，据不完全统计约有70多个，其中属电力行业火电焊接相关标准有23个，其他约有50多个，在焊接技术管理活动中，应用这些标准，开展焊接技术工作。

在诸多规程、标准中，经常应用于电力工业火电建设焊接专业的有四本规程，即：DL/T 869《火力发电厂焊接技术规程》（以下简称“技术规程”）、DL/T 868《焊接工艺评定规程》、DL/T 679《焊工技术考核规程》和DL/T 5210.7《电力建设施工质量验收及评定规程　第7部分：焊接》。从上述四本基本规程制定目的看，它们之间有着密切的联系，并从不同角度规范着焊接工作。

分析四本规程内容，从其内在联系看，DL/T 869是处主位的，其他三本规程是从不同角度支持或保证实现其规定和要求，并紧密相联形成一个完整的管理环。

由于DL/T 869全面、系统地规范电力工业焊接工作，是焊接工作的主要依据，必须严格执行，而其他三本规程又是对其支持和保证，因此，亦应严格执行。以DL/T 869为主位，四本规程之间的关系是：

（1）技术规程与验评标准之间的关系。

技术规程从人员、材料、机具、工艺、检验、质量标准等全方位地对焊接工作做出规定，而验评标准仅从检验和质量标准提出实施方法。因此，技术规程是焊接工程施焊工作的依据，是基础，而验评标准则是技术规程的检验、质量标准，是进行焊接质量等级评定的办法，是管理手段。

验评标准是依据验收规范制定的，焊接工程施焊工艺规定和质量标准体现在验收规范中，焊接工程质量等级评定则依靠验评标准所规定的方法实现。因此，二者是相辅相成、缺一不可的关系，是密切相联的统一整体。

（2）技术规程与焊工技术考核规程之间的关系。

技术规程是焊接诸规程的主位，是总纲，以部件所处的工况条件和各类钢材焊接技术难度为基础，制定的焊接工艺总体规定，其中包括了对从事以手工焊为主的焊工技术能力的要求。而焊工技术考核规程则是专门考核焊工技术能力的具体实施办法。焊工技术考核规程的所有规定都是以焊工为中心，是以验证焊工是否具备施焊各类部件的技术能力而制定的。为技术规程对焊接人员技术条件规定的实现，提供可靠的保证。因此，它们之间应是支持的关系。

(3) 技术规程与焊接工艺评定规程之间的关系。

技术规程中的工艺规定和管理手段，均以满足电力工业承压部件焊接接头结合性能和使用性能在一定工况条件下安全运行综合确定的，而所有的工艺规定都是在科学试验和经验总结的基础上制定的。在诸多试验中，尤以焊接工艺评定根基最为牢固，依据最为可靠。

焊接工艺评定是确定工艺参数、制定工艺方案过程中必须进行的一项重要的基础性工作，只有经过严格、细微的工艺评定才能使所制定的工艺方案、工艺规定建立在牢固的基础上，从而保证施焊工作质量。因此，焊接工艺评定是技术规程工艺规定的基础，它们之间应是承继关系。

(4) 焊工技术考核规程与焊接工艺评定规程之间的关系。

焊接工艺评定是焊工技术考核的基础，只有依据焊接工艺评定结论制定的工艺指导书施行焊工技术考核，其考核结果方认为有效，这点在焊工技术考核规程中有十分肯定和明确的规定。

过去的焊工技术考核规程尽管已意识到焊接质量与焊工技术能力的高低有着重要的关系，但是在具体实施考核中没有严格地将对材料焊接性试验和焊工技术能力鉴别分开，而是采取了较为笼统的做法。因此，考核规程的一些规定，概念是不清的，致使许多不属于焊工技术能力的内容也引入考核规程之中。新考核规程将这一类问题进行了分离，凡属于材料焊接性试验的问题均应在焊接工艺评定中去解决，而焊工考核技术规程仅规定焊工技术能力，内容做了大幅度的调整。但二者又有着密切、不可分割的关系，考核规程规定了“焊工技术考核必须在焊接工艺评定合格的基础上，以工艺指导书为依据进行”，它们之间的关系应是承继关系。

焊接技术管理核心和主线的确立，是在不断总结、提高的漫长过程中，经过电力工业广大焊接工作者共同努力、达成共识，经不断完善而形成的。在这一概念和目标指引下，电力工业焊接质量得到保证，焊接技术管理工作得到了全面的发展，并日臻完善。

统计到2012年电力焊接专业的焊接、热处理和检验三个方面经常应用的规程、标准有12本，并形成了一个较为完整的体系。其位置及作用，见图1-1。

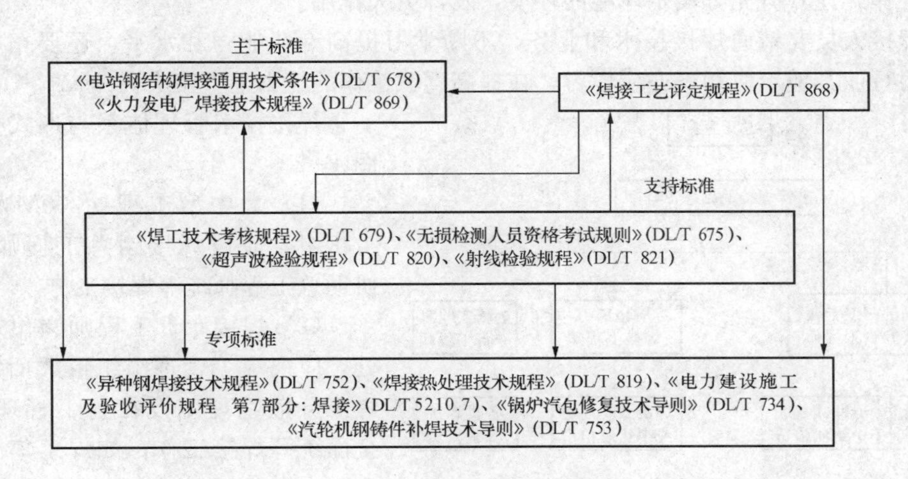

图1-1　常用焊接标准关系图

三、焊接技术管理体系和内容

焊接技术管理体系和内容，是在长期实践中积累经验逐渐形成的。根据焊接工作的特殊性，归纳起来可以从三个方面阐述，即管理体系、焊接各项管理制度和焊接技术文件。这三个方面工作的严密配合与协调，规范着焊接技术管理活动，推动着焊接工作沿着确立的目标顺利地开展。

1. 管理体系

焊接技术管理体系是根据工程建设的需要和焊接工作的特点及规律，通过长期实践认识的。组建焊接管理机构、合理配备焊接人员、确立焊接人员职责是开展焊接技术管理工作的根本，是最重要的一件事情。一个单位的焊接最高管理机构应是焊工技术考核委员会或焊接技术管理部门，在总工程师的领导下全面负责焊接各项技术管理工作。这一机构的建立不仅是组织管理焊工考核工作，同时，也是全面规划焊接管理活动的权力机构。这一点从考核委员会建立的目的和职能在“焊工技术考核规程”中已有充分体现。组建焊接管理部门是在焊工以分散形式管理时必需的增设部门，否则，焊接工作易形成多头，发挥不出单位焊接力量合力优势，而使领导或工程管理者在焊接技术管理中造成困难，影响工程进度，质量管理也易出现弊端。

大型企业一般应设焊接专业副总工程师或专责工程师岗位，全面统筹、规划、指挥焊接技术管理工作，这一点在电力行业标准技术规程中有详尽的规定；一般小型企业也应设焊接专责工程师岗位，统一技术管理工作。

各级焊接技术人员岗位设置和不同层次技术能力焊工数量的多少，都应根据工程规模、施工组织形式，按其工作规律合理地配备。

焊接施工组织基本上有三种方式：集中、分散和局部集中。无论以哪种形式组织施工，焊接技术管理都必须实行集中管理，否则各项工作将会出现衔接不好、协调不当，严重者会造成失控。这点是多年来施工活动中的经验总结，只有按这一规律办事，才能实现“以质量为核心”的管理体系的作用，才能发挥焊接力量的优势。

在管理活动中，不但注重焊接技术人员和焊工的培养，也应注重各类焊接人员的培养，尤其应注重焊接技师的培养和使用。焊接技师不但解决焊接技术方面的疑难问题，也应参与技术管理工作，让其有充分展示才能的环境，发挥更大作用。

各类焊接人员要精通焊接技术和业务，不断学习提高专业能力和水平，还要拓宽知识面，对电力行业其他专业知识亦应学习，在提高驾驭工作的能力上下工夫。

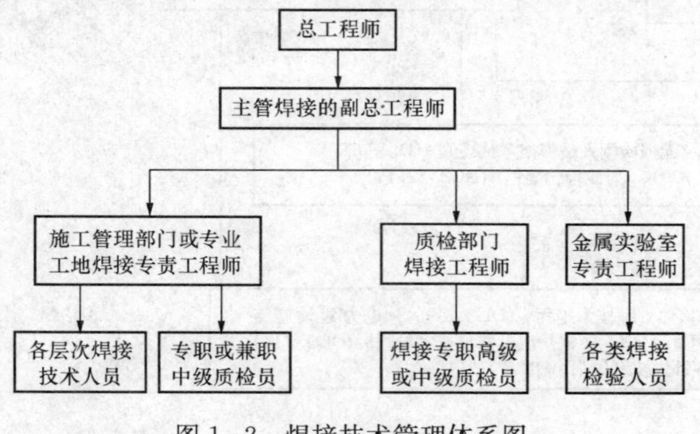

图1-2　焊接技术管理体系图

焊接技术管理体系与形式推荐见图1-2。

（1）大中型工程（200MW及以上机组）应设焊接副总工程师岗位，协助总工程师统筹焊接工作。

（2）焊接专责工程师岗位定在何处，应视焊工管理组织形式而定。如焊工分散管理应设在施工管理部门，全面统筹焊接工作；如焊工集中管理成立专业队伍，则应设在专业工地。

(3) 各层次焊接技术人员应视工程规模合理配备和规定。

(4) 各级焊接质检人员必须采取专职与兼职相结合方法设置。质检部门必须有高级质检人员 1～2 名，全面主持焊接工程质量检验与评定工作，其余均为中级质检人员。

2. 建立各项焊接管理制度

焊接技术管理制度是技术管理活动一系列准则的总则。建立健全的焊接技术管理制度并严格施行，可把焊接技术管理工作科学地组织起来。它是进行技术管理、建立正常生产技术秩序的重要基础工作。

应建立的焊接管理制度主要有：施工技术责任制、技术交底制度、焊接技术检验制度、焊接工程检验与质量等级评定制度、焊工技术培训与考核管理制度、焊接施工技术档案管理办法等。①建立施工技术责任制的目的是把生产组织的技术工作纳入集中统一的轨道，并实行强有力的施工技术管理指挥体系，切实保证各级技术人员有职有责，加强技术管理，确保焊接工程质量。②施工技术交底是施工工序中首要环节，必须坚决执行，未经技术交底不应进行施焊。施工技术交底的目的是让参与工作的焊接人员了解工程规模、特点，明确焊接任务、操作方法和质量标准、安全措施和节约措施等，以便在施焊工作中做到心中有数、有的放矢。③焊接技术检验是利用专用设备或仪器，以科学的方法判定焊接质量是否符合设计要求，是焊接工程检测质量的重要环节，必须以高度负责的精神和严谨的科学态度，认真做好技术检验工作。④焊接质量检验及质量等级评定是鉴定焊接质量的重要方法，根据电力行业有关标准的统一尺度，正确评价焊接工程质量有着非常重要的意义，是总结质量的重要手段，也是衡量和检查完成既定质量目标的重要标志。正确进行质量检验和等级评定，对促进、保证和提高质量有着重要作用。⑤技术培训的目的是为了优质高效的完成建设任务，造就大批焊接人才，保证队伍的素质水平和焊工技术能力满足实际工作需要而建立的经常性的技术培训工作制度。焊工技术培训应从焊接队伍实际状况出发，按照建设需要而进行有组织、有计划、有步骤的具有长期性的培训。⑥建立焊接施工技术档案是保存焊接工程原始记录、积累施工经验的重要手段，建立的目的是为了总结提高焊接质量水平和管理水平以及为发电设备运行、检修提供改进的依据，因此要求所有资料必须真实可靠，不能擅自修改和伪造。

3. 编制焊接技术文件

技术文件是指导施工、规范技术管理、保证质量的重要资料。每个专业都应认真确立题目，认真编制。焊接专业编制技术文件指导施工的做法，从历史上看已经形成一个良好习惯，并沿袭坚持运用至今。根据焊接专业工作需要，重要技术文件有下列三项内容：焊接施工组织设计、焊接工艺评定及作业指导书、专项焊接技术措施等。

(1) 焊接施工组织设计是开展焊接工程技术管理的总纲，是国家和电力行业的有关法规在焊接专业上的综合应用，是焊接施工的依据，是技术、经济、质量紧密结合和据此组织焊接施工的综合性、指导性文件，是施工技术和科学管理的综合体现和具体运用。每个工程开工之前都应根据实际情况（工程规模、施工队伍状况等）认真进行编制。

(2) 焊接工艺评定是生产和培训的基本技术文件之一，是焊接质量管理的重要内容，通过焊接工艺评定可以反映一个单位的施焊能力和技术管理水平，是确保焊接质量必不可少的关键环节。以焊接工艺评定为依据，制定的焊接作业指导书，是为安装出高质量发电设备的技术准备，是一项非常重要的基础性工作。

(3) 焊接技术措施，在技术管理文件中占有重要的位置，在技术管理中每个行业都有其特殊性和技术上的要求，焊接行业尤以确保质量为核心最为突出，编制专项技术措施尤为重要。为此，部件在特定工况条件下，达到或满足设计或使用条件的技术要求，必须编制技术措施，以指导施工，保证质量。

四、积极组织各项活动，促进焊接技术和管理的发展

积极组织活动，促进焊接技术和管理工作的交流和发展，是电力行业焊接工作借以提高和进步的重要手段。几十年来在主管部门的支持、电站焊接专业委员会的协助下，多方位地开展了大量的活动，电力行业焊接技术得到了迅速的发展，使技术管理工作得到了充实和完善。

1. 加强焊接技术研讨活动

我国地域广大、幅员辽阔，焊接技术发展很不平衡。为了总结交流经验，提高整体焊接技术水平，加快电力建设步伐，使新技术、新工艺能及时传播和普及，采取座谈会、交流会、观摩表演等形式，组织活动进行研讨，形成共识，并以“纪要”方式发至各基层单位，借以指导焊接施工，解决技术难题。近20年来举办这类活动20多次，其中影响较大的重要活动也有10次之多，如1974年望亭大型机组焊接技术座谈会，1979年谏壁焊接技术经验交流会，1981年淮北、1983年锦州、1986年石横、姚孟、邹县等工程安装焊接质量检查活动，1984年荆门、1986年咸阳、1986年重庆火电工程焊接质量座谈会，1990年北仑引进大机组焊接技术座谈会，1998年天津、1999年日照、2000年邯峰P91钢焊技术研讨会、交流会和观摩表演会等活动。

在这些活动中，各单位介绍的经验，都是在进行了大量的科学试验的基础上，经过反复实践总结编写的资料，具有很高的价值，被人们学习和吸收，广泛应用，为技术发展开创了新路，开拓了思路、扩大了眼界，影响是深远的。

应该重点提出的是：为提高火力发电厂热效率和改善环境条件，近十几年来，安装了600、800、900MW和1000MW的大型火力发电设备，对应用在“四大管道”和锅炉受热面管子的材料，采用了T/P91、T/P92、T23、T24和WB36等新型钢材，为避免少走弯路和接受过去事故的教训，应拿出适宜的焊接工艺，原国电公司电源建设部、电力焊接学会、焊接信息网和各基层单位为此作了大量的工作。以技术论坛、研讨会、座谈会和工艺演示会等不同形式，先后多次召开了新型钢材焊接工艺的学习和研讨。在了解钢材特性和掌握焊接工艺特点的基础上，提出了“T/P91钢焊接工艺导则”，T/P92、T23、T24和WB36等钢材的推荐焊接工艺，已为广大焊接工作者借鉴。

2. 规范焊工培训工作，促进经验交流

自新中国成立初期，电力行业对焊工从事重要部件施焊工作就有考核的规定。但当时由于机组容量小、钢材品种少、加之管理能力不足，仅以分散方式进行。1956年以后，随着国民经济建设的发展，电厂兴建数量增多，对焊工技术能力要求也逐步严格，才开始了以集中形式对焊工培训和考核，并签发电力行业统一印制的焊工合格证书。20世纪80年代以后，随着国民经济发展，电力事业兴旺发达和电力工业焊接技术管理制度不断完善，对培训机构进行了审查认证，对技能教师进行了培训考核，并实行持证上岗制度，使培训管理工作朝着规范化轨道发展。这对保证、提高培训质量起到了决定性的作用。

为了加强焊工培训管理、促进经验交流，达到统一规划，共同发展的目的，原电力工业部于1986年在杭州主持召开了“培训网”成立大会，会上选出了网长单位，制定了网的章程和活动计划，确定了下届网长单位等，规范了各培训机构的活动，使分散的个体形成了具有一定凝聚力的整体，为培训工作的顺利发展打下了坚实的基础。

1986年培训网第一届网长单位为浙江火电公司，1991年第二届网长单位为西北电力焊接培训基地（在这两届之间有一次于1991年在洛阳焊培中心的一次活动，由于网长单位工作未做交接而未计入），1992年第三届网长单位为广东火电公司，1993年第四届网长单位为广西火电安装公司，1994年第五届网长单位为天津电建公司，1995年第六届网长单位为湖北电建一公司，1996年第七届网长单位为四川电力焊接教育研究中心，1997年第八届网长单位为内蒙古电管局焊培中心，1998～1999年第九届网长单位为大连焊接培训中心，2000年网长单位为江苏电建三公司焊培中心。

每届网会上都有中心议题，并于开会前以通知形式，指定具有某方面专长的单位准备专题总结，以备交流。在网会活动中，尤以第二届网长单位做了大量工作，在这届年会上编制了《电力工业焊接培训机构审验办法》和《焊工技术比赛规则》，在第四、五届网会上也做了大量工作，审查了“统一培训教材”和“统一教学大纲”，并交流了培训管理办法。

培训网的交流活动，推动了培训机构的建设，促进了管理水平的提高，为保证培训质量提供了许多有价值的宝贵经验，这些经验已被广大培训机构所采纳，互相交流、互相沟通，不断充实和完善，使培训工作沿着正确轨道发展。实际上，培训网的活动，指导和规范着电力工业焊工培训活动。2001年以后，由于机构变化，没有牵头单位，此项活动已停止。

焊工培训虽然取得了很大成绩，但仍然存在着许多不足，尤其培训后的“跟踪管理”和“后继管理”还没有被人们所重视，致使出现了培训与生产脱离和稳定焊工技术能力没有妥善办法等弊病，这些问题除进一步规范培训过程管理，实行定期检查培训机构工作外，尚需制定相应办法求得解决。

3. 焊接人员专项培训考核活动

各类焊接人员需要持证上岗，这在电力行业标准焊接技术规程中已有明确规定，自20世纪80年代初期开始筹备，陆续组办了“焊接检验人员”、“焊接质检人员”、“焊工培训技能教师”、“焊接热处理人员”等不同类型的培训、考核班，办班单位的主管部门按编制《各类焊接人员培训考核统一教学大纲》的有关规定和要求，从办班的准备、组织和考核等方面付出了辛勤的劳动。如教材准备上，焊师班每套教材就有14份之多，热处理班也有9份，质检员班有7份。在组织方面，采取集中与分散相结合的方法，使办班活动有声有色，考核上内容全面，方式多样，考核委员会组织健全、严密，为保证培训考核质量做了大量的工作，成绩应予肯定。

1979年底～1980年初，电力工业部电力建设总局为推广氩弧焊接新技术、新工艺，在天津电力建设公司曾举办了两次专项培训班。全国电力行业，特别是基建单位都派人参加，两次总人数有100余人。这次活动为电力系统培育了氩弧焊接的种子，为全面推广氩弧焊奠定了基础。

1980年曾在青岛召开了焊接技术管理座谈会，1981年曾在长沙举办了焊接队长技术管理研究班，1999年曾在锦州举办了焊接技术管理班教学试验，这些活动都是围绕着以焊接技术管理为核心内容而开展的。青岛会议制定了《焊接施工组织设计编制条例》、《焊接技术交底制度》、《火电工程焊接检验及质量评定标准》等技术管理文件，长沙研究班为从事焊接工作的具体行政管理人员丰富了焊接知识，熟悉了焊接技术管理内容，为全面做好焊接技术管理工作奠定了基础。

这些班的举办从不同角度培训了人才，并使焊接技术管理工作得到了完善，给电力工业焊接事业注入了丰富的营养成分，成绩是有目共睹的。

4. 焊接信息的沟通与传递

电力工业焊接活动是丰富多彩的，从焊接信息交流方面更显其特色。焊接信息网的组建和焊接信息参考报的创刊，为电力工业焊接信息的沟通与传递，为电力工业与国内其他行业的交流，做出了的巨大的贡献。

自 1976 年成立“南方六省区焊接协调情报网”，至 1986 年扩大到全国“电力焊接协调情报网”，现更名为“国电焊接信息网”。除了不定期地组织信息交流活动、研讨网的工作以外，每年至少举办一次专业技术活动。

焊接信息网制定了网的章程，明确网的性质、宗旨、组织和职能以及活动方法，信息网制定了长期活动规划和近期活动内容，以及具体工作的安排。在“发扬团结协作，互通有无，紧密结合生产”的指导思想规范下，在认真总结经验，不断提高信息网工作质量的奋斗目标指引下，为发展电力工业焊接技术的交流做出了贡献。

5. 组织焊工技术比赛活动

为提倡爱岗敬业精神，推动各地区焊接工作的发展，提高焊工技艺水平，从 1980 年开始至 2003 年，原电力工业部已举办过十一次全电系统焊工比赛和二次女焊工比赛。焊工技术比赛已成为电力系统检阅焊接培训业绩和焊工技术能力的一项传统赛事，电力系统的焊工也在全国性的赛事活动中多次折桂夺冠。

追述组织比赛历程，各届比赛年份、地点和主办单位如下：

1980 年第一届比赛主办单位为河南电建二公司，地点在焦作；1986 年第二届比赛在杭州，主办单位为浙江火电公司；1988 年第三届比赛在西安，主办单位为西北电建局焊接培训基地；1989 年第四届在上海，主办单位为上海电建二公司；1991 年第五届在大连，主办单位为东北电管局大连焊接培训中心；1993 年第六届在南京，主办单位为江苏电建一公司；1995 年第七届比赛在济南，主办单位为山东电建二公司；1997 年第八届在成都，主办单位为四川电力焊接教育研究中心；1999 年第九届在天津，主办单位天津电力建设公司；2001 年第十届在株洲，主办单位为湖南火电公司；2003 年第十一届在贵阳，主办单位为贵州电建二公司。

各届承担比赛任务的单位，对赛事活动都做了周密的组织、精心的安排，使每届比赛都得以圆满地完成。参赛单位都尽量地发挥本身的技能潜力，尽量争取有好成绩。同时也将赛事活动看成是学习和交流焊接技术的场所，认为通过比赛收益颇丰，为自身进步得到启发，对生产实践和焊接质量都是促进和提高。

在赛事活动组织中，各有特色，其中尤以第八届四川焊接教育研究中心，依照焊工技术比赛规则制定的实施细则和第九届天津电建公司赛后完整的赛事活动汇编资料，均是很有价值、宝贵的比赛资料，可资后办者参考。

6. 积极开展学会活动，促进焊接学术交流

1979 年在江苏谏壁召开大机组焊接经验交流时，根据广大焊接工作者的倡议，成立了电力工业焊接学组，也就是今天的中国电机工程学会电站焊接专业委员会。学会的成立使电

站焊接工作者工作的凝聚力更为增强，工作更为勤奋，在学会组织的各项活动中有了发挥才能的广阔天地和发表科技成果、学术观点的论坛，有了学习、研讨学术问题的场所，有了开展学术交流、互通信息的渠道。

第四节　1981～2001年火电工程焊接质量概况

众所周知，在火电建设工程中焊接工作是一项非常重要的安装工艺技术，直接关系到火电工程的进度、质量以及投产以后的安全运行。

由于我国电力工业的发展采用了高参数、大容量的机组，所使用的钢材品种及规格更趋复杂。因此，焊接、热处理技术要求、焊接质量的检验范围及质量标准也更为严格了。

1981～2001年的20年间，我们安装了一批国产20万和30万kW机组，在平圩首次安装了国产60万kW机组。除此之外，还安装、投产了一批进口机组，如：元宝山的法国60万kW机组以及从美国、日本、比利时和捷克等国家引进的20万、30万、35万、60万kW机组，以及苏联产绥中80万kW机组。到2001年底我国总装机容量为3.38亿kW。

我们已经掌握了大机组的焊接、热处理和焊缝无损检测技术。目前，火电建设具有一批拥有火电安装甲级资质的企业，均能承担大型机组的安装工作。

回顾一下1981～2001年期间的工程焊接质量情况，对搞好工程焊接质量是很有裨益的。

一、1981～1990年期间

（一）1981～1990年火电投产工程焊接质量概况

为了掌握锅炉本体和汽机管道受监督焊口的焊接质量，采用了以下两个指标来评定焊接质量的优劣：①无损检测一次合格率（受检焊口数减去返修焊口数后再除以焊口受检数）；②水压试验焊口泄漏数。对一般不做无损检查的焊口则采用外观检查，看焊缝尺寸是否符合设计规定要求，对于需水压试验的管道则观看有否泄漏，并以此来评价焊接质量的好坏。1981～1990年火电投产机组受监焊口的统计表见表1-1。

表1-1　1981～1990年火电投产工程受监管道焊口质量设计

年度	受监察焊口数（只）	检验数（只）	返修数（只）	水压漏口（只）	一次合格率（%）
1981	93 816	9485	880	13	91.6
1982	148 849	21 170	1411	13	93.3
1983	148 741	24 753	1852	33	92.5
1984	209 727	58 025	4545	28（6只设备口）	92.1
1985	399 517	125 623	8939	165	92.8
1986	348 631	104 891	6287	30	94.0
1987	275 120	81 599	5066	8	93.8
1988	424 416	144 376	8377	28	94.0
1989	484 452	197 463	10 342	26（14只设备口）	94.7
1990	427 490	170 574	7618	14	95.5

1. 1981年

本年度施工7台机组，共施工受监焊口93 816只，检验了9485个焊口，检验率为

10%，高于 SDJ 51—1977《电力建设施工及验收技术规范（火力发电厂承压管道焊接篇）》规定的 5%。检验不合格返修了 880 个焊口，检验一次合格率平均为 91.6%。其中，淮北、黄岛、保定、谏壁等五个工程的部分（或全部）受监焊口采用氩弧焊工艺打底。另外，由上海电力一公司施工的上海宝钢自备电厂 1 号机组的 13 979 个高压焊口水压试验一次成功、无泄漏。

原火电二局二公司和山东电建一处分别在淮北、黄岛工程中首次应用全位置小管自动焊接。其质量良好，且外表美观，检验一次合格率在 92%以上。

高压管道和重要钢结构质量是好的，但有些单位对一般结构低压管道的焊接质量不够重视，如：钢结构焊缝尺寸不够、低压管道焊口根部未焊透等现象存在较普遍。

2. 1982 年

本年度投产电厂大、中型机组共 14 台，总共有监察焊口 148 849 个（系指锅炉、汽机范围内需按百分数进行检验的承压焊口）。其中，淮北电厂 6 号机组试行了 SDJ 51—1982《电力建设施工及验收技术规范（火力发电厂焊接篇）》，锅炉受热面焊口按 25%比例无损探伤。其他工程也都在 5%以上。共检查 21 170 个口，不合格返修口 1411 个，检验一次平均合格率为 93.3%，试运中仅有一个安装焊口泄漏。

淮北、荆门、秦岭、锦州等 20 万 kW 机组的受监焊口全部采用氩弧焊工艺。东北火电三公司施工的沈阳电厂 3 号机组比较注意焊口外表工艺，外观检查优良率为 85%以上。

3. 1983 年

本年度投产火电机组共有受监察焊口 148 741 个，无损检验焊口 24 753 个，不合格返修口 1852 个。无损检验一次合格率为 92.5%。水压试验时泄漏 39 个口（其中 6 个是设备焊口）。总的看来，受监察焊口质量尚好。但是中、低压管道焊口问题多，表现为焊缝外表工艺差，焊口对口有错位等，水压试验漏水情况较多。

4. 1984 年

本年度投产的 17 台火电机组共有受监察承压管子焊口 209 727 个，其中无损检验了 58 015 个（采用射线透照和超声波探伤）。检验率为 27.6%。在检验中发现有 4545 个焊口存在超过标准的缺陷，经返修处理后合格。受监察焊口一次合格率为 92.1%。锅炉水压试验时总计有 28 个焊口泄漏，其中灵泉电厂 3、4 号机组由于是 2.5 万 kW 机组，锅炉本体范围内的管子焊口未做无损探伤，故而在水压试验时泄漏口多达 18 个。

一般中、低压管道和结构的焊接质量仍不够好，存在着以下问题：焊缝外表不美观、角焊缝对口尺寸不够、承压管道水压试验泄漏等。这些问题较普遍，只是轻重程度不同而已。

5. 1985 年

本年度火电投产 500 多万 kW，是新中国成立 36 年以来最多的一年。据不完全统计的 28 台大机组共有受监察焊口 399 517 个（其中，60 万 kW 1 台、30 万 kW 3 台、20 万 kW 12 台、12.5 万 kW 3 台和 10 万 kW 9 台）。按至少 25%以上的比率进行了无损探伤，共计探伤125 632 个焊口（中、小口径管利用射线探伤，大口径管采用超声波探伤）。由于探伤不合格返修了 8939 个焊口，一次合格率平均为 92.8%。在 28 台机组中，有 11 台机组水压试验一次成功。

但是，1985 年投产的工程中也出现了一些较为严重的焊接质量问题。例如：某台锅炉 7 次试压每次都有泄漏；为抢进度忽视质量致使省煤器一次返工 644 个焊口；因不按工艺要求蛮干使主蒸汽管三个焊口切掉重新施焊；由于技术监督不严、责任心不强而误用焊丝，造成500多个口割掉重焊。一般附属设备和中低压管道焊接质量和工艺水平较差，有些单位焊后焊缝不打药皮、焊缝宽窄不匀，甚至加强面不够。

6. 1986年

本年度投产的25台大、中型机组受监察焊口总计为348 631只，无损检验焊口104 891只，返修焊口6287只，水压试验中安装焊口泄漏30只。平均无损检验一次合格率为94%。

从表1-1中可见，25台锅炉水压试验中有16台锅炉无漏口，全国的一次平均合格率达94%，超出历史最好水平的93.3%（1982年）。“六五”期间的一次平均合格为92.5%。

7. 1987年

本年度统计了20台机组，共有受监察焊口276 120只，探伤81 599只，其中不合格返修焊口5066只，无损检验一次合格率平均为93.8%。共有14台机组做到水压试验一次成功。

1987年出现了氩弧焊丝中混进高碳钢丝的严重事故，造成哈三2号、长山1号、徐州8号等三台20万kW机组的约29 000只受监焊口需要复检。另外，保定6号、赤峰1号、贵溪3号、石洞口1号等4台机组部分焊口需要查清。经上、下一致努力，已在较短时间内处理了这些严重的焊接质量事故。从投产以后的情况来看，处理得当，焊口质量稳定。

8. 1988年

本年度投产火电机组共46台，约760.3万kW。其中，20万kW以上的大型机组27台，共540万kW。

统计的31台机组共有受监察焊口424 416只，其中无损探伤焊口144 376只，不合格返修焊口8377只。无损检验一次合格率平均为94%，总计水压试验高压焊口泄漏28只。耒阳电厂1号炉、锦州电厂6号炉（均为20万kW机组，670T/h锅炉）试行了受监焊口100%进行无损探伤。不但水压试验一次成功，而且试运和投产后安装焊口一直未发现问题。

总的来说，1988年火电投产工程安装焊接质量是比较好的，特别是受监焊口的内在质量较好。但是，仍然存在着表面工艺不够美观以至咬边等缺陷。对于一般中、低压管道普遍存在重视不够的问题，在水压试验中时有渗透发生，应注意改进。

9. 1989年

本年度投产火电机组49台，共714.5万kW。其中20万kW及以上的机组约30台，占火电投产总容量的90%。

国产第一台60万kW机组于本年在安徽平圩建成投产。焊接质量良好，28 285只焊口在水压试验及试运中均未发生问题。

据不完全统计，其中36台机组的焊接质量，共有受监察焊口484 452只。无损探伤197 463只焊口，占受监察焊口总数的40%，超过了部颁焊接规程要求的25%。无损探伤不合格数为10 342只，占无损探伤总数的5.3%。无损检测一次合格率平均为94.7%。水压试验时有26只焊口泄漏，其中有12只是安装焊口，制造厂家焊口14只。试运中有8只焊口泄漏，其中有6只是安装焊口。

10. 1990年

本年度投产火电机组781.16万kW。其中，上海电力安装二公司安装的海口电厂两台12.5万kW机组、山西电建三公司安装的漳泽电厂3号和4号机组（苏联进口的两台21万kW

机组）均以焊接质量优良、工期短而顺利投产。

所统计的30台机组共有受监察焊口427 490只，其中无损探伤170 574只，返修焊口7618只。无损探伤一次合格率为95.5%。另外，水压漏口14只，试运中渗漏口5只。

1990年投产的火电工程焊接质量是比较好的，杜绝了焊接质量事故。但是，仍存在焊缝外表工艺不佳的情况。

为了推动今后引进机组的焊接工作，1990年在北仑60万kW机组施工现场召开了“引进大机组焊接技术座谈会”。会上明确了大机组的焊接、热处理及检验等问题。

十年火电投产工程受监管焊口质量统计：

1981～1990年火电投产工程受监管道焊口质量情况见表1-1。从表中可以看出，受监焊口无损检验一次合格率除1981年之外均在92%以上。重要管道和锅炉本体管子焊口质量是稳定的，为安全生产创造了条件。

（二）搞好焊接工程质量的措施

1981～1990年期间火电建设焊接质量之所以比较稳定，与采取多方面的质量保证措施是分不开的：

1. 建立健全焊接、无损检验的规程和技术管理制度

1）1980年原电力建设总局在山东黄岛工程现场召开了焊接技术管理座谈会。制定了《焊接施工组织设计条例》、《焊接检验工作条例》、《火电建设焊接工作施工质量评级办法》和《焊接技术交底办法》等四项管理制度，并以当时电力建设总局的名义正式颁发试行，从而健全了焊接技术管理工作。

2）修编和制定了5项部颁规程和一个司颁导则，健全了技术标准，使质量做到有章可循。

——1981年制定了DLJ 61—1981《焊工技术考核规程》(1988年修订后仍定名SD 263—1988《焊工技术考核规程》)，2004年修订后定名DL/T 679《焊工技术考核规程》；

——1982年对1977年颁发的SDJ 51—1977《电力建设施工及验收技术规范（火力发电厂承压管道焊接篇)》进行修订，重新定名为SDJ 51—1982《电力建设施工及验收技术规范(火力发电厂焊接篇)》，2012年修订后定名为DL/T 869《火力发电厂焊接技术规程》；

——1983年制定了电建规（管道焊缝超声波检验篇），该篇得到劳动人事部锅炉压力容器监察局的确认，作为管道单面焊双面成型的焊缝超声波探伤的评判标准，现修订后定名为DL/T 820《管道焊接接头超声波检测技术规程》；

——1985年对1979颁发的电建规（金属焊缝射线检验篇）DJ60—1979进行了修订并重新定名为电建规SD143—1985，现修订后定名DL/T 821《钢制承压管道对接焊接接头射线检测技术规程》；

——1984年经部基本建设司批准颁发了《电力建设金相检验导则》，现修订后定名DL/T 884《火电厂金相检验与评定技术导则》；

——1989年颁发了SD340—1989《火力发电厂锅炉压力容器焊接工艺评定规程》，现修订后定名DL/T 868《焊接工艺评定规程》。

2. 组织编写了焊接和检验教材

为了搞好焊工和无损探伤人员的培训，组织了培训教材的编写工作并正式出版，计有：《焊工技术问答》、《射线检验培训教材》、《氩弧焊接培训教材》、《耐热钢焊接》、《焊工培训

基础教材》、《焊接培训实用教材》、《电力焊接技术管理》等。

3. 加强培训工作，举办了各种类型专业培训班

1981～1990 年期间由部委托高等院校、科研单位和电建单位面向焊接技术人员、焊接队长、射线和超声Ⅱ级人员、金相技术人员及氩弧焊接、气电焊人员举办各类专业技术培训班 40 期，约 2000 人次参加了进修和培训，提高了人员素质和技术水平。

4. 全面推广氩弧焊接工艺

从 1976 年开始在大机组中试用氩弧焊工艺，取得了很好的质量效果，保证焊口内壁的光滑、无焊渣，提高了焊缝的质量。1982 年新修订的电建规（火力发电厂焊接篇）和电力工业锅炉监察规程，已将氩弧焊接技术列为高温高压锅炉管子焊接工作必须采用的一项新工艺。

（三）巩固和提高工程焊接质量开展的几项工作

根据 1981～1990 开展工程焊接质量工作的经验，抓好下列几项工作：

1. 领导亲自过问焊接工作，不断地、积极地开展质量意识的教育工作

各单位领导要经常过问焊接工作，解决焊接专业存在的问题，支持各级焊接技术人员的工作。当进度与质量发生矛盾时，要把质量放在首位。真正树立“好中求快”、“百年大计，质量第一”的思想。平时经常开展群众性的质量思想工作，教育职工自觉把好质量关。

2. 完善质量保证体系，充实质检人员

基本建设实行承包以来，质检部门在监督工程质量方面起了很重要的作用。在人员配置上，质量检查系统必须在科（室）、工地（队）设专职的焊接质量员。对于施工人员违反规程、忽视质量的操作，质检部门有权予以制止。承包项目不经质检人员签字不能结算。

3. 提高焊工素质，加强技术培训，建立焊工培训中心

焊接质量的好坏是靠焊工的技艺来保证，因而经常对焊工进行技术培训是十分重要的。一般说来，20 万 kW 以上机组安装工作配备约有 200～250 名焊工，其中合格焊工至少占 80%左右。为巩固和提高焊工的技术水平，要经常对焊工进行培训考试（按考试规程规定，每三年考一次）。培训、考试的工作量很大，希望有条件的单位都能够成立常设的焊工技术培训中心（站、班）。

4. 持证上岗

焊工应按考试规程严格考核、取证。其他有关人员如：无损检验人员、热处理工、焊接质检人员、培训教师等在 1991 年底以前分批进行培训、考核、取证。之后，在进行工程焊接质量检查时，检查人员必须持证上岗。其他负责人员也要陆续做到持证上岗。

5. 加强焊接技术管理，认真贯彻焊接专业的各项规章制度

现行的一套管理制度及办法如：焊接施工组织设计、技术责任制、焊接检验办法、技术交底制度以及部颁技术规程、规范（电建规、金属监督规程等）是行之有效的，必须认真贯彻执行。对违章作业造成质量事故者，要加以追究和处理。

回顾过去，展望未来，希望电力战线全体焊接工作者共同努力，搞好工程焊接的质量，提高质量水平，为我国的电力工业发展做出新的贡献。

二、1991～2001 年期间

（一）1991～2001 年火电投产工程焊接质量概况

1992 年新修订的 DL 5007—1992《电力建设施工及验收规范（火力发电厂焊接篇）》较

1982年的电建规（火力发电厂焊接篇）SDJ 51—1982有很大的变化，如对各类管道都要大面积做无损探伤和提高探伤比例，高压锅炉受热面焊口从原来的25%提高到50%，厚度大于和等于70mm的主蒸汽管要做200%的无损探伤等，扩大了氩弧打底的应用范围（如中低压锅炉受热面管子焊口等），严格焊接和热处理的工艺要求，对从事焊接的各类专业人员都要经过培训和考核并持证上岗等，这样从规范上要求对焊接质量就有一个基本保证。这几年来，电力建设各单位全面贯彻质量管理，同时也摸索出一套行之有效的焊接质量奖惩办法，因而焊接质量始终处于受监控之中。1991～2001年新投产机组基本上没有出现由于施工单位所造成的焊接质量事故而影响机组投产。为消除设备隐患，还处理了不少设备的缺陷。1991～2001年火电投产机组受监焊口统计表见表1-2。

表1-2　　1991～2001年火电投产机组受监焊口质量统计表

年　度	统计机组台数	平均无损检测一次合格率（%）	水压漏口数（个）
1991	33	95.56	6
1992	33	96.5	4
1993	30	96.4	2
1994	28	96.8	5（安装）4（设备）
1995	31	96.7	5（安装）7（设备）
1996	28	97.0	1
1997	19	97.6	0
1998	23	97.1	3
1999	31	97.9	1
2000	29	96以上	0
2001	35	96以上	0

为了便于大家了解火电投产机组焊接质量的概况，现将1991～2001年投产机组的质量情况分别介绍如下：

1. 1991年火电投产工程焊接质量概况

1991年共建投产1029.57万kW，其中火电为907.17万kW，10万kW及以上机组34台。浙江火电建设公司安装的引进美国60万kW机组以及西北电建一公司安装的岳阳1、2号等一批引进机组投产，说明我们已完全掌握了国外机组安装焊接的先进技术。当年有两台机组同时投产的有西北电建一公司安装的岳阳1、2号（2×35万kW）、山东电建二公司安装华鲁1、2号（2×30万kW）、吉林火电一公司安装的长春1、2号（2×20万kW）、江西火电建设公司安装的云浮2×12.5万kW等一批工程。

1991年投产的引进机组，安装质量普遍较好，得到外国专家的好评。如北仑港电1号机组安装焊接工作，得到美国资格很老、经验丰富的焊接专家托尼·罗伯斯的好评，他在写给该工程的焊接负责人毛工程师的信中表示："你有一批出色的焊工，你的焊工在这里工作很棒，值得称赞。"同年投产两台大型机组的施工单位，焊接质量也不错。据我们不完全统计的33台机组，共有受监焊口506 724个，无损探伤176 967个，无损探伤后不合格返修焊口7852个。水压试验焊口仅渗漏6个，有30台机组水压试验一次成功，无损检验一次合格率为95.56%。

2. 1992 年火电投产工程焊接质量概况

1992 年，全国完成中央和地方项目 59 台，共 1034.8 万 kW。其中，上海石洞口二厂当年投产两台 600MW 机组，焊接质量很好，做到水压试验、启动试运中锅炉承压焊口无渗漏；陕西渭河电厂由西北电建三公司施工，当年投产两台 300MW 机组。总的来看，焊接质量比较稳定，特别是受监承压管道焊口。

1992 年，新修订的 DL 5007—1992《电力建设施工及验收技术规范（火力发电厂焊接篇)》正式颁发。新规范提高了锅炉受热面焊口的无损探伤比例数，高压机组为 50%，其中，至少要做 25%的射线透照，其余可做超声波探伤。对一般压力的管道也要求做一定比例的无损探伤，这样对管道焊口的质量就有了一定的保证。

本年度统计 33 台机组受监焊口的质量数据，全国平均无损检验一次合格率为 96.5%，总计水压试验泄漏口 4 个。

3. 1993 年火电投产工程焊接质量概况

1993 年，全国完成大中型火电项目 48 台，计 900.3 万 kW，超额完成国家计划 6%。这些项目中有中央项目、地方项目、引进外资项目和自备电厂等，其机组的安装工作主要是电力系统的专业施工队伍承担。从投产机组的情况来看，安装质量是比较好的，特别是焊接质量较好，为机组的顺利投产创造了条件。绝大多数机组锅炉承压管道焊口和四大管道焊口真正做到水压试验一次成功，受监焊口无泄漏。

在 1993 年的投产工程中，有几个项目在保证质量的前提下，当年完成两台投产任务，如铁岭、常熟、利港、珠江、萍乡、芜湖等工程。

为了提高焊工的技术水平，保证工程的焊接质量，1993 年 5 月在南京举办了电力工业部第六届焊工技术比赛，全国 28 个省、市、区的电力系统都派出了选手参赛。

1993 年值得一提的是东北火电第一工程公司在铁岭电厂 300MW 工程的焊接施工和技术管理中全面采用了计算机管理，不但提高了施工管理水平，而且各项统计数据也较为准确，目前这顶成果已在电力部门推广。

据不完全统计，1993 年投产的大中型火电投产项目 30 台，全国平均一次无损检验合格率为 96.4%，水压试验漏口 2 个。

1993 年开始贯彻 1992 年颁发的 DL 5007—1992《电力建设施工及验收技术规范（火力发电厂焊接篇)》，有些工程由于开工较早，因而受监焊口仍按 SDJ 51—1982 规定的检验比例。要求 1994 年投产的火电工程受监焊口的探伤比例，一定要按照 DL 5007—1992 规程规定执行。

4. 1994 年火电投产工程焊接质量概况

继 1993 年以来，1994 年电力建设全面完成国家下达的投产计划任务。从火电投产的机组来看，安装焊接质量是比较好的，很多单位做到受监焊口水压试验一次成功，试运过程中安装焊口也经受了考验。1994 年电力建设各单位全面开始贯彻 DL 5007—1992《电力建设施工及验收技术规范（火力发电厂焊接篇)》，也有个别省电力局要求受监焊口实行 100%的无损探伤，如双辽 1 号、黄桷庄 2 号、铁岭 3 号、株洲技改 1、2 号等工程项目，虽然提高了无损探伤比例数，但焊接质量没有明显提高。正如俗话所说："焊接质量是靠严格的人员培训、科学的管理，是人干出来的，而不是靠检验出来的"。搞好焊接质量，要抓好焊工培训和靠科学合理的管理、严格的奖惩制度以及质量的跟踪检查。山东潍坊电厂实行工程优化，其中焊接质量较好，无损检验一次合格率达 98.3%，水压试验无渗漏焊口。

1994 年投产的工程中，当年投产两台机组的有江苏电建一公司的常熟 3、4 号、西北电建一公司的妈湾 1、2 号、湖南火电安装公司的株洲技改 1、2 号、新疆电力安装公司的玛纳斯 5、6 号和西北电建三公司的恒运 1、2 号。

为了保证和监督焊接质量，电力部建设协调司委托电力部焊接信息网办了两期焊接质检员培训班，有近 100 人参加培训考核取证，也对光谱分析、金属试验、热处理等人员进行了培训考核。

1994 年不完全地统计 28 台机组，全国平均无损检验一次合格率为 96.8%，较 1993 年 96.4%有所提高，水压试验泄漏安装焊口 5 个、设备焊口 4 个。

5. 1995 年火电投产工程焊接质量概况

1995 年，我国电力工业安装机组又突破了 1000 万 kW，超额完成了 1011 万 kW，其中火电 33 台，832 万 kW。总的来说，安装的焊接质量是比较好的。各电力建设单位都能认真地执行 DL 5007—1992《电力建设施工及验收技术规范（火力发电厂焊接篇）》，不但高压焊口得到有效的监控，就是一般中低压焊口的焊接质量也不错，杜绝了中低压焊口大面积返工的不良状况。

1995 年当年投产两台 300MW 机组的有上海外高桥 1、2 号，浙江嘉兴 1、2 号，河北沙岭子 3、4 号（山西电力建设一公司安装）。焊接质量、焊接技术管理比较好。其中沙岭子 4 号移交资料装订成册，焊接记录图由计算机 CAD 绘制，整齐清晰，获得各方好评。衡水 1 号 300MW 工程，扩大了氩弧焊打底的应用范围，抽汽、再循环等汽、水、油管道均采用氩弧焊打底，按规程比例进行无损探伤，一次合格率高达 99.34%。

据不完全统计，31 台火电投产机组 NDT 检验一次合格率，全国平均为 96.7%，与 1994 年 96.8%接近。水压试验焊口漏 12 个（其中厂家 7 个），试运过程中漏泄 8 个。

1995 年是“八五”的最后一个年头，任务完成较好。1996～2000 年，电力装机在 7000 万～8000 万 kW 之间，电力系统的广大焊接工作者携手共进，决心为完成“九五”的电力建设任务做出贡献。

6. 1996 年火电投产工程焊接质量概况

1996 年，我国电力安装机组约 1200 万 kW，超额完成了国家计划 1039.64 万 kW，其中火电机组容量 808.5 万 kW。总的来看焊接质量普遍较好，很多工程通过水压前质量监督站的认真检查，锅炉水压试验做到一次泵水压试验成功，受监焊口无漏泄。1996 年，按部颁《火力发电厂基本建设工程启动及竣工验收技术规程》对投产机组提出了更为严格的要求，30 万 kW 及以上机组必须通过 168h 满负荷试运，不但全面考核了机组的安装质量，还更为严格地考核了受监焊口质量，不完全统计了 28 台机组的焊口质量，受监焊口无损检验一次合格率平均达 97.0%，是历史最好水平。1995 年和 1996 年投产机组经过网、省局检查和电力部复检，有 7 台机组被电力部命名为“基建移交生产达标投产机组”。这些机组是：沙岭子电厂 4 号、青岛电厂 1 号、外高桥电厂 2 号、嘉兴电厂 2 号、首阳山电厂 4 号、石门电厂 1 号、渭河新厂 4 号机组。

7. 1997 年火电投产工程焊接质量概况

1997 年，我国电力工业新投产机组容量又在 1000 万 kW 以上，实际达到 1045.5 万 kW，完成年计划 的 101.6%，其中火电 30 台，793 万 kW。几年来各施工单位通过质量体系认证，深化了质量管理，提高了职工的质量意识。通过激烈的市场竞争，充分认识到一个企业如果没有良好的管理、优良的工程质量，在竞争中就要吃败仗。在焊接技术管理方面，不同程度地采用计算机管理，加强了金属试验室的工作，下大力气对焊工进行培训，做到持证上岗。总的来看，安装质量是比较稳定的，从统计的情况可以了解到：焊口无损检验的一次合格率都在95%以上，平均大约在97.6%。水压试验做到一次成功，受监焊口无漏泄。从1996年起电力工业部开展基建移交生产达标投产机组的活动，也有力地推动工程焊接质量的提高。1997年评审的11台达标机组是1996年投产的，经过运行考验说明质量是好的。

8. 1998年火电投产工程焊接质量概况

1998年是我国电力建设投产的高峰年，达新中国成立以来年装机的最大容量。

国家电力公司系统投产大中型机组49台，1462.95万kW。其中火电37台，1159.2万kW，水电12台，303.75万kW，超额完成投产计划1104.45万kW的任务。这是我国连续11年实现装机容量1000万kW以上，我国的装机总容量达到2.7亿kW。

1998年虽然出现了桥梁、公路、民用建筑、工业及民用锅炉爆炸等重大质量事故，但火电建设质量是好的，特别是焊接质量保持较好的水平。这与我们多年来认真贯彻规章制度、加强质量管理、重视人员培训是分不开的。从20世纪80年代初期开始，我们就着手抓工程的焊接质量，每5～6年召开一次全国性的焊接工作会议，总结经验，改进不足，达到共同提高的目的。

1998年投产的机组中，主汽、再热蒸汽热段采用了高合金P91钢，施工单位成功地解决了焊接问题。1998年投产的山东华能威海电厂4号机组达到了目前国内安装的最好水平。国家电力公司陆延昌副总经理看了以后说："华威电厂4号机组安装质量和国际先进水平相比毫不逊色，是一台'精品机组'"。

据统计，1998年火电投产工程23台机组平均一次无损检验合格率，达97.1%，水压试验漏口3个。

9. 1999年火电投产工程焊接质量概况

1999年是20世纪最后一个年头，在兔年结束，迎来龙年和仟禧之际，电力行业全面完成国家计划。电力建设更是连续12年实现年装机容量超过1000万kW，使我国装机容量达2.9亿kW，其中国家电力公司全资及控股机组容量达1.47亿kW，占全国总容量50%。

1999年，全国电力基建项目投产发电机组总装机容量约为1640万kW，其中火电1237万kW、水电432万kW。

1999年，火电投产机组在焊接质量方面比较好，表现在以下几个方面：

(1) 把工程质量放在首位。认真贯彻国家和电力行业的有关标准，执行公司及工地的质量体系文件。质量和进度摆正了位置，做到好中求快，树立了质量意识。把奖金与质量挂钩，建立了严格的经济责任制，对受监焊口按系统规格、材质制定不同的价格、不同一次合格率，分别设立质量奖，用经济手段促进和保证质量，使焊工自觉地把住质量关。

(2) 焊接各类人员持证上岗。各单位普遍加强了焊接质量管理，公司质检部门和队（工地）均有持证的焊接质检员。焊工、热处理工、无损检测及理化试验等人员均持有各级行政部门和电站焊接专委会颁发的有效合格证。

(3) 采用先进的焊接和检测设备。工欲善其事，必先利其器。各单位普遍采用了焊接特性好的逆变式整流焊机、电脑程控带自动化打印的热处理设备、性能优异的无损检测设备等，使工程焊接质量得到了有力的保证和监控。

(4) 同一工程有两台或三台机组当年投产。业主通过招标方式，使一个工程的两台以上机组由两个电力建设单位施工，比着干，加强了竞争观念、达标创优意识，带动了整体工程质量特别是焊接质量的稳定和提高。如襄樊、华能南通、华能福州等工程。

(5) 质监中心站、工程质监站充分发挥了作用。根据电力建设质监大纲，锅炉水压前需由质监中心站进行全面检查，特别是对焊接质量检查得尤为严格，施工单位对提出的问题进行整改，整改合格后，才能进行水压试验，确保了水压试验一次成功（由于设备制造焊口质量问题造成漏泄除外）。

据不完全统计，1999 年火电投产 31 台机组平均无损检验一次合格率为 97.9%，水压试验漏口为 1 个。

10. 2000 年火电投产工程焊接质量概况

世纪之交，喜讯频传。在千禧年结束之际，电力建设圆满地完成了国家下达的计划，为国民经济持续的增长作出贡献。

2000 年，国家电力公司系统计划安排投产大中型火、水发电机组 35 台（大中型项目系指水电 25MW 以上，火电 100MW 以上），容量为 10 640MW。由于客观条件和电力建设工作者的拼搏，实际投产大中型火、水电发电机组 56 台，容量为 12 735MW，其中火电 29 台，容量为 10 205MW，超额完成了国家任务。

据不完全统计，国电控股、参股、合资、外商独资、自备电厂等新增装机容量约在 19 000MW 左右，其中大、中型项目约在 18 000MW。2000 年 4 月 19 日，随着苏州工业园区华能电厂 2 号 300MW 机组的投产，我国装机容量已达到了 3 亿 kW，这是电力行业的新里程碑。截至 2000 年底，我国装机容量共 3.16 亿 kW，可以自豪地说，电力行业人员以优异的成绩迎来的新世纪。2000 年投产机组中，绥中电厂 2×800MW 机组系俄供超临界机组，焊接工作量大，技术要求高，焊接工作者克服重重困难优质地完成了焊接、热处理及检验工作，为机组顺利投产创造了条件。

2000 年火电投产工程中，锅炉、四大管道等受监焊口无损检验一次合格率全国均在 96%以上，超过了达标要求（95%）一个百分点。如 600MW 机组受监焊口达 20 000 个以上，800MW 机组受监焊口在 40 000 个以上，采用手工电弧焊接、氩弧焊接，无损检验一次合格率能达到 96%以上，实属不易。基本上消灭了受监焊口水压试验漏泄，做到了水压试验一次成功，为热态试运创造了条件。

11. 2001 年火电投产工程焊接质量概况

新世纪的第一年 2001 年已经过去了，电力建设一如既往很好地完成了投产任务。本年度国家电力公司系统投产大中型机组 53 台（火电、水电），1097.66 万 kW，超额完成国家下达的投产大中型机组 1003.7 万 kW 的任务。至 2001 年底，全国装机总容量已达到 3.38 亿 kW。电力工业稳步增长为国民经济的持续发展和人民生活水平的提高提供了可靠的电力。

回顾 2001 年，电力建设方面狠抓了安全管理、质量管理，进一步开展达标投产活动，使新机组投产后做到安全稳定运行。火电施工单位在质检部门普遍设置了专业焊接质量检查员，为了补充和充实各单位的质检工作，各电力监理公司也对工程的焊接工作进行了有效的监理。

在投产机组中锅炉水压试验普遍做到了一次成功，基本上消灭了安装焊口漏泄的情况和启动试运中安装焊口渗漏，无损检验一次合格率平均在 96%以上。从 1992 年开始至 2001

年，连续10年无损检验一次合格率保持在96%以上。

2001年火电投产工程继续开展了评优活动，日照1、2号，北仑3、4、5号，阳光3、4号（阳泉二电厂），丰城1～4号，淮北二电厂1、2号，苏州工业园区太仓1、2号，襄樊1～4号等7个工程被评为国家电力公司火电优质工程。华能大连、太一六期、华能丹东电厂三个火电工程获得2001年国家鲁班奖的殊荣。

2001年投产工程中，阳城电厂当年投产4台30万kW机组，合肥二电厂等十个电厂当年投产2台以上机组。

（二）巩固和提高焊接质量开展的几项工作

1. 纠正了“重视高压焊口，轻视中压焊口”的不良倾向

多年来施工单位普遍存在所谓“重高压轻中低压”的不良倾向，由于中低压焊口漏泄而影响试运。近年来，各单位普遍抓了中低压管道焊口的焊接工作。如大径管采用埋弧自动焊，中压管道焊口采用氩弧焊打底电焊盖面工艺等有效保证焊接质量的措施，从而保证了中低压管道焊口质量。

2. 充实了焊接质量检查队伍

为了更好地贯彻执行焊接质量检查办法，必须有相应机构人员。各电建单位在专业的焊接公司（队、处）或锅炉、汽机工地设专职或兼职焊接质检员，公司质检部门设专职的质检工程师或技师，而且基本上做到了持证上岗。这些人员对有关的焊接规章、制度比较熟悉，因而能很好地控制焊接质量。

3. 工程监理和工程质量监督站充分发挥作用

工程监理承担对工程全过程管理，特别是施工阶段的监理对工程的焊接质量起到有力的监督作用；而质量监督站对施工的重要环节的质量起到把关作用，如锅炉水压试验等。

4. 进行新考规的宣贯，强调各类焊工必须持证上岗

DL/T 679《焊工技术考核规程》实施后，为了使各单位更好地掌握新规程，电站焊接标准化委员会举办了新考规宣贯会，参加听讲人员多为焊接技术培训负责人。新规程强调了不管是高中压管道焊口还是钢结构焊接，各类焊工必须持证上岗，对保证焊接质量起到了积极作用。

（三）进一步提高焊接质量的浅见

1991～2001年安装的焊接质量之所以稳定，与各级领导重视和电力建设单位全体同仁的共同努力是分不开的，今后进一步提高安装的焊接质量仍然需要焊接同仁精诚团结、同心协力，下面具体提出几点浅见供大家参考。

1. 深入贯彻焊接的技术规程

技术规程是在生产实践中总结出来的经验升华，也可以说是生产力。电力工业焊接、检验等技术规程必须认真贯彻执行。

2. 严格焊工培训考核取证工作

焊接质量的好坏取决于焊工水平的高低和稳定。要充分发挥焊工培训中心的作用，按新颁发的焊工技术考核规程DL/T 679严格培训考核，真正做到焊工持证上岗。

3. 完善质量保证体系，加强质量监督

电力建设实行各种承包方式以来，质量检查部门为保证焊接质量发挥了重要的作用。今后应进一步完善工程的质量保证体系和质量检查系统，在科（室）和工地（队）必须配备具

有一定实际经验且经过培训考核取得质量检查员资格证书的专职焊接质检员。要做到质检人员有职有权，对违反操作规程、忽视质量的操作有权制止，有权建议发放质量奖金的数量和扣留的数量。积极开展 QC 小组活动和贯彻 GB/T 19000 标准，并能做到消化吸收，总结出适合电力建设焊接工作的体系来。

4. 提高焊接工作的施工管理水平

提高焊接工作的施工管理水平，一是提高各级管理人员的素质，二是引进计算机管理这一现代化管理方法。近几年来电力系统很多单位都开发了一些计算机管理软件，其中东北火电一公司开发的焊接软件比较好，它基本上覆盖了现场焊接技术管理的各个方面，如焊接记录和绘图、人员管理、技术文件编制、材料消耗、工期统计、奖金发放等，使用效果很好。今后火力发电安装队伍必须采用计算机管理以提高技术管理水平。

5. 加快焊接设备的更新换代

电力系统使用过的 70 年代前的电焊机、焊接检验设备，如 AX 施转系列直流电焊机能耗高、笨重，国家已于 1992 年强令开始淘汰，应使用新型的逆变焊机替代。因此推荐了一批国内、国外高效节能质量比较稳定的逆变电焊机和整流式焊机，到现在已全部更新。

6. 建设上等级的试验室

为了加强焊接质量的监督检验工作，电力部建设协调司于 1995 年颁发了《电力建设工程金属试验室资质认证办法》，通过近一年的工作有 52 个单位取得了电力建设工程Ⅰ级金属试验室资质。据了解也存在着高级无损检测人员不足和设备仪器陈旧、老化的问题，应尽快采用先进设备仪器，如带有自动记录的数字式超声波探伤仪、快速定量光谱分析仪、视频显微镜、自动洗片机、射线探伤车等。试验室的工作，必须采用计算机管理，浙江火电建设公司开发的 MISS 试验室计算机管理系统，适合电力建设各单位选用。

复　习　题

1. 试述电力工业焊接队伍建立和发展历程。
2. 焊接技术人员是通过哪些途径培养的？现状如何？
3. 从焊工培训发展看其管理形式有何变化和特点？
4. 电力焊接专业在科研和新技术应用上有哪些成果？目前有何发展？
5. 电力焊接技术的更新和完善主要表现在哪几方面？
6. 电力工业新应用的焊接和检验设备有哪些？向什么方向发展？
7. 焊接技术管理体系是怎样形成的？几个阶段的特点是什么？
8. 试述焊接技术管理的任务，管理核心是什么？
9. 以质量管理为核心的形成有几个阶段？各有何特点？
10. 技术管理是主线是什么？以其为准如何开展技术管理工作？
11. 焊接技术管理体系的核心是什么？在不同组织形式下应如何开展工作？
12. 为满足焊接技术管理需要应建立哪些制度？
13. 电力行业几十年来积极组织开展的主要活动有哪些方面？
14. 电力行业采取了哪些措施保证焊接质量？
15. 今后进一步提高焊接质量应如何做？

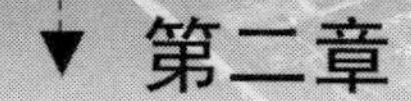

焊 接 施 工 管 理

“焊接”是电力工程建设联合体中的重要一员，保证焊接接头的“焊合”和“使用寿命”是对其质量的核心要求。因此，焊接专业是重要专业，也是特殊专业。所谓重要，是指其质量优劣对工程整体质量影响极大；所谓特殊，是指其具有特殊技能专长和特殊技术要求。有识之士认为焊接是保证电力建设工程质量的关键专业，一直受到广大电力建设工作者的尊重。

在电力工程建设中，应从严密施工组织、严肃施工纪律和严格施工管理入手，把做好焊接管理工作视为自己的责任，把“求真务实、与时俱进”切实贯彻到实际工作中去，以求得焊接工作更大的进步和发展。

第一节　施　工　准　备

焊接专业技术人员在工程开工前，应通过有关文件、图纸、资料的查阅和现场实地的勘察，对待建工程的全貌有个概况的了解，从而熟悉和掌握建设工程规模、设备特点、工艺流程、结构形式、设计意图以及建设工期和工程造价，再结合本单位的具体情况，便可进行焊接专业施工前的准备工作。

准备工作的主要内容包括编制焊接专业施工组织设计、组建焊接管理机构和建立、健全焊接工作的各项规章制度等三大部分，这些工作一经实施，焊接工作全局达到合理部署，可为开式后的技术、物资、人力等诸方面工作创造有利条件。

一、编制焊接专业施工组织设计

焊接专业施工组织设计是待建工程施工组织总设计的一个分支和专业工程的细目，是组织施工、指导施工和技术经济相结合的综合文件，是施工的依据，一经批准，必须认真贯彻执行。

焊接施工组织设计一般按文字和图表两部分编制。

（一）文字部分

1. 编制目的

新工程开工前，应对焊接专业工作进行全面的统筹安排。

通过施工组织设计，将合理的布局、先进的技术、严谨的程序、合理的组织、施工的安全、质量和降低消耗等综合地予以反映，借以发挥队伍的优势，达到优质、高效完成任务的目的。

2. 编制依据

焊接施工组织设计是以总设计的原则和要求为基础，结合焊接专业的特点和实际情况，对照以下资料编制：

（1）上级有关文件、资料、规程、规范和标准等。

（2）待建工程的初步设计。

（3）设计单位提供的图纸。

（4）制造厂家提供的技术文件和资料。

（5）经现场实地的调研取得的有关资料。

（6）其他类似工程的有关施工组织设计。

3. 编制内容

（1）工程概况。

1）主要设备简介。重点介绍待建工程的规模、发电设备的形式、结构的特点及设备运行技术参数等。

2）焊接工程量。焊接工程量系指被焊工件（包括：金属构件、管道及容器等）的焊缝长度或焊口数量。统计焊接工程量的目的主要是了解整个焊接工程状况，从而合理地选定和配置焊接材料，按施工进度要求配备焊工和焊接机具。

统计时，一般根据机、炉等工程的施工项目，按高温高压管道、中低压管道和金属结构（包括：容器、架构、发电机出口母线等）三类划分。高温高压管道属于受监部件，应按不同管道、钢种和焊口数量以机、炉两个部分分别列出；中低压管道、容器、金属结构等，可按部件的总吨位数统计。如将锅炉钢架、主厂房屋架和发电机出口母线及升压站铝管母线单独统计，对施工管理则更为有利。

（2）施工方案的确定。

根据待装设备的结构特点、技术参数、钢材品种和规格，针对设计和制造单位所提出的特殊要求，结合现场具体施工条件和有关焊接规程、规范的规定，拟定相应的技术实施方案，经批准后，作为指导施工的依据。

施工方案的内容包括：焊接方法、坡口型式、焊接材料、焊前预热和焊后热处理规范、无损检验百分比等的选择及确定。编制施工方案时，应考虑设计及制造单位的特殊要求，因为它是施工中不可忽视的重要因素。在设计或制造单位提供的图纸或说明中，可能提出某些特殊的技术规定和要求，有的甚至与日常习惯作法相异，这些内容应在专业设计中一一列出，作为今后施工的重点提示，认真贯彻执行。但对违背科学规律，与“焊规”不符或被淘汰的、落后的工艺技术以及施工现场条件难以实现的规定和要求，也不可草率行事，应事先向领导汇报，再与建设单位协商（国外设备还应与外国专家商谈）提出相应对策或改进措施，双方取得一致意见，形成文字资料（即双方认可的会议纪要）作为今后实施的依据。

（3）组织进行焊接工艺评定。

焊接工艺评定在施工准备中是一项重要的工作。应根据待建工程的钢材和确定的焊接方法，合理立项，并按 DL/T 868《焊接工艺评定规程》规定，进行此项工作。

焊接工艺评定应包括：焊接工艺评定任务书、评定方案、评定报告及工艺评定的实施计划等工作（具体实施内容另行规定），最后编制出《焊接工艺指导书》，为指导施工奠定基础，详细内容见“焊接工艺评定管理”一章，请参阅。

（4）焊接技术措施的制定。

为了明确被焊物件的施焊程序、技术要求和质量标准，以保证物件的焊接质量，必须对某些重要的焊接工程项目，拟定出细致且具体的焊接技术措施。该措施在专业施工组织设计中只列条目，详细内容可另行编写。

1）编写范围。

——锅炉钢架及主厂房屋架；

——除氧器及复水器；

——高温高压管道；

——铝（或铜）母线；

——蓄电池铅板；

——特殊工艺及材料（如钛材焊接）。

2）编写内容。

——被焊部件的工作条件及其工程量；

——材质、规格和焊接特性；

——焊接方法的选定；

——具体的焊接工艺及要求；

——检验方法及质量标准；

——有关安全规定和要求。

（5）焊工组织形式的选择。

对幅员较多，技术水平差距很大的焊接队伍，采取集中还是分散管理方式，多年来是各施工单位各级领导争议极大的难题。虽经多次、反复地尝试，始终未能得到圆满结论。因此，只得随着施工现场的具体条件、人员配备状况和经济发展趋势，时分时合地组织焊接施工。

焊工组织形式归纳起来基本分为集中管理、分散管理和持证焊工集中一般焊工分散管理等三种类型。不同的组织形式，优缺点也不同。

1）集中管理方式。将所有焊接人员（包括：焊接行政领导、技术人员、焊工、热处理工、三站运行以及管理人员等）集中一起，组成焊接专业队伍（工地或队）负责全工程的焊接任务。优点是：①有利于贯彻、执行上级有关文件、规程、规范；②便于加强专业队伍组织建设，提高各项管理水平；③便于推行焊接专业的网络计划；④机具材料便于管理、使用和维护；⑤统筹安排焊工技术培训；⑥及时组织人力、物力突击重点任务；⑦易于强化焊接工程质量监督；⑧便于组织焊接专业 QC 小组活动；⑨便于推行微机在焊接专业管理上的应用；⑩有利于各项管理工作向科学化、制度化、标准化方向发展。

集中管理方式的主要缺点是：组织机构较为庞大、管理繁杂和因经济分配难度较大等带来的诸多消极因素。

2）分散管理方式。将全部焊工按机、炉等几个工地（或队）所承担的安装任务，以一定的比例分配到各专业工地（或队），接受领导。热处理工一般归汽机专业工地（队）领导，三站运行工一般归锅炉专业工地（队）领导。

分散管理方式的优点是：施工范围只限于一个工地（队），管理工作较简便，经济分配简化等。缺点是：①工期与质量冲突时，焊接质量难以控制；②各工地间的焊接人员、机具的调配较困难；③开展焊工技术培训工作阻力颇大，计划经常落空；④竣工移交资料不易成系统。

3）持证焊工集中、一般焊工分散管理方式。将所有Ⅰ、Ⅱ类持证合格焊工和热处理工及三站运行工集中一起，组成焊接工地（队），负责全工程的所有承压管道、压力容器和主要承重结构以及有色金属、特殊材料的焊接任务。Ⅲ类及一般焊工则按分散方式分到各专业工地（队）配合一般结构的施工。

这种组织形式的优点介于集中与分散管理两者之间，取其所长，是一种较为理想的管理方式。缺点是：抽调一般焊工进行培训以补充Ⅰ、Ⅱ类焊工力量的难度很大，不利于一般焊工成长。

除上述三种组织形式外，有的单位还采取将焊接管理人员集中组建焊接管理科的方式，重点负责焊接技术管理和焊接质量监督。

为了便于组织焊接施工，选择焊工组织形式建议如下：

a）焊工人数少于100名的施工单位，以集中管理方式为宜；

b）焊工人数为100～200名的施工单位，以持证焊工集中、一般焊工分散的管理方式为宜；

c）焊工人数超过200名的施工单位，可采取Ⅰ、Ⅱ类焊工集中，Ⅲ类、一般焊工分散的管理方式，也可采取分散管理方式。但分散管理的关键是必须保持焊接技术管理的统一和有一套较为完整的焊接管理体系以及相应的技术权限。

（6）焊工数量的配备。

施工中，焊工需用的数量主要根据待建工程的装机容量、台数、焊接工程量、施工进度和现场条件等因素综合考虑。焊工的数量，通常与其他专业工种相配套。根据经验，不同容量的机组，每台机组需用的焊工与其他专业工种的大概比例，可参照表2-1。按装机容量具体配备焊工的数量，可参考表2-2。

表2-1　　焊工与各专业工种的配比

装机容量（万kW）	焊工与各专业工种的比例			
	锅　炉	汽　机	修配铆工	综合平均
5以下	1:5	1:4	1:3	1:4
5～20以下	1:4	1:3	1:2	1:3
20以上	1:2	1:3	1:2	1:2.5

表2-2　　焊工实际配备的参考数量

装机容量（万kW）	焊工数量（人）	
	配备总数	持证焊工数
5以下	30～50	8～12
5～10以下	60～100	20～30
10～12.5	100～140	40～60
20	150～180	60～80
30	180～220	80～100
50	220～280	100～140
60及以上	240～320	120～180

注　1. 持证焊工系指焊接受监督管道Ⅰ、Ⅱ类焊工。

2. 表中数量浮动范围可在5%左右。

(7) 力能供应。

焊接专业的力能供应，主要指气体（氧气、乙炔气和氩气）和电能（焊接及热处理电源）两部分。

1) 氧气供应。在施工现场，氧气的供应方式一般分集中供应和分散供应两种。

a) 氧气集中供应。将瓶装氧气集中于一室（即氧气供应站或简称为氧气站）分成若干个（一般为3～4个）组，每组5～6瓶，通过氧气母管，各组轮换向使用点输送。

这种供氧气方式优点是：现场整洁，安全可靠。缺点是：如管理不当，常因管系泄漏而造成氧气严重流失。

若地方供氧不能满足施工要求，或每昼夜耗氧量超过480m³（80瓶）以及运输困难时，根据施工单位条件和现场的安全性，可在现场单建制氧厂，直供各使用点用氧。

这种供氧方式既经济安全，又使用方便。制氧设备的配备台数和容量，一般根据装机容量和台数确定，参见表2-3。

表2-3　制氧设备和配备

装机台数及容量（台×万kW）	配备制氧台数及容量（台×m³/h）	一昼夜制氧（瓶）
2×5	1×20	80
2×10	1×（20～30）	80～120
2×12.5	（1～2）×（20～30）	80～240
2×（20～30）	2×（20～30）	160～240
2×30以上	1×150	600

注　配备150m³时的制氧机，经改装后，每昼夜可提取约60m³/h以上的氩气以供氩弧焊用。

b) 氧气分散供应。在集中供氧管道铺设不到的施工角落，或无条件建设氧气站以及氧气的使用量较少的中、小型电厂设备安装时，可采取瓶装氧气直供一名焊工使用的分散供应方式。

这种供氧方式的优点是比较经济、损耗小。缺点是：气瓶乱放，现场紊乱而不安全。因此，必须加强气瓶的管理，以保证使用安全。

c) 施工现场氧气总需量（高峰期）计算方法：

$$Y = \sum \frac{K_1 K_2 G y}{25t} \tag{2-1}$$

式中 Y——昼夜平均需氧量，m³/昼夜；

y——单位金属耗氧量，m³/t，热机设备加工安装，取6～10，土建结构加工安装，取3～5；

G——建安设备结构加工安装总重量，t；

K_1——施工不均匀系数，取1～1.5；

K_2——管道泄漏系数，取1.05～1.10；

t——各类工程作业工期，月。

2) 乙炔气供应。乙炔气供应方式与氧气方式相同，也分集中供应和分散供应两种。

a）乙炔气集中供应。将一台或几台固定式乙炔发生器（如选用 Q_3-3、Q_4-5、Q_4-10 等型）集于一室，构成一座乙炔供应站（又叫乙炔发生站，或简称乙炔站），通过乙炔气母管向各使用点输送。站内所选用的乙炔发生器无论多少台，必须为同型号、同容量的。乙炔站内装设的乙炔发生器台数和容量，均按装机容量和台数确定，参见表 2-4。

表 2-4　　乙炔发生器的配置

装机台数及容量(台×万 kW)	乙炔发生器的台数及容量(台×m^3/h)
2×5	2×(3～5)
2×10	2×(5～10)
2×12.5	2×10
2×(20～30)	2×(10～20)

b）乙炔气分散供应。利用一台移动乙炔发生器（如 Q_3-05 或 Q_3-1 型）直供一名焊工用气的供气方式。在使用后，电石灰浆到处乱倒，极不卫生。同时，在装卸过程中，容易发生事故。

目前，瓶装式乙炔气已广泛使用，因其运输、储存、使用方便，现场整洁，安全性强，损失量少，故有取代移动式乙炔发生器的趋势。但缺点是：瓶装乙炔气价格稍高，分散使用仍不安全，现场较乱，一般应尽量采取集于一起使用的方法，以克服现场紊乱及不安全状态。

c）施工现场乙炔、电石需量计算法：

$$C = 0.3Y \tag{2-2}$$

式中　C——乙炔需量，m^3/h；

Y——氧气需量，m^3/h。

乙炔需量也可用焊、割炬同时使用量计算：

$$C = K\sum nu \tag{2-3}$$

式中　C——乙炔需量，m^3/h；

K——同时使用系数，取 0.6～0.8；

n——焊、割炬量数；

u——每把焊、割炬乙炔耗量，m^3/(h·把)。

电石需量计算：

$$C \text{或} D = (1.5 \sim 1.8)Y \tag{2-4}$$

式中　D——电石需量，kg 或 t，D=5～6；

C——乙炔需量，m^3/h；

Y——氧气需量，m^3/h。

3）氩气供应。氩气供应方式基本与氧、乙炔气供应方式相同，但由于氩气的价格较贵，通常采取单瓶供应，以减少额外损耗。如用量较大或认为有必要时，也可采取站式集中供应。

施工现场氩气需量计算法：

$$A = (K_1 + K_2 + K_3 + K_4 + K_5 + \cdots)\frac{a \cdot n}{50} \tag{2-5}$$

式中 A——全工程氩气需量，瓶，每瓶按 15MPa 或 $6m^3$ 计；

a——安装锅炉台数，台；

n——每台机、炉受监焊口总数，个/台；

K_1——锅炉受热面范围系数取 1.0；

K_2——汽机高压管道系数取 0.2；

K_3——中压管道系数取 0.05；

K_4——汽机油管道系数取 0.05；

K_5——发电机出线系数（母线）取 0.1。

4）安装工程氧气、电石、氩气耗用量，见表 2-5；安装工程每小时氧气、乙炔、氩气最大耗量见表 2-6。

表 2-5　安装工程氧气、电石、氩气耗用量

装机台数及容量（台×万 kW）	氧气（瓶）	电石（t）	氩气（瓶）
2×5	15 000～18 000	140～160	
2×10	18 000～20 000	160～180	
2×12.5	20 000～25 000	180～220	500～600
2×（20～30）	25 000～30 000	220～300	600～800
4×（20～30）	35 000～45 000	320～500	1000～1200
6×（20～30）	50 000～80 000	500～700	1500～1800

注 1. 耗用 1 瓶氧气需耗用 10kg 电石。
2. 瓶装乙炔气待考察。
3. 30 万 kW 以上机组用量待查。

表 2-6　安装工程每小时氧、乙炔、氩气最大耗量

装机台数及容量（台×万 kW）	氧气		电石（t）	乙炔气（m^3）	氩气（瓶）
	瓶	m^3			
2×5	40～50	200～30	0.4～0.5	72～90	3
2×10	80～100	480～600	0.8～1.0	144～180	3～5
2×12.5	100～120	600～720	1.0～1.2	180～216	4～6
2×（20～30）	120～140	720～840	1.2～1.4	216～252	6～10
4×（20～30）	150～160	840～960	1.4～1.6	252～288	10
6×（20～30）	160～180	960～1080	1.6～1.8	288～324	10

5）电焊机的配备和电能用量计算。电焊机的配备，应根据施工进度、焊工人数、焊接工程量和交叉作业等因素综合考虑。按以往施工经验，电焊机的数量基本按焊工人数确定，一般按焊工人数（系指电焊工、氩弧焊工而言）加 30%～50%估算。这样，既能满足一台机组组合、安装的需用量，也能满足两台机组交叉施工的需要。

电焊机除数量的估计外，还应根据钢材和焊材品种以及焊接方法，确定焊机的类型及数量，并区分交流焊机及直流焊机选配的比例和数量。一般机组容量越大，需用焊机的数量也越多，直流焊机所占比例也就越大。

焊接需用电源容量计算：

a）当电焊机需用台数已确定时：

$$PC=AW' \tag{2-6}$$

式中 PC——电量，kVA；

A——焊机台数，台；

W'——每台焊机容量，kVA。

b）焊机需用台数未确定时，应先按式（2-7）计算出需用焊机台数，再按式（2-6）计算电量。

$$A=\frac{Q\cdot K\cdot \tau\cdot \varepsilon\times 1000}{25\cdot T\cdot B} \tag{2-7}$$

式中 A——焊机台数，台；

Q——安装机组的金属结构重量（包括附属），t；

K——焊接率，取0.005（需用焊条量与金属总量之比）；

τ——电焊占总焊接量的分数，一般为75%～90%；

ε——不均衡系数，视具体情况定；

T——安装所持续的月数；

B——每台焊机每班所消耗的焊条重量，kg；

25——每月按25个工作日计。

6）热处理电源的配置和电能用量计算。焊接接头热处理电源种类较多，过去以工频及中频电源用得较多，自柔性陶瓷电加热器兴起，已成为现场广泛采用的一种热处理加热装置。

柔性陶瓷电加热器的电源，一般通过控制箱直接与网络连接（也可用电焊机作为电源）。

无论采取哪种电源，在现场配置的数量应不少于3台。每台电源装置最好置于特制集装箱中，以利于管理和操作。

a）感应加热用电计算。

所需热量计算方法：

$$Q=KCW(T-T_0) \tag{2-8}$$

式中 Q——热量，kJ；

K——热损失系数，约为2～3；

C——材料的热容量，kJ/(kg·℃)，ZG20CrMoV铸钢为0.116，10CrMo910钢为0.15，12Cr1MoV钢为0.13：

W——被加热段管子的重量，kg；

T——加热温度，℃；

T_0——环境温度，℃。

电功率计算方法：

$$P=\frac{Q}{0.24t} \tag{2-9}$$

式中 P——电功率，kW；

Q——热量，kJ；

t——加热时间，s，一般按热处理全部时间计。

加热段电阻计算方法：

$$R = \rho \frac{I}{S} \tag{2-10}$$

式中　R——电阻，Ω；

ρ——材料电阻率，$\Omega \cdot cm^2/cm$；

I——部件加热段断面周界，cm；

S——短路电流循环回路有效截面积，cm^2。

感应电流计算方法：

$$I_2 = \sqrt{\frac{P}{R}} \tag{2-11}$$

式中　I_2——感应电流，A；

P——电功率，kW；

R——电阻，Ω。

感应电动势计算方法：

$$E = \frac{P}{I_2 \cos\varphi} \tag{2-12}$$

式中　E——感应电动势，V；

P——电功率，kW；

I_2——感应电流，A；

$\cos\varphi$——功率因数，约0.5～0.6。

导线缠绕匝数计算方法：

$$N_1 = \frac{V_1}{E} \tag{2-13}$$

式中　N_1——匝数，匝；

E——感应电动势，V；

V_1——电源电压，V。

导线通过的电流计算方法：

$$I_1 = \frac{I_2}{N_1} \tag{2-14}$$

式中　I_1——导线电流，A；

I_2——感应电流，A；

N_1——导线匝数，匝。

导线截面积计算方法：

$$A = \frac{I_1}{i} \tag{2-15}$$

式中　A——导线面积，mm^2；

I_i——导线电流，A；

i——导线允许的电流密度，A/mm^2，铜线取≤2.5，铝线取≤1.5。

b）加热器（辐射，如电阻炉）加热用电计算。

热量计算方法：

$$Q = Q_1 + Q_2 \tag{2-16}$$

式中 Q——加热器电阻丝发生的热量，kJ；

Q_1——管子本身吸收的热量，kJ，也可按 1m 管子重量×比热（加热温度—室温）计算；

Q_2——散热量，包括空气、管子和加热器本身，kJ。

电功率计算方法：

$$P = 1.64Q \tag{2-17}$$

式中 P——电功率，kVA；

Q——热量，kJ。

c）热处理加热量其他计算方法。

美国计算法：

$$P = DS \tag{2-18}$$

式中 P——所需功率，kVA；

D——管子直径，in；

S——管子壁厚，in。

将式中英制单位换算成我国法定计量单位时，则为

$$P = \frac{DS}{650}(\text{kVA})$$

此时，式中的英寸（in）均变更为毫米（mm）。

苏联计算法：

感应加热时：

$$P = 62.8DB \tag{2-19}$$

式中 P——所需功率，W；

D——管子外径，cm；

B——加热宽度，cm。

电炉加热时：

$$P = (12.5 \sim 19)DB(\text{W}) \tag{2-20}$$

式中加热宽度 B 的选取，应与厚度相应考虑，在相关资料中有如下规定：

当 S=20（mm）时，B=70（mm）；

当 S=21～45（mm）时，B=150（mm）；

当 S=40～60（mm）时，B=200（mm）；

当 S=60～80（mm）时，B=250（mm）；

当 S=81～100（mm）时，B=300（mm）。

由于该加热宽度与被处理件厚度的关系，与我国规定相差较大，故上述数值仅供参考。

德国计算法：

$$P = A \cdot D\sqrt{S} \tag{2-21}$$

式中 P——所需功率，kW；

A——经验系数；

D——管子直径，mm；

S——管子壁厚，mm。

其中：A 与加热温度和绝热消耗状况有关。

$$A = K\left(\frac{T}{620}\right)^2 \tag{2-22}$$

式中　T——加热温度，℃；

K——绝热消耗系数。

内外均有绝热时等于 5；外绝热时等于 10；无绝热时等于 15。

安徽洛河电厂经验公式（供参考）：

$$P = DSK \tag{2-23}$$

式中　P——所需功率，kW；

D——管子直径，mm；

S——管子壁厚，mm；

K——经验系数。

一般 K＝0.8～1.4，冬季 K＝1.4，夏季 K＝0.8。

注：10CrMo910 管子，K＝1.0。

（8）焊工技术培训。

焊工技术培训工作是培养、巩固、提高焊工操作技能和理论知识水平的主要方法，又是改进工艺技术，拟定工艺方案，研究、解决焊接技术难题的途径。因此，该项工作已经得到各级领导的重视和关怀，并将其提到工作议事日程上来。

为了搞好焊接培训工作，提高培训质量，更多地培养焊接技术人才，专门编写了“焊工培训管理”一章，请参阅。

（9）保证焊接质量和安全施工的措施。

1）保证焊接质量措施。焊接质量的优劣，直接影响工程安装进度、设备的安全运行和使用寿命。为此，在工程开工前，必须拟定出保证焊接质量的措施，使焊接质量达到最高的水平。在施工组织设计中，质量措施一般应考虑如下几方面：

a）强化焊工技术培训，在普及的基础上，焊接技术向高、精、尖方向全面发展，并运用到工程中去；

b）严格技术交底，认真贯彻、执行交底措施；

c）大力而多项目的开展 QC 小组活动；

d）认真贯彻执行有关规程、规范；

e）坚持工程质量三级检查验收制度。

2）保证焊接安全措施。焊接工种经常发生的安全事故，大多为火灾和触电事故，因为该工种既是明火作业，又是带电作业。为此，在拟定安全措施（施工组织设计中，只列项目）时，应以杜绝火灾和触电事故为主，结合施工条件，兼顾防止其他事故发生。

（10）增产节约方案。

从焊接角度来讲，快速施工、保证质量和节省焊材（包括焊条、焊丝、氧气、氩气、电石等）使用量是开展增产节约活动的主要目标。特别是焊条的浪费，在每个工程中都是很惊人的。为此，必须建立一套节约制度，方能杜绝浪费或使浪费降至最低限度，以达到物尽其用的目的。如：①建立切实可行的保管、发放制度；②建立、健全各类台账；③采取焊条回收和奖罚办法。

（11）新技术的应用和技术革新。

随着世界性的科学进步和科学技术是第一生产力的论断，近些年来，在焊接方面的新工艺、新技术、新设备和新材料有不少的更新创造。为此，需要及时掌握信息，竭力推广使用，借以扭转我们施工技术的落后局面，加快施工进度，提高焊接质量。

当前，有关焊接质量的新事物较多，结合现场条件，具有使用价值的如：

1）全氩弧焊接在小径管上的应用。

2）复水器钛管自动焊的应用。

3）二氧化碳气体保护焊在锅炉“六道”上的应用。

4）埋弧焊在循环水管道上的应用。

5）微机在焊接管理工作上的应用。

当然，今后还会出现新工艺和新技术，需要我们通过技术情报、科技信息等予以发现、推广与使用，同时，我们在现场通过实践所取得的经验和技术改进，以及大胆设想的一些新课题，均可作为施工组织设计的内容，并在今后施工中予以实现。

上述内容均属焊接专业施工组织设计的文字部分（或说明部分），编写时，力求内容有理论依据，数据可靠，语言精练，突出重点。

（二）图表部分

为进一步说明问题，在文字部分的后面，还应绘制一些必要的图表，使焊接施工组织设计更加直观、明朗、一目了然。

1. 平面布置图

焊接专业的施工平面布置图是以待建工程施工组织总设计中的平面布置图为依据，确定三站（氧气站、乙炔站和氩气站）、焊材用棚库、办公室、培训班等建筑物、焊接电源（电焊机、热处理电源）以及三站管线敷设走向等，布局见图 2 - 1。

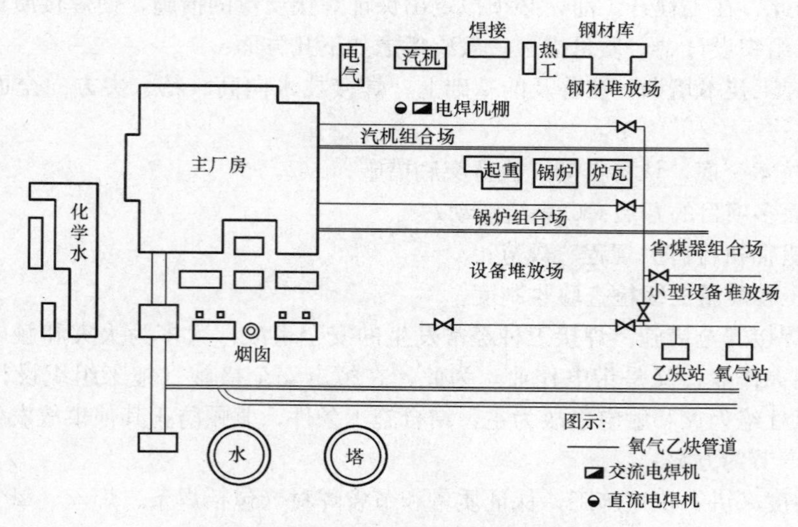

图 2 - 1　焊接专业力能供应平面布置图

按两台 20 万 kW 发电机组工程要求，焊接专业的各种设施所占地面积，总共为 1145m²，参见表 2-7。

表 2-7　焊接用棚库占地面积参照表

名　　称	占地面积（m²）	名　　称	占地面积（m²）	名　　称	占地面积（m²）
氧气站	288	氧气库	12	热处理工棚	36
乙炔站	240	焊条库	54	焊工培训班	96
氩气站	77	工具库	24	机具维修室	36
电石库	12	焊工工棚	216	焊接办公室	54

注　1. 本表按焊工集中管理方式考虑。
2. 氧气站的建筑物占地面积为 48m²，不包括简棚。
3. 乙炔站的建筑物占地面积为 54m²。
4. 三站的建筑物包括各自的值班室。
5. 焊条库包括焊条储放室（有温控）、焊条烘干室、焊条发放室。
6. 焊工工棚共 6 间，每间 36m²。
7. 如现场不设氩气站，其占地面积可删除。
8. 焊接办公室 6m×9m 可分里外间。
9. 焊工培训班包括办公室、材料库、实习间等。
10. 电焊机棚占地面积另计。

上述氧气站、乙炔站、焊条库、焊接办公室及焊工培等平面图，参见图 2-2～图 2-6。

(1) 对焊机的布置和三站管线的敷设，应以机、炉组合场、铆工加工厂和主厂房为主线，以平面布置图反映出来。而主厂房内部的，可以正视图、俯视图或者立体图表示出来。

(2) 焊接及热处理电源单独供电，不得与吊车等大型机械用电混用一台变压器或接一条线路。

(3) 三站位置、设施及管线的敷设，应按安全规程要求进行，即选用合理的规范及规定的安全距离，见表 2-8。

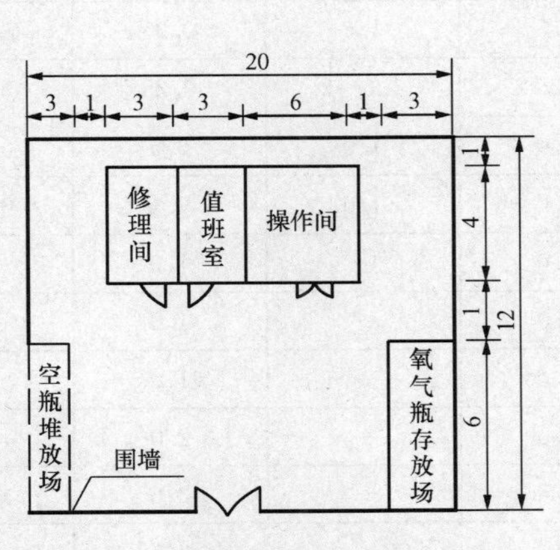

图 2-2　氧气站布置图（单位：m）

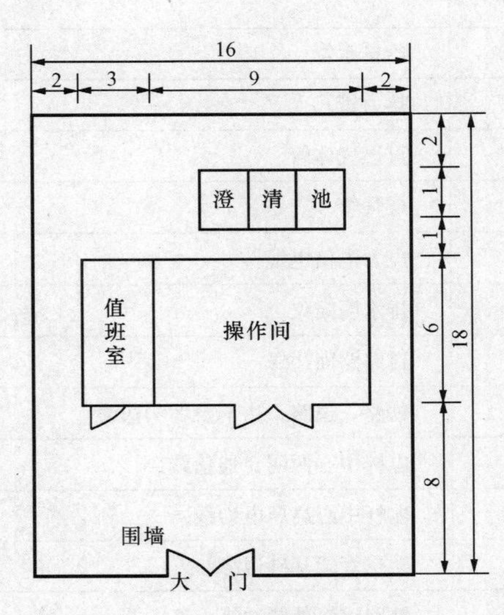

图 2-3　乙炔站布置图（单位：m）

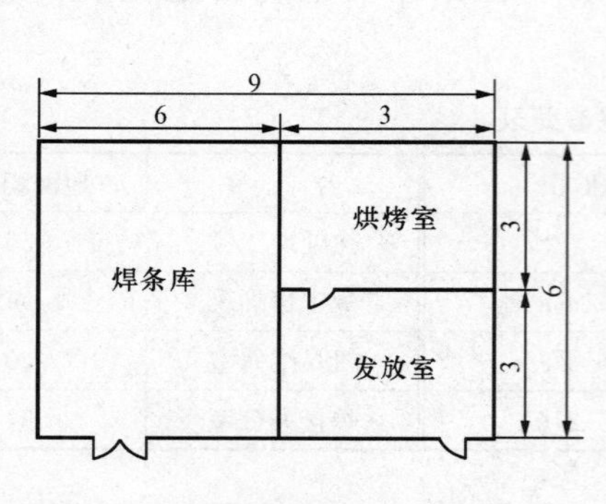

图 2-4 焊条库布置图（单位：m）

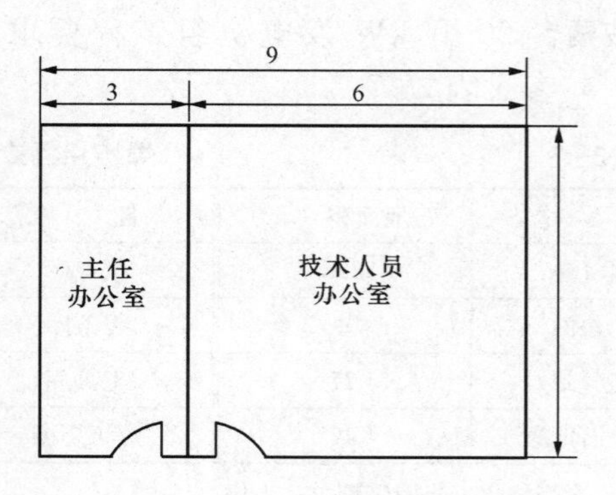

图 2-5 焊接办公室（单位：m）

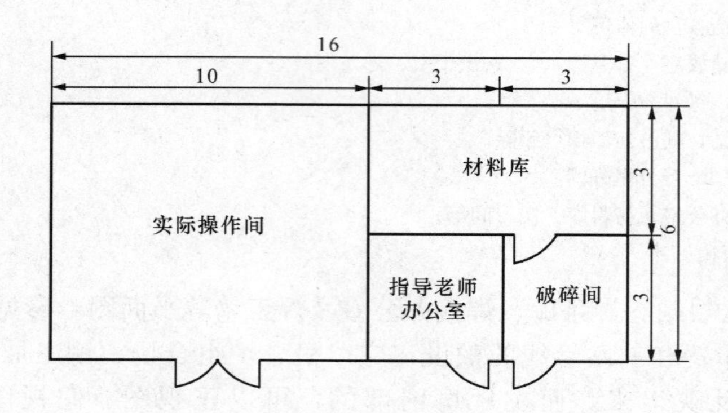

图 2-6 焊工培训班布置图（单位：m）

表 2-8　　氧一乙炔埋管与它物净距

序号	他物名称	水平净距（m）		交叉净距（m）	
		氧气管	乙炔管	氧气管	乙炔管
1	给排水管	1.5	1.5	0.25	0.25
2	热力管	1.5	1.5	0.25	0.25
3	可燃气体管	1.5	1.5	0.25	0.25
4	煤气管	1.0～2	1.0～2	0.25	0.25
5	电力电信电缆	1.0	1.0	0.5	0.5
6	排水明暗渠	1.0	1.0	0.5	0.5
7	道路路面边缘	1.0	—	1.0	—
8	铁路、道路、边沟及明沟边缘	1.0	—	1.0	—
9	电杆中心照明、通信线	1.0	—	1.0	—
10	电杆中心高压电力线	2.0	—	2.0	—
11	架空管架基础边缘	1.5	—	2.5	—
12	铁路钢轨外侧边缘	3.0	—	3.0	—

续表

序号	他物名称	水平净距（m）		交叉净距（m）	
		氧气管	乙炔管	氧气管	乙炔管
13	无地下室建筑物基础边缘	2.5	—	2.5	—
14	（气体）工作压力＞16MPa	2.5	—	—	—
15	（气体）工作压力≤16MPa	1.5	—	2.0	—

（4）三站管线上供气点（集气包），焊机和热处理电源的摆放，供应范围要大些，尽量满足施工需要。

（5）管线的敷设和焊机的布置，以不妨碍消防和运输通道为主。导（管）线应从铁路轨道下面穿过。为了减少气体浪费，通向机、炉、铆的管线应用截门分别隔开，用时通，不用时关，分系统供应。

（6）管线上的截门、供气点、泄水井及管线埋深或架空的标高尺寸，应在布置图中明显标出。

（7）在每个焊机集中点，应注明焊机的品种（交流、硅整流、逆变等）编号、台数等，并以不同的符号和色彩区分开来。

（8）三站的屋面，应采用轻型结构。

（9）电石库与乙炔站应分别构筑，既符合安全距离要求，又便于运输。

（10）乙炔站、电石库的照明应采用防爆灯或室外投照。

（11）焊条库应按保温库的规定进行内部装修。

2. 焊接工程技术数据一览表

电站安装工程中的受监管道（如锅炉加热面管、锅炉范围管道、主蒸汽管、主给水管、冷段再热管、热段再热管等）均属重点工程项目。采用焊接工程一览表的形式，将这些部件的名称、钢材种类和规格、设计焊口数量，有关焊接工艺方案及技术要求等一一列出，作为今后施焊的重要依据，见表2-9。

表2-9　　受监管道焊接技术数据一览表

序号	管道名称	管道规格及钢号	管排数	设计焊口数（口）	坡口形式	焊接方法	焊接材料		预热		无损检验		抽样焊口		焊后热处理					备注
							牌号	规格（mm）	方法	温度（℃）	比例（%）	口数	比例（%）	口数	方法	升温速度（℃/min）	最高温度（℃）	恒温时间（min）	降温速度（℃/min）	

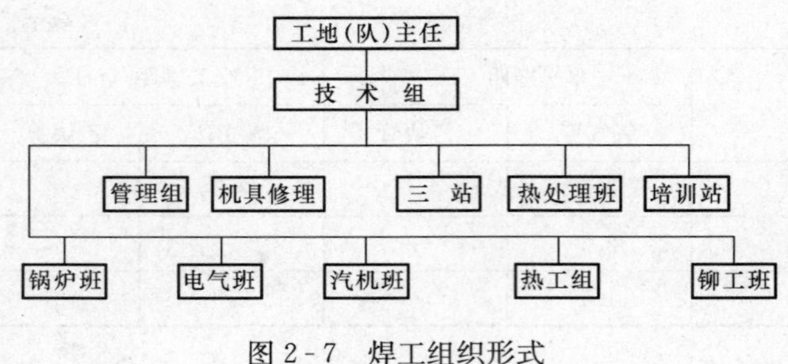

图 2-7 焊工组织形式

3. 焊工组织形式图

焊工组织形式见图 2-7，实际就是焊工组织管理系统图，主要依据焊工组织形式的确定取舍。如采取集中管理方式，则在施工组织设计中编排，否则就不需要。从该图中可以显示出焊接管理体系的层次，焊接人员的配备及焊工分布状况。

4. 焊工培训规划表

在拟定焊工培训规划时，应根据装机容量、工程特点、技术要求、现有焊工数量及技术状况，确定需要补充焊工类别，以此表作为今后开展焊工培训实施的目标，见表 2-10。

表 2-10　焊工培训计划安排

类别（人）	各类合格焊工数量（名）													合计
	合金						碳钢							
	全能	全氩（小）	WS/DS（大）	WS/DS（小）	电焊（大）	电焊（小）	全能	全氩（小）	WS/DS（大）	WS/DS（小）	DS（大）	DS（小）	其他	
现有数														
工程需用总数														
需补充数														

注 1. 合金全能系指 WS/DS 等碳钢、合金均合格。
2. 全氩指小直径管子各层均采取氩弧焊。
3. 碳钢全能只指碳钢各种焊法均合格。
4. WS——手工钨极氩弧焊；DS——焊条电弧焊。
5. 其他主要包括，母线、钛管等合格焊工。
6. 需补充数量就是需要培训、复试或增项人数。

5. 主要焊接机具、材料、仪器、仪表购置计划（按通用供应表格填写）

6. 三站建筑物和内部设备安装图

（1）三站建筑物图。在焊接专业“施设”占地面积图 2-2、图 2-3 中已将氧气站和乙炔站的建筑物轮廓和布局标示出，但在正式建筑前，需由建筑专业技术人员和焊接技术人员配合提供必要的资料和要求。

（2）三站内设备安装图。三站的设备安装，主要指乙炔站中的乙炔发生器的安装，而氧气和氩气两站只是向外引出送气管。

三站设备、管系安装前，必须根据设备的选型及要求进行设计（布置），并应考虑保证安全防火、采光充沛、通风良好、供排水方便和便于操作等诸多因素。

7. 焊接坡口型式图

在施工组织设计中，焊接坡口型式应以受监管道对接坡口型式绘制的图形为主。在一个工程中，尽量选择几种常用的型式为宜。即：管壁厚度小于或等于 16mm 的管道，可选用 V

型坡口；大于 16mm 的管道，可选用双 V 型、U 型以及综合型（上 V 下 U）坡口。但最根本的选用原则是：

（1）要按设计或制造厂规定的坡口型式列出，并以此作为坡口选用的重要依据。

（2）制造厂供货时，管道的坡口已加工好，原则上不予变动，如发现有的管道坡口型式已被淘汰、不适宜或非标准的（包括设计要求在内），应以现行的、通用的为准予以修改，并与建设单位协商确定。

（3）尽量选用便于加工和焊接的坡口型式。

8. 施工进度与劳动力配备

焊接工程的施工进度安排，应以承担该工程施工单位的二级网络图为依据，参照有关技术文件、安装程序、施工方案和其他类似工程的施工进度，单独制定焊接专业的施工进度，并以网络图形式将各有关工种的施工工序，相互衔接的关系，焊接工程量，各项工程的开竣工日期以及焊工人数的配备等体现出来，同时还应指出主工序线路和形象工程项目，见图 2-8。

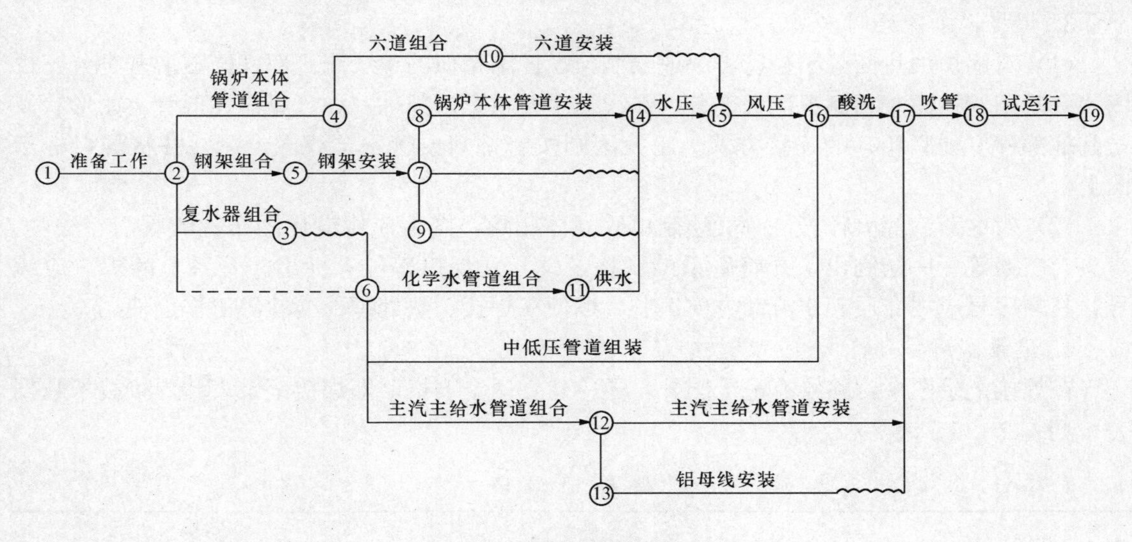

图 2-8　焊接工程三级网络图

劳动力的配备，以施工项目和工程量确定焊工数量，并按月、旬（周、日）加以累计得出焊工使用量的曲线图，用以指出焊工高、低峰的使用量。

焊接网络图和劳动力曲线图最好输入到微机中去，以方便对工期的清点、控制和调整，对焊工使用状况的掌握，并应随机进行灵活地调整。

焊接工程进度和劳动力配备的范围，主要包括：锅炉钢架及主厂房屋架；除氧器、复水器；锅炉加热面管道、锅炉范围管道、主蒸汽管、主给水管、冷、热段再热管；铝母线等焊接任务。

二、焊接技术记录图的准备

1. 绘制焊接记录图的目的

为了更好地掌握现场的施工进度，及时控制好焊接质量，合理安排持证焊工工作，焊接记录图是整个工程中不可缺少的第一手资料和数据库。因为它能明显地反映出被焊件（即管道）的结构形式、管道走向、焊口位置、材料规格和钢种以及焊接工程量等。同时还有如下功能：

（1）可以掌握单项工程的开竣工日期。

（2）能掌握和控制整体工程的焊接施工进度。

（3）根据被装部件的要求和工程量能合理、及时地配备焊接力量。

（4）能及时对已焊的部件焊口进行各类试验和检测。

（5）能掌握每名焊工每日焊接的项目、规格、钢种、焊口数量及焊接质量状况。

（6）可适时安排焊口的焊前预热和焊后热处理工作。

（7）作为今后移交的主要资料。

2. 绘制焊接记录图的范围

根据火力发电厂焊接技术规程规定：焊接记录主要包括主蒸汽管、主给水管、再热蒸汽管、汽机导汽管和锅炉范围内管道等的焊接记录。还可将锅炉加热面管子也做焊接记录图，作为施工全过程的重要核查依据。

3. 焊接记录图绘制方法

（1）对锅炉加热面等小径管，一般绘制与设计图相似的单线图。部件的图形基本分正视图（有时用俯视图）和侧视图两部分。侧视图主要示意该部件（如省煤器蛇形管）的形状及与其他部件（如联箱）的连接方式。正视图则按管排数或管子单线图绘制，并将焊口标于图上。

（2）对主蒸汽等大径管，一般绘制单线立体图形，图上应将设计图布置的阀门、法兰、弯头、三通等一一绘制出，并将管系的规格及钢号、焊口部位等标出。管系上的焊口应编号，其顺序号应按介质起止流动方向编制，以便在焊接、热处理、检验等工作上使用。

4. 记录图用的表格

在焊接记录图中，除绘有记录图外，还应建立两个表格，即焊接记录表和焊接技术数据表，见表2-11、表2-12。

表2-11　　焊接记录表

序号	焊工姓名	钢印代号	焊接方法	管道规格（mm）	钢号	实焊口数（口）	实检口数（口）	取样口数（口）	备注

设计口数	实焊口数	实检总口数	实抽总口数
焊接部件名称			
施焊起止日期		图号	

注　置于记录图的右下角。

表 2-12 焊接技术数据表

<table>
<tr><th rowspan="3">管道规格（mm）</th><th rowspan="3">坡口形式</th><th colspan="4">焊材选用</th><th rowspan="3">焊前预热温度（℃）</th><th colspan="2" rowspan="2">检验</th><th rowspan="3">抽样口数</th><th rowspan="3">焊后热处理温度（℃）</th><th rowspan="3">备注</th></tr>
<tr><th colspan="2">焊条</th><th colspan="2">焊丝</th></tr>
<tr><th>牌号</th><th>规格（mm）</th><th>牌号</th><th>规格（mm）</th><th>方法</th><th>数量（口）</th></tr>
<tr><td></td><td></td><td></td><td></td><td></td><td></td><td></td><td></td><td></td><td></td><td></td><td></td></tr>
</table>

注 置于记录图下中部。

5. 其他

对于锅炉钢架、厂房屋架、复水器、除氧器等设备，也应绘制记录图，但只做编写施工技术措施，技术交底，保证焊接质量，掌握施工进度及检查验收的依据，而不做将来竣工移交的资料。

三、建立各种大型管理工作图表

为了更好地加强焊接技术管理工作，能够直观地显示出管理的具体内容、必要的技术要求和数据，通常将如下几个图表放大，贴于室内，起到指导施工的作用。

（1）焊接专业技术管理流程图（见图 2-9）。

（2）焊工组织体系（见图 2-7）。

（3）焊条、焊丝选用范围表（见表 2-13）。

表 2-13 焊条—焊丝选用范围表

<table>
<tr><th rowspan="2">序号</th><th rowspan="2">焊条（丝）牌号</th><th colspan="8">化学成分（%）</th><th colspan="5">力学性能</th><th rowspan="2">药皮类型</th><th rowspan="2">使用电源</th><th rowspan="2">应用钢种范围</th></tr>
<tr><th>碳（C）</th><th>锰（Mn）</th><th>硅（Si）</th><th>硫（S）</th><th>磷（P）</th><th>铬（Cr）</th><th>钼（Mo）</th><th>钒（V）</th><th>抗拉强度（MPa）</th><th>屈服强度（MPa）</th><th>延伸率（%）</th><th>断面收缩率（%）</th><th>冲击功（J）</th></tr>
<tr><td></td><td></td><td></td><td></td><td></td><td></td><td></td><td></td><td></td><td></td><td></td><td></td><td></td><td></td><td></td><td></td><td></td><td></td></tr>
<tr><td></td><td></td><td></td><td></td><td></td><td></td><td></td><td></td><td></td><td></td><td></td><td></td><td></td><td></td><td></td><td></td><td></td><td></td></tr>
<tr><td></td><td></td><td></td><td></td><td></td><td></td><td></td><td></td><td></td><td></td><td></td><td></td><td></td><td></td><td></td><td></td><td></td><td></td></tr>
</table>

（4）受监管道焊口每日统计表（见表 2-14）。

（5）持证焊工技术状况登记表（见表 2-15）。

（6）焊接工程施工网络图（见图 2-8）。

（7）焊接专业平面布置图（见图 2-1）。

（8）焊接坡口型式图。

（9）焊接接头质量标准。

（10）重要管道焊口无损检验统计表（见表 2-16、表 2-17）。

（11）焊口超标缺陷分析表（见表 2-18）。

表 2-14　　受监管道焊口每日统计表（大型）　　月份

序号	始焊日期	焊工姓名	钢印代号	管道名称	管道规格及钢号	焊口数		施工进度											月完成口数	竣工日期
						总数	上月累计（口）	1	2	3	4	5	…	27	28	29	30	31		

表 2-15　　持证焊工技术状况登记表

序号	焊工姓名	钢印代号	考试日期	焊接种类	坡口型式	焊条		焊丝		合格项目	焊件规格及钢号	理论成绩	合格证号	截止日期	准予担任焊接工作	备注
						牌号	规格（mm）	牌号	规格（mm）							

表 2-16　　受监管道焊接质量（月）统计表

施工单位　　（　月份）　　工程名称

统计日期　年　月　日　　统计人

序号	施焊方法	管道名称	管道规格及钢号	焊口数量	无损检验					水压泄漏口数	备注
					规定检验率（%）	实际检验率（%）	检验口数	不合格口数	一次合格率（%）		

表 2-17　　单人单项受监管道焊接质量统计表

工程名称　　统计人

施工单位　　统计日期

序号	施焊起止日期	焊工姓名	钢印代号	管道名称	管道规格及钢号	焊口数量	无损检验					备注
							规定检验率（%）	实际检验率（%）	检验口数	不合格口数	一次合格率（%）	

注　1. 表 2-16、表 2-17 合用可便于查找某项工程（管道名称）由哪几名焊工施焊及质量如何。

2. 表 2-17 可按单人多项受监管道焊接质量进行统计（即一名焊工参与哪项工程焊接任务，焊多少焊口，检验及合格情况等）。

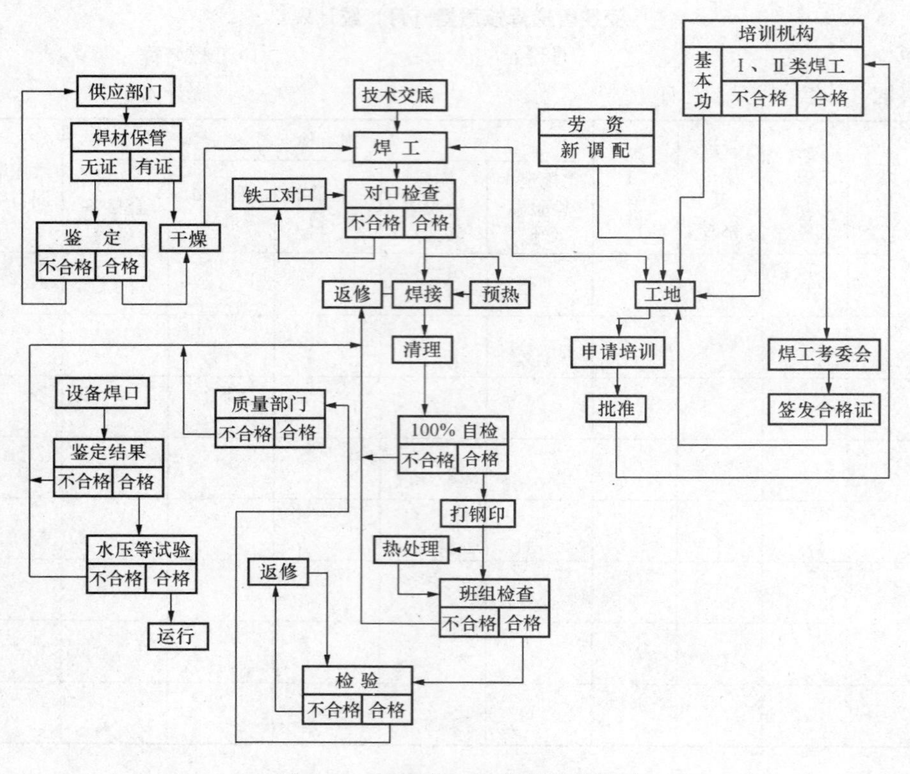

图 2-9　焊接专业技术管理流程图

表 2-18　　受监管道焊口超标缺陷分析表

工程名称　　　　　　　　　　　　制表人

施工单位　　　　　　　　　　　　制表日期　　年　　月　　日

序号	检验日期	检验方法	管道名称	管道规格及钢号	焊口号	焊接位置	施焊人	钢印代号	焊接方法	缺陷种类	缺陷部位	底片号	备注

第二节　工　程　管　理

焊接工程管理是实施技术管理三个阶段的关键阶段，也是全面贯彻施工准备中焊接工作规划的重要过程，各类焊接人员一定要精心组织、科学管理，密切配合和坚持“安全第一、质量第一”的方针，采取得力措施全面完成任务。

工程管理主要包括：组织机构和制度的建立、贯彻技术责任制、技术交底、现场管理和焊接质量检查验收等。

一、焊接组织机构和制度的建立

组织机构的建立可以有效地贯彻上级下达的施工管理目标，有效地适应环境的变化，及时调整施工方法，有效地改善组织成员与施工需要的知识、能力，达到组织系统正常运转，形成组织力量，以集体思想和意识，完成施工管理任务。建立各项管理制度则是规范焊接工作和各类人员思想和行为的保证，是施工管理活动的基础。

（一）建立组织机构的条件

1. 组建模式的确定

电力建设施工中应根据发电机组容量（工程量）、焊接人员数量，以施工总体规划为基础，按班组、工地（队）或专业公司等确定其管理模式。同时，还应根据公司组织形式或项目工程管理需要等统筹考虑焊接专业施工组织建制。

2. 人员配套

根据发电机组焊接工程量大小、施工周期长短配置各类焊接人员，并使其形成完整的体系。焊接人员应包括：焊接行政人员、焊接技术人员、焊接质检人员、焊接检验人员、各类焊工、焊接热处理人员和必要的辅助人员等。

各类焊接人员应按其岗位明确分工，保持组织机构正常协调、联系紧密、信息沟通、步调一致地开展工作。

3. 资源配备

资源包括技术和物资两部分。为使组织机构行使其职能，这些均是必需的储备。

(1) 技术储备有：焊接专业规程、规范和标准，同时，还应有机、电、炉、管道等专业的规程；与工程相关的技术文件和资料；施工准备中所积累的相关资料；实施焊接技术管理必备的文件、资料等。

(2) 物资储备有：与焊接工程量、焊工人数（包括热处理工作）相配套的焊接工器具、焊接材料及其烘干设备、计算机和其他与焊接管理需要的相关设施和仪器等。

资源在一定条件下可以制约生产进度、质量和安全，故应给予足够的重视。一般应以满足施工生产需要为前提使其完善，同时，在施工过程中要机动、灵活地调配，并防止因资源影响施工生产和增加不必要的施工成本。

（二）组织机构运转正常的保证

1. 形成权力系统，实行统一指挥

行政管理和技术管理权利系统的形成，关键在于负责人，因此，必须选定技术能力强、威信高的人员担任，为实行统一指挥奠定良好的基础，组织机构没有可靠人员的支撑，就不可能有管理的权力和威信。

权力还应在组织机构内合理分层管理，达到充分调动每个成员的积极性，形成一个具有强劲战斗力的整体。

2. 形成责任制和信息沟通体系

健全机构的岗位责任制和管理制度是施工组织管理的核心，没有责任制就不成其为组织机构，机构就不能有效、正常地运转，因此，一个组织机构建立后，首先必须完善责任制和建立管理制度。

信息沟通是组织力量形成一个强有力整体的首要因素，各种管理信息（工程、质量、技术、安全等）及时、准确的传递是进行管理决策的重要途径，是实施管理决策的重要依据，重视和规范信息沟通是各级管理层人员必须充分注意的环节。

（三）组织机构的管理制度

一个组织的建立并行使其权力，必须以“大家共同遵守的办事规程或准则”为基础，所以应制定必要的管理制度。

管理制度是以焊接工作需要为目的而制定的具体办法，一般有岗位责任制、技术责任制等，具体讲有岗位制度、工作制度、技术制度、培训制度、安全制度和各种管理措施、办法等。

1. 管理制度的作用

当人员和资源储备满足机构需求后，管理制度就成为组织建设的主要任务，以管理制度作为考核员工行为的标准、规定员工活动的准则，用管理制度保证各项工作的质量，防止事故和纰漏的发生，以管理制度评价和衡量整体管理的能力和水平。

管理制度是贯彻国家和企业与施工项目有关的法律、法规、方针、政策、标准和规程具体实施的细则，是指导工程管理、规范施工组织行为的依据。有了健全的管理制度，才能保证全面地完成施工任务。

2. 管理制度的特点

(1) 管理制度是本企业焊接专业管理体系和程序的具体体现，是反映管理水平和程度的标志。

(2) 管理制度是针对机构内部需要而制定的工作规范和员工行为准则。

(3) 管理制度可在实施过程中根据需要不断地调整、完善和发展，使其日渐完善。

3. 不同组织形式下的管理制度

前已述及焊接施工组织形式有焊工集中管理、焊工分散管理和焊工部分集中大部分分散管理等三种形式，现按集中与分散两种形式分述其管理制度特点。

(1) 集中管理形式下的组织管理制度。

集中管理形式的最大优势在于技术管理可形成一个完整的体系和焊接力量可以有效、充分地利用，是确保工程焊接质量和提高工作效率的最有效方法。上级应对焊接专业队伍的施工作业范围、技术管理权限和职责、材料设备管理、焊工培训质量保证等提出明确要求，专业队伍根据上级要求的目标，制定详细、具体的实施管理制度，在统一指挥、步调一致状态下，均衡地开展工作。

专业队伍的行政、技术负责人应对其上级负全责。

(2) 分散管理形式下的组织管理制度。

由于各类焊接人员分散于各专业工地（队）和有关科室，致使焊接技术管理统一模式

“肢解”，增加了技术管理难度，加大了出现焊接事故的几率，这就必须在管理制度建立方面形成另外一种适应其管理的形式，以杜绝上述形态的出现。

分散管理形式下，在技术管理方面更应形成强有力的统一指挥体系。应在公司或项目经理部增设一名专职焊接技术负责人，统一工程整体的技术管理。同时，制定出以保证焊接质量为核心内容的管理制度，并将焊接质量管理、质量控制和质量监督的力度加大。除质检部门配备满足质量检查需要的焊接质量检查人员外，还应在各专业工地设置专门的焊接质量检查人员，使质量检查形成一个完整的网络，以保证焊接施工有序，并始终使焊接质量处于受控状态。

4. 焊接技术负责人的设置

上述两种管理形式均涉及如何统一技术管理这一核心问题。根据以往的经验，关键在于焊接技术负责人的设置及其正确的位置。经验证明，焊接技术负责人摆放位置的准确和合理与保证焊接质量目标的实现关系极为密切。

经验证明：以安装的发电机组容量（施工规模）为准确立焊接技术负责人位置为宜。安装发电机组容量（单机）在 300MW 及以上时，公司或项目工程部应设置专门负责焊接工作的副总工程师；而发电机组容量在 300MW 以下时，应在技术部门设置专门负责焊接技术管理的技术负责人，同时，在质检部门应设置焊接质量检查负责人。

二、技术责任制

技术责任制就是企业的技术管理体系，对各类焊接人员，尤其是技术人员，建立明确的职责，达到各司其职、各负其责，把企业的施工生产活动和谐地、有节奏地、科学地组织起来。因此，明确各类焊接人员资质条件和职责，建立必要的技术责任制和相应的管理制度，是做好焊接工作的基本保证。

（一）各类焊接人员的资质条件和职责

1. 焊接技术人员

（1）资质条件。

1）应具备中专及以上文化程度，并经过专业技术管理培训，取得相应资质证书。

2）应有不少于一年的专业技术实践。

3）担任副总工程师或专业技术负责人的焊接技术人员应取得中级及以上专业技术职称（务）任职资格证书。

（2）职责。

1）贯彻工程质量方针，掌握工程概况，编制焊接专业施工组织设计，拟定焊接技术措施，参与焊工技术培训工作。

2）组织并参与焊接工艺评定工作，编制焊接作业指导书，制订焊工培训方案。

3）施工前向有关人员进行技术交底，施工中实施技术指导和监督。

4）参与主要部件的焊接质量验收。

5）记录、整理工程技术资料，办理本专业工程竣工技术文件移交，组织进行焊接工程和专业技术总结。

2. 焊接质量检查人员

（1）资质条件。

1）应具备初中及以上文化程度，具有一定实践经验和技术水平。

2）应经过专门技术培训，具备相应的质量管理知识，并取得相应的资格证书。

3）焊接质量负责人应具备中专及以上学历，并取得焊接质量检查高级资格证书。

（2）职责。

1）编制焊接质量验评项目和实施计划，负责焊接工程质量全过程的质量控制和质量监督。

2）参与焊接技术措施的审定，深入工程实际监督有关技术措施的实施，及时制止违章作业，并及时报告有关部门。

3）确定受检焊缝或检验部位，记录并监督检验质量，负责焊接工程质量状况统计工作。

4）掌握焊工技术状况，检查焊工合格证件，对焊接质量不稳定的焊工有权停止其焊接工作，有权建议焊工技术考核委员会吊销其焊工合格证书。

5）及时积累和总结焊接质量监督资料，整理焊工质量档案，配合整理工程竣工技术文件并移交。

3. 焊接检验、检测人员

（1）资质条件。

1）应具备初中及以上的文化程度，具有一定实践经验和按照专门规程规定参加考核，并取得相应的资格证书。

2）具备的资格证书应在有效期内，应按照考核合格项目和相应的级别从事检验、检测工作。

3）评定检验、检测结果，签署无损检验报告的人员，必须由持有Ⅱ级及以上资格证书的人员担任。

4）从事金相、光谱、力学性能检测的人员，应取得相应的资格证书。

（2）职责。

1）按照指定部位和委托内容，依据规程和相关标准进行检验、检测工作，做到检验及时、结论准确、及时反馈。

2）填写、整理、签发和保留全部检验记录，配合有关人员整理、移交专业工程竣工技术资料。

3）对外观检查不合格或不符合无损检验要求的焊缝，应拒绝进行无损检验。

4. 焊工

（1）资质条件。

1）应按照电力工业焊工技术考核规程的规定进行与其承担焊接任务相适应的技术考核，并取得焊工合格证书。

2）从事下述项目部件焊接的焊工必须持有效期内证书上岗工作：

a）承重钢结构（锅炉钢架主柱、主梁、起重设备结构，主厂房屋架，送变电钢架构等），必须持有Ⅲ类焊工合格证书。

b）锅炉受热面管子和蒸汽管道：

工作温度＞450℃时，必须持有Ⅰ类焊工合格证书。

工作温度≤450℃时，必须持有Ⅱ类及以上焊工合格证书。

c）汽水管道：

工作压力≥10MPa，外径≤168mm，工作温度＞300～450℃时，必须持有Ⅰ类焊工合格证书。

工作压力<10MPa，外径≤168mm，工作温度为150～300℃时，必须持有Ⅱ类及以上焊工合格证书。

d）汽、水、油、管道：

工作压力>6MPa时，必须持有Ⅰ类焊工合格证书。

工作压力为0.1～6MPa时，必须持有Ⅱ类及以上焊工合格证书。

e）压力容器：

工作压力≥1.6MPa时，必须持有Ⅰ类焊工合格证书。

工作压力为0.1～1.6MPa时，必须持有Ⅱ类及以上焊工合格证书。

f）在受压部件上焊接非承压件及各类转动部件的焊接件，应视部件材质和工况条件，选择相应类别的焊工担任。

g）高类别焊工只能在相应焊接位置合格的基础上从事低类别焊工的工作。

（2）职责。

1）以良好的工艺作风按照规程规定实施焊接工作，焊接出符合使用条件要求、高质量的焊接接头。

2）施焊前应熟悉焊接技术措施，按照给定的作业指导书进行施焊，凡遇与作业指导书要求不符时，应拒绝施焊。当出现重大质量问题时，应及时报告有关人员，不得自行处理。

3）严格遵守规程和本企业制定的焊接工艺细则，认真实行自检和验评的“初评”工作。

4）持证焊工如中断合格项目焊接工作六个月以上者，再次担任该项焊接工作时，必须重新考核。

5）持证焊工不得担任超越其合格项目的焊接工作。

5. 焊接热处理人员

（1）资质条件。

1）应具备初中及以上文化程度，经过专门的培训考核，取得资格证书方可独立进行热处理工作。

2）担任焊接热处理技术管理工作的技术人员，应具备中专及以上文化程度，经过专门培训考核，持有从事技术管理的资格证书者方可领导热处理工作。

3）对于从事热处理辅助工作的人员，应经过专业培训，熟悉电力工业焊接热处理工作的性质、内容和技术要求，以取得资格证书为宜，如未取得证书者，只能在持证人员的指导下进行工作。

（2）职责。

1）技术人员。

a）熟悉、掌握、严格执行电力工业焊接热处理技术规程和相关规程，认真、准确地指导热处理工作，并组织热处理工的业务学习。

b）负责编制焊接热处理施工方案、作业指导书等技术文件。

c）监督热处理工严格按工艺程序和质量标准开展工作，对异常情况应及时纠正，并提出可靠的处理办法，对重大问题应及时向有关方面汇报，不得延误。

d）收集、汇总、整理焊接热处理资料，做到及时、准确。

2）热处理工。

a）严格按热处理技术规程、热处理施工方案和作业指导书规定进行施工。

b）认真记录热处理工艺实施操作过程状况，如遇异常情况时，应及时向技术人员报告，不得擅自处理。

c）热处理后应以热处理工艺过程记录为准，认真进行自检。

（二）技术管理主要内容、人员设置和任务

1. 以技术责任制为基础开展的主要工作

技术责任制在《电力工业技术管理制度》中做出明确规定，应认真遵照执行。但作为总体技术管理的焊接专业分支，按技术责任制规定应开展的工作，在此应予以强调，并切实做好。

（1）技术管理的基础工作。主要内容有：实行技术责任制、执行技术标准和规程、制定焊接技术管理制度、开展科学实验、交流技术情报和管理技术文件等。

（2）施工过程中的技术管理工作。包括：焊接施工工艺管理、焊接技术试验、焊接技术核定、焊接质量检查和技术审定等。

（3）焊接技术开发的管理。包括：焊接技术培训管理、技术革新和技术改造管理等。

此外，还有技术经济分析与评价、技术、安全、质量事故调查与处理等。

2. 人员设置和任务

（1）技术人员的设置。

电力建设公司（独立承担工程任务的工程处或项目经理部）一般按三级焊接技术负责人设置，建立三级技术责任制，技术管理实行统一领导，分级管理。公司（处）或项目经理部设立管理焊接工作的副总工程师或专业技术负责人。工地（队）如以专业工地形式则设专责工程师，如以分散形式时，则应设焊接专业责任工程师；班组设工程师或技术员。班组焊接技术人员的管理可依据施工管理组织形式的不同，采取集中或分散管理均可。

（2）各级技术人员的任务。

按施工技术管理制度规定，从总体上看技术人员应认真学习贯彻国家和上级颁发的技术政策、法规和技术管理规章制度，熟悉和执行专业及有关技术标准、规程、规范，在分级管理中发扬技术民主，充分调动各级技术人员的积极性，做好技术工作和技术管理工作。

在技术人员合理配备和设置的条件下，实行上下级紧密联系、下级对上级负责的制度，使技术人员的使用、考核、晋级、奖惩和调动均在有序和规范下进行。

在实施上述规定的条件下，焊接各级技术人员按岗位分工和责任制实施具体的技术管理工作。

（3）与技术管理关系密切的其他人员。

焊接专业的各级行政领导和质量检查人员是技术人员实施技术管理强有力的支持者和协作者，亦应熟悉技术管理内容，参与技术管理工作，尽其职责，共同做好技术管理工作。

由于焊接质量检查人员的工作性质和“双重身份”，且是焊接质量检查和贯彻“验评标准”的直接执行者，其任务繁重，担负的责任重大。

焊接“验评管理”一般是按“工序管理”形式确定的，其涉及工作面既广泛又细致，甚至每道焊缝均需测定其外形尺寸。规程规定的焊缝外观检查的数量，除焊工自检为100%外，按比例抽验的数量就是工地质检人员的工作量。因此，合理配备工地质检人员是件非常重要的事情。

（三）技术管理制度

实施技术管理必须有一个良好的基础，从工程的整体或局部都应做好充分的技术准备，以便规范实施行为。为此，对技术管理内容和相应管理制度必须清楚。

技术管理制度主要有：图纸及其会审制度、施工组织设计编制及管理制度、技术交底制度、材料和设备检验制度、质量检查和验收制度、技术措施制定和审查制度、施工技术资料管理制度和其他技术管理制度。

1. 阅读图纸及其会审制度

阅读和会审图纸是领会设计意图、明确技术要求的重要工作，当发现设计文件中的有关问题时，可与具体施工条件结合，为编制、改进和调整施工方案提供依据，避免发生技术事故或经济、质量问题。

焊接人员阅读图纸主要是了解焊接工程量和材料情况，以及焊缝所处的位置，借以确定焊接材料和焊接方法，并在识别各类焊接标识的基础上，熟悉焊缝布置特点、技术条件和质量要求，从中摸清施工总体方案中涉及各专业与焊接施工工序间的合理衔接，事先提出建议，以避免造成不必要的损失，尤其是对影响焊接质量的问题得以改善，确保焊接质量，为编制焊接施工组织设计奠定基础。

2. 施工组织设计管理制度

电力建设工程开工之前均须编制施工组织设计，经审查批准后，作为施工管理的技术和经济紧密结合的综合性文件和组织施工的指导性文件，在施工中认真贯彻执行。编制和贯彻施工组织设计应从工程实际出发，充分发挥施工队伍的优势，合理、科学地组织施工和管理施工，以取得最大的经济效益，完成承担的建设任务。

焊接施工组织设计的编制在本书第二章第一节中已经详细叙述。按照上述内容，在施工管理中应认真执行，并在执行中以实际条件为依据做出调整和记录。为进一步完善管理，逐步达到合理和科学的水平，必须形成制度，以保证实现。

3. 技术交底制度

为使参与施工人员对工程规模、工程特点、施工任务、质量特性、安全和节约措施以及特殊操作方法有所了解，在施工活动中做到有准备、有层次的进行，应于施工前对其做技术交底。施工技术交底是施工工序首要环节，是规范施工行为重要措施，必须坚持执行。

技术交底应按总体或施工项目、层层进行，建立技术交底制度就是保证技术管理体系正常运转、技术责任制落实，施工活动按照标准和技术文件要求进行。

4. 材料、设备检验制度

材料、设备检验制度是保证符合设计要求的重要环节，必须以认真、负责的精神和科学态度做好该项工作。对于焊接工作来讲，其材料除焊接材料外，还应注重原材的状况；设备则主要考虑应用的工器具及仪表仪器等。

（1）工程中使用的材料应进行检验，其目的是防止错用。检验项目应根据有关标准、规程规范和制造厂家技术条件或证明书要求进行。如具有厂家出厂证明，则可视具体情况处理。

（2）施工用的焊机、热处理工具及设备、检测仪器等均应选用具有一定资质条件厂家生产的产品，并定期进行校验，保持完好。

（3）在执行检验制度中，质量部门是主管部门，应担负起组织和执行的责任，并将执行情况向总工程师汇报。

(4) 施工单位应配备足够的人力和物力完成该项工作。不断培养人才适应工作需要，为施工提供可靠的依据。

(5) 检验记录、证件应作为技术文件归档，必要资料于竣工时向有关部门移交。

5. 质量检查及验收制度

制定质量检查及验收制度的目的是加强焊接工程的质量监督、控制和管理。为避免由于质量原因造成隐患，焊接质量检查及验收除按照有关标准、规程进行外，还必须根据焊接工程隐蔽性强、工序衔接紧密等特点于施工前、施工过程中和工程结束等分阶段进行。

施工前应进行预检查，重点为接头型式和对口状况；施工过程中，着重检查焊接措施和作业指导书实施情况；施工结束应进行验收。除上述重点检查内容外，各项检查工作应在三个阶段中均有体现，不可集中于工程结束后进行，以达到监督和控制焊接质量的目的。

焊接工程检查及验收可按部件和焊接接头类别的质量标准为准，以焊接接头为单位分表面质量检查、各项检验结果和系统严密性试验等三个方面进行，最后做出综合评定。

6. 焊接工程施工技术资料管理制度

焊接工程施工技术资料管理制度是保存施工技术原始资料，反映施工过程技术实施的记载，通过制度的规定，可以全面、完整地积累下来，不致流失。

技术资料的积累，必须从工程准备时期开始。在施工过程中注意每个环节所涉及的有关资料均应认真保存，这一工作并贯穿于施工全过程中，直至竣工验收结束。

积累的施工技术资料应认真的分析和整理，在整理中应实事求是地进行，不得擅自修改和编造。施工技术资料是编制竣工移交文件和工程总结的基础资料，通过这些文件的编写，可以找出差距和总结成绩，作为提高施工技术和管理水平的重要手段。

施工技术资料内容应是多方面的，有各种图纸、音像、图表和文字记录等，每种形式的资料都应妥善保留。经整理后的资料除向有关部门移交外，大部分资料和原始资料均应建档保留，如有销毁资料，需经主管部门批准后方可进行。

7. 其他技术管理制度

焊接工程的技术管理制度除上述外，还需在施工工序管理、焊接和热处理以及检验等设备的计量管理、技术革新管理、质量奖罚管理等涉及焊接施工和质量的有关方面亦建立必要的制度。一般可根据施工组织形式和具体情况单独制定或与总体管理制度一并制定均可。

三、技术交底

工程正式施工之前，为使参与施工任务的有关人员了解和掌握所承担工程的状况，必须以一种行之有效的形式作出必要的说明，故应实行技术交底制度。

技术交底应对工程规模、建设意义、工程特点、施工任务、被焊工件全貌、工艺流程、施焊步骤、技术要求、特殊操作方法和安全节约措施等交待清楚，并在施工过程中切实施行，从而达到确保焊接质量的目的。

（一）技术交底范围和要点

1. 范围划定原则

涉及焊接专业的所有施工项目均应进行技术交底。技术交底范围划定可采取以单位工程、分部工程或分项工程进行，对与其他专业紧密相连的可与其他专业同时进行交底，或将相关内容摘录出来按施工工序为准进行交底，应视具体情况确定。

2. 技术交底类型

从总体上看有焊接专业施工组织设计、焊接技术措施和焊接作业指导书等三种类型。

（1）焊接专业施工组织设计交底。

施工组织设计的交底，只是在开工前向全体焊接人员进行的关于焊接工作总体设计的交底，主要是让所有焊接人员了解待建工程概貌、施工方案、焊接工程量和技术要求等属于对待建工程的总体情况和焊接专业施工的总体设想，使每个成员心中有数，为努力实现这一规划而奋斗。

（2）焊接技术措施交底。

由于焊接工作覆盖面广，涉及的金属材料繁多和被焊接设备或工件的差异性较大等因素，对于工况条件差异大、结构形状复杂等有特殊技术要求的设备，应制定具有针对性的焊接技术措施，以保证施焊质量。如复水器、除氧器和锅炉钢骨架以及主厂房屋架等，应由焊接技术人员制定专门的技术措施，并经领导审核批准，作为该项焊接工作开展的依据去实施焊接工作。

由于制定的焊接技术措施是有针对性的，必须于焊前组织参与人员实行技术交底，使之掌握焊接要领和注意事项。

（3）焊接作业指导书交底。

焊接作业指导书是指导施焊工作的基础资料，是规范焊工实际操作行为的重要文件，国外的规程称其为“焊接工艺规程”，因此，以其为依据于施焊前向焊工和有关人员进行技术交底是关键和不可缺少的重要步骤。

焊接作业指导书是最具体和最有针对性的技术指导文件，它是在焊接工艺评定合格工艺的基础上，根据被焊部件具体条件确定的具体施焊工艺规定，它的任何规定和要求均是不可任意变动的，具有“法律效力”，必须严格遵照执行。因此，按其规定认真、详细地进行技术交底是确保焊接质量的重要手段。

3. 技术交底的要点

技术交底的内容是丰富的，但关键是应将突出的要点作为技术交底的重点，一般应从施工技术条件、执行规程标准和安全措施等方面一并进行阐述。

（1）施工技术条件。

施工技术条件是技术交底的核心内容，主要体现在施工工艺技术设计、具体施工条件与采取工艺的适应和焊接作业指导书的工艺规定以及焊接技术措施中的相关内容等，交底中一般应以施工组织设计的焊接工程一览表为准进行。

焊接施工技术条件交底可按两种情况进行，即总体的或单项的。总体施工技术条件应以专业工地和焊工以分散形式管理时与其专业相关人员为对象的集中交底；单项施工技术条件则以与该被焊部件的焊工为对象进行局部交底。

（2）执行的规程、标准。

规程、标准是焊接工艺实施的依据，按其规定所进行的焊接工艺评定则是制定工艺的基础，因此，交底中必须明确执行的规程、标准，要求对其熟悉和掌握，作为规范工艺行为的保证。

在技术交底中除明确执行的规程、标准外，还应针对被焊接的钢材特性，说明所拟定工艺的特点和工艺与规程、标准间的关系，详细讲解工艺内容和必须严格实行的理由。

电力行业焊接工程除执行电力系统焊接有关规程、标准外，还应注意收集国内外有关的焊接规程、标准以供参考。同时，还应将焊接专业与其他专业规程、标准、规范紧密衔接，既交焊接专业内容也交其他专业与焊接专业相关的有关规定。

（3）安全措施。

电力行业坚持安全第一，已深入人心。安装和检修火力发电设备工作条件和环境是极其恶劣的，稍有疏忽就可能造成极大的损失，尤其焊接专业是配合工种，施工面大和处于有污染环境条件下工作，更应注重安全防护，认真执行安全技术操作规程和企业制定的安全防护措施，以确保在良好环境中，实施焊接工作。

安全措施应包括安全和环保等两个方面，交底中应针对高空作业、工种特点防尘、环境中的防雨、防风雪等内容，一一做好交底。经交底后，参与人员应经过考试，合格后方准予作业。

（二）技术交底形式和组织

1. 技术交底的形式

一般有室内、现场和联合等三种交底形式，应视具体情况进行选择。

（1）室内交底。利用电化教学设备或黑板在室内进行交底，该方法较为正规，内容细致，有层次和系统，图示清楚，环境安静，焊工易于接受，但不太直观。

（2）现场交底。将参与某部件焊接的焊工和有关人员集中一起，在施工现场结合实物进行交底。该方法直观，焊工记忆牢靠，实际效果好。但由于施工现场噪声大，人员思想不易集中，对内容吸收的程度有较大影响。

（3）联合交底。焊接专业是配合其他专业完成施工任务的重要组成部分，一般将焊接专业工作均视为其他专业施工工序的一部分，因此，焊接专业的技术人员、焊工和质检人员应参加其他专业的技术交底活动，全面了解被焊接部件的状况和规定，借以完成本道工序的各项要求。焊接人员掌握设备组装程序、技术要求、施工进度和工程量大小，以及不利于焊接工序的因素（如困难的焊接位置、危险的高空作业环境等），都可在技术交底中协商得到妥善解决，以免在今后施工中出现大的困难。

2. 技术交底的组织

技术交底活动应分层次进行，就焊接专业来讲，可按下列方法：

（1）焊接总体技术交底应由企业主管焊接工作的副总工程师或焊接技术负责人担任主讲，焊工集中管理时由焊接工地（队）主任负责组织；焊工分散管理时，则由施工技术部门负责人组织。

（2）焊接各单项技术交底，由涉及的工地负责组织，该工地焊接技术负责人负责交底，也可由该班组焊接班长负责组织，该班组焊接技术人员负责交底，方法的选取，可视具体情况确定。

（3）特殊或关键项目焊接的技术交底，可由其上级焊接技术负责人交底或邀请其参与技术交底活动。

（4）凡涉及焊接工作的公司（处）或项目经理部以及各专业工地的技术交底，焊接有关人员应主动参加。

（三）技术交底的管理

1. 技术交底的责任

（1）施工人员应按技术交底要求施工，不得擅自变更交底内容。如有必要更改时应征得交底人同意。当施工交底人、技术人员发现施工人员未按交底要求施工时，应予以劝止，劝止无效时有权停止其施工，同时报上级处理。

（2）当工程发生质量、设备或人身安全事故时，应分析原因。如属于技术交底错误者应由交底人员负责；属于违反交底要求者应由施工负责人或施工人员负责；属于施工人员一般应知应会知识者由施工人员本人负责。

2. 技术交底的要求

（1）施工技术交底是施工工序的首要环节，交底后各级人员必须遵照执行，未经技术交底不应施工。

（2）技术交底资料的准备应充分，并经上级主管部门审批，符合要求后，方可组织交底。

（3）组织交底时应包括交底和讨论两个内容，交底人应认真讲解，参与交底者应将交底内容理解清楚。

（4）经讨论将意见归纳，分析后，凡予以采纳者，应进行必要的修改和补充，使其更加完善。但应及时报上级主管部门审批。

3. 技术交底资料的保管

焊接技术资料的建档管理中没有强调将技术交底资料收集保管列入技术文件之中，因此，一般技术交底后其资料应如何管理未予明确，资料大部分不被积累，甚为可惜。建议技术交底资料于交底后，亦应按技术管理关于技术资料保管要求妥善处理。

（1）收集管理。技术交底的资料于交底后应进行收集并进行系统整理，使其形成完整的技术资料进行保存。整理时应按工程所涉及的交底项目有次序地排列，同时编出目录，并在施工后将其效果进行验证，得出效果结论，对不足部分做好记录，于下次编写时改进。

（2）资料保管。技术交底资料以准备3份为宜，其中一份交由施工单位负责人保管，另一份交由主管部门保存，最后一份由自己保留，并于施工过程中作为检查依据。所有的技术交底资料均不得随便丢失，应注意保管。

（3）会议交流。技术交底资料涉及范围较广且具体，从中可以总结出不少可贵的经验，并为工程总结或专题技术总结提供依据，同时，还可在同行业中进行交流，以为互补。具有交流价值的技术交底资料，对促进技术的发展将起到有益作用。

四、现场检查和管理

现场检查和管理是焊接技术管理的重要组成部分，是实施技术管理的主要手段。通过现场检查验证施工过程中规则、标准执行状况，焊接技术措施和作业指导书的落实情况以及有关制度遵守程度。现场管理则从施工管理应做的工作实行有计划、有步骤地开展。两者紧密结合，形成完整、全面的施工过程管理。

现场检查和管理的内容是丰富的，焊接技术人员的大部分精力均应用在这个方面，做到精心组织、认真检查、妥善处理。下面以现场检查、指导、记录、配合和施工管理等五个方面分别叙述。

（一）现场检查

施工过程中的现场检查应从质量、安全、进度、节约、人员、机械等几个方面进行，通过检查实现焊接施工的“过程控制”。

1. 规程、标准执行状况

在施工中焊接作为一个重要工序与其他专业共同完成任务。焊接工作的核心是保证工程焊接质量，它的质量保证又与其他专业的配合是密不可分的。因此，维持正常的焊接施工秩序，就必须以科学化、标准化管理来实现。其中认真贯彻执行有关规程、标准是其基础，是各专业与焊接专业统一的准则，所以，正确理解和准确执行规程、标准，对焊接专业是十分重要的。

为实现以“质量管理为核心内容的焊接技术管理”，首先从焊接内部了解规程、标准执行状况，对任意违反者应予纠正，严重者停止工作，作出正确判断或处理方可继续施工；对与其他专业相关而出现的问题，应协商解决或请示上级主管部门处理。

2. 焊接技术措施和作业指导书落实情况

焊接作业指导书是施焊工作必须遵循的技术文件，是实施焊接工作基础，任何承重、承压部件焊接工作都应编制。而焊接技术措施是针对重要的或有特殊技术要求的部件，除编制作业指导书外，还应依据其使用条件要求，制定焊接技术措施。两者既有相同作用，但又有不同的地方。焊接作业指导书是针对钢材焊接性确定的具体工艺和规范参数，目的是使其达到使用性能要求；焊接技术措施则是依据该部件施行焊接时可能发生的问题而采取的各种方法，目的是从具体条件出发而制定的保证质量的措施，它考虑的因素很多，如减少应力，防止变形，困难焊接位置应采取的特殊方法等。

焊接作业指导书是从保证焊接接头力学性能角度出发的，是具体的；焊接技术措施则是从部件整体出发考虑的，是全面、完整的。因此，在实行现场检查中应针对不同目的、不同情况有目的、有重点地进行，以将缺憾消灭于萌芽之中，确保焊接质量。

进行具体检查时，应从焊接顺序、焊接工艺和规范参数、焊缝外形尺寸和对焊接质量有影响的因素等多方面开展。这项活动应是经常的、连续的、细致的，应特别注意的是，切不可走马观花，一带而过。

3. 焊材使用状况

焊接材料是焊缝金属主要组成部分，焊接材料质量影响到焊接接头质量的保证。在规程中对焊接材料的选定上规定是严格的，正确选用而不能错用是最关键的，因此，对焊接材料的管理、使用应列入检查范围之内，并应做出明确的规定。

焊接材料管理应包括：进货核定、保管有序、烘焙严格和发放登记以及使用状况反馈等环节。

焊材入库应从质量、品种、规格等多方面进行核定。首先核对材质证明书是否符合标准规定，然后检定品种是否与焊接工艺设计要求一致，最后查看规格是否齐全，完全无误后方可入库并一一进行登记。

焊材保管应以型号、牌号、批号和规格等按规程要求分别码放，切不可混淆，库房条件亦应符合规程规定。焊条烘干时应注意各个品种分别置于烘干箱内，不可混乱，其温度和时间均应按焊条烘焙规定严格控制。从烘干箱内取出应用时，不同焊条亦应按不同规定处理，对于碱性（低氢型）焊条，应置于保温筒内使用，与空气接触时间不得超过4h。

焊材发放应设计专用发放卡和登记簿，按焊工所焊部件名称进行发放登记并认真查阅实际应用情况，一一记载。对错用焊材应立即禁止，予以更正，用错焊材的部位其焊口（焊缝）应返修处理。

焊接材料的检查和监督应从进料入库开始直至使用，每个环节都应认真进行，哪个环节的疏忽都将造成不可弥补的损失，对焊接质量都会造成致命的影响。

4. 焊工资格与其承担的施焊任务符合程度

焊工资格认定，在以手工焊接方法的电力设备安装、检修工作中是件非常重要的工作，自20世纪50年代就已开始奠定良好基础一直延续至今，从未间断。坚持焊工资格与其施焊项目技术条件要求相符是电力工业一贯遵循的原则，尤其在材料、机械和相关条件均处在正常状态，对全面保证焊接质量起到主要作用。

现场检查对焊工资格认定有焊工合格证准予担任焊接工作范围、其合格项目与实际担任的焊接工作符合程度和焊工精神状态等三方面。其允许担任焊接工作范围除核定其合格项目与被焊部件相同的规定外，还应注意其合格项目允许“代用”范围，上述情况如有差别则均认为超越其允许担任焊接工作的范围，应立即停止其超越部分的焊接工作，予以处理；而焊工精神状态中也包括其身体健康状况，如有异常均应详细了解，如无大碍可继续工作，如其症状，不能适应工作，则应停止一切工作，待状态恢复方可视具体情况安排工作。

5. 现场检查应摆正的几个关系

现场检查中会遇到许多问题，如工艺的、设备的、材料的、规程标准的等，对所有出现的问题都应及时、果断地处理，否则将影响施工。因此，对焊接技术人员要求是严格的，平时就应有解决各方面问题的技术储备，同时，在处理中要考虑全面，应摆正如下几个关系：

（1）面与点的关系。

（2）主要与次要的关系。

（3）人与物的关系。

（4）本专业与其他专业间的关系。

（5）判断和依据的关系。

（二）焊接记录和资料

在施工管理中焊接记录工作的开展和焊接技术资料的积累是件非常重要的工作，也是实施焊接技术管理的主要内容，两者是密不可分的整体，内容是丰富、多方面的，应于施工准备阶段着手，从表格、图纸和文字等预先做好设计。

焊接记录和资料是随着工程施工进展逐步记录收集的，是原始资料的积累，焊接技术人员必须深入实际，不间断地索取第一手资料，认真细致做好。

焊接技术人员在过去的施工管理中，只注重了与工程移交资料和建档需用资料的收集和积累，而对其他方面少有记载，这种倾向应加以克服。为此，建议从技术记录、技术资料和工作记录等方面做好该项工作。

1. 技术记录

几十年来，火力发电设备安装焊接工作能够有目标地、有序地进行，其原因之一就是始终坚持实行技术责任制，尤其在主要承重、承压部件的技术管理中更为规范和严格，其中一个突出的标志是坚持应用“技术记录”。

焊接专业“技术记录”是确保质量的关键管理环节，是完成任务的重要手段。焊接技术记录主要体现在：焊接记录图、热处理记录图、检验记录图和特殊部件技术数据测量等方面。

（1）焊接记录图。

在施工准备“焊接施工组织设计”中对焊接记录图已做了准备，通过实施记录图应达到的目的也有阐述，绘制记录图的范围和方法也做了交待，请查阅照其规定执行。此处需强调的是，在具体进行中应达到下列要求：

1）必须清楚、准确，无遗漏。

2）绝不能只图方便，委托他人代记或不去实地检查而靠询问。

3）不允许弄虚作假、任意编造。

（2）热处理记录图。

焊接接头热处理记录在技术管理中有焊接接头热处理记录和热处理过程曲线记录两方面。焊接接头热处理记录与焊接可共用一图，而热处理过程曲线记录则依靠自动记录仪实现。

热处理记录图提供焊接接头是否已经过处理，热处理曲线图则反映热处理过程的规范参数，两者均是必需的记录，都应完整。尤应注意热处理曲线图应记载热处理的全过程，从加热升温、恒温和冷却等环节是连贯的，必须有完整的记载。对于中、高合金钢的焊接接头热处理必要时应从预热开始即应记载，其过程包括层间温度保持，直至热处理完毕，每个阶段都应记载，且是连续的、完整的。

（3）检验记录图。

无损检验记录图可单独绘制，亦可与焊接、热处理记录共用一图。记录必须清楚，不得混乱，并注意下列情况：

1）记录图上应注明检验方法，以不同符号做出标记，如射线和超声波，两种检验方法都应用时，亦应注明。

2）当以检验比例确定检验数量时，应按每个焊工施焊数量分别计算，不得以焊口总数按比例计算检验数量。

3）记录图中应将第一次检验或返修后的检验予以注明，同时还应将不合格焊口加倍复验者也予注明。

（4）特殊部件技术数据测量。

在焊接施工管理中，有许多部件对焊接变形控制较为严格，如锅炉钢架组合、主厂房屋架、复水器、水冷壁鳍片、包样管密封焊接等，一般均应在制定技术措施后进行施焊，焊接过程应有合理的施焊顺序和必要的控制变形手段，焊接后均须测量尺寸，检查控制变形施焊程序是否符合要求。

这些部件的焊接，施焊前应准备测量图纸，施焊中和施焊后认真测量，其图纸应建档保存。

2. 技术资料

在施工管理中积累的技术资料是多方面的，从施工技术管理和竣工移交资料需要看，以下几个方面技术资料的积累必须引为注意。

（1）规程、标准。

在施工准备中强调了与工程相适应的、执行的规程均应进行收集，以备施工管理中应用。由于火力发电厂设备复杂焊接工作执行的规程标准涉及很多，故对规程、标准的应用应加强管理。首先收集电力焊接标准，然后再扩大范围收集国家标准和相关部委的标准。所有标准均应列出使用范围，以方便应用。

电力建设正常用的焊接标准约有十几个，按其作用和性质可分为：主干标准、支持标准和专项标准等三类。

1）主干标准。

——DL/T 869《火力发电厂焊接技术规程》；

——DL/T 678《电力钢结构焊接通用技术条件》。

2）支持标准。

——DL/T 868《焊接工艺评定规程》；

——DL/T 679《焊工技术考核规程》；

——DL/T 675《电力工业无损检测人员资格考试规则》；

——DL/T 820《管道焊接接头超声波检验技术规程》；

——DL/T 821《钢制承压管道对接焊接接头射线检验技术规程》；

——DL/T 438《火力发电厂金属技术监督规程》；

——GB 11345《钢焊缝手工超声波探伤方法和探伤结果的分级》；

——JB/T 4730.1～4730.6《承压设备无损检测》。

3）专项标准。

——DL/T 752《火力发电厂异种钢焊接技术规程》；

——DL/T 819《火力发电厂焊接热处理技术规程》；

——DL/T 5210.7《电力建设施工质量验收及评价规程　第7部分：焊接》；

——DL/T 734《火力发电厂锅炉汽包焊接修复技术导则》；

——DL/T 753《汽轮机铸钢件补焊技术导则》；

——DL/T 754《母线焊接技术规程》；

——DL/T 1097《火电厂凝汽器管板焊接技术规程》。

（2）焊接工艺评定和作业指导书。

焊接工艺评定是施焊工作基础，焊接作业指导书是施焊工作的依据，它们都是施工管理中应认真遵循的技术文件，必须充分和合理地应用，其管理也应是规范的。

1）充分、合理应用焊接工艺评定资料。每个工程需用的焊接工艺评定资料很多，首先将资料进行系统整理，按施工项目的需要将焊接工艺评定资料与其一一对应列出，当焊接工艺评定资料与施工项目对应时，如有缺项，应及早补齐，对应要完整。

2）制定作业指导书。以施工项目为单位，以焊接工艺评定资料为依据，制定焊接作业指导书，要求每个施工项目必须有相应的作业指导书。

3）焊接作业指导书的管理。

每项工程的焊接作业指导书，均应进行认真交底并发至施焊焊工手中，同时应进行登记，并随时检查执行情况。

4）编制的作业指导书应注明引用的工艺评定资料编号。

5）编制、审核、批准作业指导书人员的资质条件必须符合规程要求。

（3）焊接技术措施。

为提高焊接技术管理水平，对焊接技术措施的实施和管理应注意下列问题。

1）交底后的整理。将技术交底时修改和补充的内容加入资料中，使其与交底内容一致，然后进行分析，并提出今后相同条件和变化条件时的改进意见，以逐步提高措施实施效果。

2）集中建档。一个工程技术措施资料很多，收集一起进行系统的编排，建立技术措施资料档案。

（4）焊接材料。

工程需用的焊接材料种类、型号和规格多种多样，除应按规定进行管理外，还应将其出厂证件或质量证明书收集齐全，交技术人员按焊接工艺设计与施工项目一一检查登记。在日常管理中做好下列工作：

1）首先做到：凡使用在承重、承压部件上的焊接材料必须有质量证明书。

2）实际应用与工艺设计规定必须相符，如有变动应经上级主管人员审核批准方可应用。

3）发放材料应进行登记，并经常核实应用情况，做到发用相符，不可错用。

（5）焊工考试。

参与工程施工施焊工作焊工的所有考试资料必须收集齐全，进行登记，以这些考试资料为依据安排焊工工作。

1）按照焊工合格证的合格项目和准予担任的焊接工作，安排焊工的施焊工作。不得安排超越合格项目范围外的工作。

2）注意焊工合格证的有效期，对到期的合格项目应于三个月前预报给焊工技术考核委员会，及早做好复试的准备。

3）如焊工在从事焊接工作中合格项目到期，而又不能及时到指定地点进行复试时，考核委员会可指定专人按规程规定组织技术考核（复试），但不允许无证操作。

（6）各项检验。

按规程规定确定的检验项目和数量进行的各项检验报告，集中后应予以审查核对，符合要求后，再进行分类，移交资料者按规程规定进行整理，其他资料均应建档存放于指定部门。

1）各项检验报告均应符合规程标准规定和检验数量要求，如有遗漏均应及时补齐。

2）各项检验报告的出具人资质条件必须符合规程规定，如其资质不符合规定，则视为无效报告，应重新检验。

3）各项检验报告整理中，尤其应注意积累无损检验一次合格率的统计，一定实事求是，对不合格焊口的处理和双倍复验的数量均应统计清楚，不可混淆，弄虚作假。

3. 工作记录

现场管理中建立工作记录是积累、总结施工经验的重要手段，每个焊接技术人员均应养成良好习惯。并带动其他各类焊接人员都把建立工作记录形成一种制度，认真落实和执行。工作记录内容很多，涉及范围极广，针对几项主要的工作记录，强调做好将有利于管理工作的开展。

（1）施工日期记录。

按焊接工作所处的位置和特点，施工日期应以每项工程为准记载，尤其是承重、承压部件的焊接更需要认真、详细的记载。

记载的方法应从两个方面入手，一为按每项工程、每日施焊的总数量，二为按每项、每日、每位焊工施焊数量。当一项工程焊接完毕，最后应统计施焊合计数量。每项工程可按单项工程或每位焊工设计记录表格，记录中实行每日一记，直至施焊完毕。

(2) 日常检查记录。

在现场检查中对焊工反映的问题或发现的问题都应记录，及时予以处理，处理结果也予记录，同时，在记录中还应注明处理日期和处理后实际效果。对于重大的问题还应建立汇总册记入其中，以为工程总结或专题总结积累资料。

记录应实事求是，不可编造和虚假，记录人应签名和提出自己对该问题的主观意见，及时向上级汇报。

(3) 质量检查、验收和评级活动记录。

焊接工程总体质量评价有三个指标：优良品率、无损检验一次合格率和焊口泄漏数量等。这些指标的统计，依靠参与各专业分项工程质量检查、验收、评价的结果积累。由于这是衡量工程质量的基础，必须按标准和制度规定认真做好，同时，应注意下列问题：

1) 焊接技术人员应主动，积极配合各级质检人员共同完成，尊重和支持质检人员工作。

2) 质量检查、验收、评级必须依照初评、复验和抽验循序进行，各级检查均应按规定履行登记手续，留下完整资料。

(4) 技术研讨会记录。

一个工程在施工中召集技术研讨会解决问题是常见的，但每次会议的召开都必须针对主题进行研讨，并找出原因，对症提出处理意见，以求实效和易于执行为原则，会后应编写会议纪要或决议。

技术研讨会应认真记录，将讨论内容和形成的统一意见记录清楚，最后整理形成执行规定，其资料应建档保存。

(5) 人工、材料消耗记录。

技术经济管理是技术管理的一部分，包括考勤、考核、奖惩、领用料、仓库管理、财务管理等，涉及范围较广，概括起来就是定额管理，对劳动、材料、工具、机械等使用状况的管理。

技术经济定额是指在一定施工组织条件下，在人力、物力等方面的利用和消耗应达到的标准。焊接专业作为配合工种，它没有单独计算工作量，而焊接定额标准又是属于单纯的技术标准，尽管在其技术定额手册中，加入了各种不定因素的计算系数，与其他专业的施工定额计算法完全不同，因此，不可能出现其劳动贡献与其应享受的报酬相适应，故处于被动状态。但在施工中积累其利用和消耗状况是能做到的，为此，这里所指的人工、材料等消耗记录应是记载实际应用状况和其相应的技术分析。建议按如下方法予以记录。

1) 人工利用统计。人工利用可以分项工程为准，从施工周期人手统计，要将有效工时和无效工时分别记载，并将无效工时发生的原因予以注明，统计时应分别进行，为改进施工管理提供依据。

有效工时为正常施焊时间，而无效工时有的是正常的，有的是异常的。如工序衔接和对口处理等都发生停顿时间，但均属正常现象，是不可避免的，应列入有效工时；如中途停电、机械故障、焊接过程出现缺陷和热处理间隔时间不当等，应做出记载，其均属异常情况，其停顿时间应列入无效工时。经最终在计算人工利用的工时上均应将有效工时和无效工时相加计算，列入该分项工程人工利用中。

2) 材料消耗统计。材料消耗也以分项工程为准，统计出材料消耗状况，强调在材料管理中应建立发放账目，并实行专项供料制度。

材料消耗量的统计关键在材料管理发放料的登记上，在管理中一般应以每位焊工的施焊项目进行每日记账，积累增加计算，如为多位焊工承担一个分项工程时，则每位焊工均应以此记载，最后汇总成为该分项工程材料消耗总和。需要注意的是，材料一定要消耗在该分项工程上，不可串用或混淆，甚至无谓浪费。

材料消耗的统计均为有效的，关键在于严格管理，如材料实际消耗超过预算标准时，则要分析、查找超出原因，作出是正常损耗还是浪费损失的准确判断，以取得经验或教训，指导以后管理工作，建立更加完善的措施和努力方向。

3）机械台班统计。机械台班统计应包括有效利用、搬运移动和损坏修理等三个部分。有效利用包括实际施焊和工序衔接停滞时间；搬运移动是施工中常见现象，移动停顿时间应有记载；损坏修理则属于完全停止使用状态。三者时间均应单独计算，最后汇总时均予列入。

有效利用、搬运移动和损坏修理等时间所以要求单独统计主要目的是考察机械台班的使用效率，以作为经济核算依据，也为施工管理改进确定方向。因此，统计时，一定认真、实事求是，提供可靠数据，不可弄虚作假。

（三）指导

焊接技术人员深入实际进行现场巡视，实施技术指导，是一项经常性的工作。在巡视中发现问题、解决问题则是焊接技术人员的基本职责之一，应认真做好。

技术指导覆盖施工管理的各个方面，通过技术指导不但解决实际问题，指导焊工、热处理工的工作，同时，也是对焊接技术人员基础知识和实际能力的考核。衡量焊接技术人员水平高低，现场解决实际技术问题是关键环节，所以，焊接技术人员必须经常学习，补充新知识充实自己，做好技术储备，并经常总结经验，提高解决各种问题的能力。

现将技术指导的几个主要方向叙述如下，供参考。

1. 工序衔接

焊接专业在电力建设施工管理中是配合工种，在质量验收、评级中按主要工序对待，因此，在配合各专业完成施工任务中，工序衔接问题显得十分突出。因工序衔接过程中许多问题处理不当，而影响施工质量和进度的事件也经常出现，所以，应给予足够的重视。

从对口到焊接是一道大工序，细致划分有两个阶段：一为各专业间的工序衔接，如设备安装顺序、对口尺寸检查等；二为焊接专业内部的工序衔接，如焊接与检验、焊接与热处理等。

（1）焊接与各专业的工序衔接。

1）设备安装顺序。设备安装程序的不合理，可能造成施焊困难和无法进行无损检验，其后果是焊接质量不能保证，可能出现焊口大批量返工，甚至造成该项工程质量低下，因此，各级焊接技术人员必须重视，于施工前和各专业研讨好施工方案，采取妥善办法，使安装顺序合理，方可施工。

如已施工而出现该类问题，则必须停止施工，在保证焊接质量前提下，及时解决，必要时应召集专门技术研讨会妥善处理。

2）对口型式和尺寸检查。对口是否符合标准，这在工艺评定中已经验证，尽管其尺寸误差不影响焊接接头使用性能要求，但对采取的施焊工艺却有很大影响，因此，强调对口尺寸一定要符合规程或设计文件的规定，在工序衔接中也应以其为标准进行检查，凡在标准误差允许范围内者，可经检查认为符合要求，但对误差较大者，必须予以修正。

焊工坚持按规定检查对口，是衡量焊工基本素质的一个重要指标，是反映焊工焊接基础知识掌握的程度。对一贯忽视对口检查的焊工，如经教育仍不见效者，应停止其工作，严重者应吊销其焊工合格证书，甚至进一步追究培训考核机构的责任，改进教学管理，提高教学水平。

(2) 焊接专业内部的工序衔接。

1) 焊接与热处理。热处理是焊接工艺的重要组成部分，是最后阶段。其关键是焊接接头完成后，随后进行的热处理应及时进行，其间隔时间不可过长。

由于钢材化学成分、组织类型不同，其焊接后淬硬倾向差异较大，所以，焊接与热处理间隔时间也有不同要求。对于一般淬硬倾向较小钢材，间隔时间没有严格规定，但以尽早进行热处理为宜；对于铬钼、铬钼钒钢珠光体低合金耐热钢一般以不超过 24h 为宜；而对于中、高合金钢一般焊后对焊接接头应立即进行热处理，尤其马氏体钢应严格按其“热循环”规定进行热处理。

2) 焊接与检验。焊接与检验应属焊接专业内部工序衔接，当焊接接头外观检查符合要求后，再按规程规定进行其他项目的检验，间隔时间应尽量短，尤其焊接接头施焊过程中具有中间检查要求时，更应及时。

外观检查不合格的焊接接头不准进行无损检验，必须待缺陷消除后方可进行。凡要求经中间检查者其工艺程序应符合“焊接技术规程”规定，应认真对待。

(3) 工序衔接应坚持的原则

综上所述，工序衔接应坚持如下原则：

1) 坚持上道工序不合格，不进行下道工序施工。

2) 严格执行相关规程、标准规定，并检查验收，注意不得任意降低或提高标准。

3) 对难以解决的问题，应以确保质量为前提予以解决，任何以降低质量标准的作法都应抵制。

2. 技术指导

施焊工艺的实施是以焊接基础理论为指导完成的，任何违背规定工艺的作法，都会造成质量事故或留下质量隐患，严重者甚至返工。所以，在施焊前，以参与施工人员为对象，针对施工项目特点和要求进行技术、质量、安全等全面交底，将作业指导书分发给施工人员，规范他们认真沿着技术要求的轨道进行施工。

但是，因施工人员素质的参差不齐，对要求理解的差异和实行中又极易出现不符合规定的现象，或工艺行为不规范等还会出现许多新问题。所以，在施焊过程中必须实施技术指导，以纠正或处理不当工艺，以及焊接环境等。

(1) 技术指导的依据。

焊接是集金属、力学、电学、机械制造等为一体的综合专业，指导具体问题时，涉及因素很多，范围极广，没有一定基本功力是很难处理好的，所以，必须以出现问题的具体状况，以有关规定为依据进行处理，才能有满意结果。

从几十年施工管理经验看，实施技术指导时，应以下列几个方面作为判断和处理各种问题的依据。

1）规程、标准。

2）施工图纸和设备技术条件。

3）技术措施。

4）焊接工艺评定和作业指导书。

5）焊接和与焊接相关的基础知识。

（2）技术指导的内容。

从现场施工管理看，主要有施工工艺、焊工安排、焊接环境和机具调整等方面。

1）施工工艺。在实施施工工艺指导中，经常遇到的问题有：焊接过程局部缺陷的处理、焊缝表面不符合要求的修复、返工焊口的处理、无损检验不合格焊口双倍复验规定的落实、因设备结构或安装顺序改变而造成施焊位置难度增加的解决办法、作业指导书规定的工艺和规范参数执行的状况以及技术交底或技术措施中未考虑到的予以补充的技术问题的调整等。

上述问题在处理后，均应认真做好记录。

2）焊工工作安排。在焊工培训管理中，训练和考核的不单是技术能力，同时，也应考核更多地掌握焊接基础知识和养成遵守工艺纪律的良好习惯，否则，培训是失败的。焊工工作安排也必须从焊接基础、技术能力和执行工艺纪律等三大要素考虑，缺一不可。

实际施焊工作中，焊工的安排往往由班组长负责，一个好的班组长必须以其合格项目为基础，依据其实际能力和特点合理安排工作，只注重某一方面都是不可取的。

为保证焊接质量，焊接技术人员应切实掌握参与施焊工作所有焊工的技术状况，主动协助和监督指导班组长合理安排焊工工作。遇到分歧时亦应坚持原则，采取妥善办法解决，坚持反对任何徇私、妥协的做法。

3）机具使用调整。电力建设由于工期短、工作任务大，焊接机具使用效率极高，但因维修使用条件较差或焊工使用方法不当，也极易出现机具故障，如性能不稳定、仪表指示不准确或故障中断等，影响施工质量和进度，所以机具的维修和调整时有发生。

在施工管理中除制定必要的机具管理制度，保证其完好率符合要求外，对偶然出现的问题，也必须有切实的办法予以消除。因此，要求焊接技术人员对所辖工作范围内应用机具的完好使用状况，详细了解，做到胸中有数，对可能出现的问题有所估计。当出现机具问题后，除依靠专业人员维修外，焊接技术人员具备识别、判断机具故障的能力，为维修人员提供修复线索，协助班组长及时进行调整解决，以免贻误工作。

4）焊接环境。焊接施工环境历来被视为技术管理的主要环节，它不但是施工组织应该解决的问题，也因其条件的差异，对质量安全和进度，有很大影响，因此，必须予以足够的重视。

焊接环境应考虑的因素有：自然环境、安全环境和焊工心理因素等三个方面。自然环境指防风、雨、雪、寒等设施的防护程度；安全环境指工作场所周边安全状况、照明亮度、脚手架稳定性等，心理因素则指焊工情绪与工作需要的适应程度等。对发现的问题，焊接技术人员均应过问，并以规定和制度为依据予以指导解决。

（3）技术指导的形式。

实施技术指导应不拘一格，一般可“因人、因事、因地”采取不同方式进行。最有效的办法是采取“实地指导和联络单”两种形式，依据具体情况采用。如一般情况或是局部的，具体可采取有针对性地措施解决存在的问题；如重大的、涉及范围（如专业）较广时，以采取联络单形式为宜。

无论采取哪种形式处理问题时，都应准确、及时、果断地以恰当的措施解决。同时，在处理各类问题时，焊接技术人员均应在场实行指导和监督，直至将存在问题消除掉。

（四）配合

电力工业是现代化、连续化的大生产活动。电力建设是由多专业、多工种群体协同完成的，其工作组织科学、严谨，其工作程序扣扣相联，因此，专业间、工序间是紧密配合完成的，失去配合将失去一切。

依照焊接工作所处位置和特点，协调配合更显突出和重要，所以，要求从事焊接工作的人员必须有大局观、整体观，甘做铺路石，为电力工业发展作出贡献。

从焊接技术管理内容看，焊接技术人员应与质检人员、检验人员、各专业人员和工程监理、业主间的关系协调好。

1. 焊接技术人员与质检人员配合

焊接技术管理的核心是质量管理，质量管理是焊接技术人员的核心工作，从施工准备直至工程竣工，各项规章制度的建立，岗位责任制的贯彻，时刻在突出着质量管理，可见搞好焊接质量管理对从事焊接工作人员是何等重要。

作为焊接技术人员在质量管理方面得力助手的焊接质检员任务也是繁重的，专业规程尽管在职责上有明确规定，但从实现质量管理目标看是一致的，所以，他们之间应协调地配合完成任务。

焊接技术人员和质检人员协调配合是在规程确定的职责范围基础上，工作各有侧重，建议采取以下方法。

(1) 焊接技术人员应主动配合质检人员共同完成质量验收项目的编制和实施计划的制订，并在实施中焊接技术人员应协调行动。

(2) 焊口外观质量检查焊接技术人员应指导焊工自检，工地质检人员负责复验；质检部门质检人员应负责抽检。所有检查均应按规定比例进行。

(3) 焊接质量验收和等级评定工作应由各级质检人员主持，焊接技术人员积极配合，并应主动完成自身担负的工作。

(4) 无损检验的焊口，由质检人员确定检验部位，焊接技术人员负责向检验部门履行委托手续，检验结果应反馈给焊接技术人员，并与质检人员共同核定检验结果和检验数量。如需加倍补作检验时，仍照前面办法进行，对于存有问题需挖补处理时，应共同配合完成。

(5) 当质检人员对违章作业焊工停止工作或吊销其合格证书时，焊接技术人员应予以支持，并协商解决办法。

(6) 焊接质量检查、检验和等级评定资料以焊接技术人员为主，会同质检人员整理，并向有关部门办理移交手续。

2. 焊接技术人员与检验人员配合

从焊接与检验的内在联系看，焊口检验属焊接内部管理的一个重要环节，但在施工管理中一般都把焊接与检验实行分离管理。这样一方面可使焊接与检验形成制约作用，使焊接人员不得干扰检验工作；另一方面强调了检验是一项特殊工作，从大工序间结合和施工进度上均应给予足够的重视，故从管理上将焊接与检验置于两个系统分别管理。

在保证焊接质量上检验是为焊接寻找问题、发现问题的重要手段，其协调配合必须是有效的，为此，建议参照如下做法。

（1）分工明确、各尽职责。焊接技术人员应做到委托及时、检验量准确；检验人员依照确定检验部位和数量实施检验，做到检验及时、判断准确、检验结果反馈及时。

（2）给检验创造方便条件。

1）焊接技术人员应与有关部门联系，为检验人员提供充足检验时间，必要时应在施工进度中予以安排。

2）焊接技术人员应联系有关人员将焊口周边焊渣和检验部位清理打磨，为检验创造方便条件。

3）对于返修焊口处理，检验人员应确定缺陷部位，焊接技术人员组织挖补返修工作，质检人员进行监督。

（3）关系密切，互相沟通。焊接技术人员既要尊重检验人员，服从评定结论，又要与检验人员经常沟通，介绍焊接过程情况，以增强检验人员对检验结果判断的准确程度和便于分辨“伪缺陷”，减少不必要的损失。

3. 焊接技术人员与各专业人员的配合

焊接专业在配合各专业施工中，出现交叉作业、工序衔接是经常的，处理好这些关系，是顺利施工和实现质量目标的重要保证，因此，协调配合更显重要。

（1）凡涉及焊接施工的工程，各专业人员在编制施工方案时，应主动与焊接人员沟通，使方案便于实施。必要时，应与焊接人员共同研讨施工方案，将可能发生的问题消灭于萌芽之中。

（2）焊接人员在施工准备中应认真熟悉图纸和了解各专业施工方案的编制状况，发现问题应及时与各专业联系，形成一致意见。

（3）施工中如有设计变更、材料代用等出现时，各专业应于施工前主动与焊接人员联系，以使焊接专业做好技术准备，以保证质量。

（4）在工序衔接中各专业人员在移交的各项焊接部件对口准备应符合焊接规程、标准规定，其对口尺寸和坡口形式符合要求后，焊工方可点焊，一经点固焊后，再出现问题则由焊接人员负责。

4. 焊接技术人员与监理人员的配合

为适应经济建设体制改革需要而建立的精通现代化管理业务，以快速、有效为目的的监理机构，对建设工程实施全过程的监督管理，已实行十几年了，对建设工程的发展起到了很大作用。监理人员对监理工作的敬业精神，务实、公正的作风和积极、主动、认真的态度，获得了参与建设单位的好评，从而增强了对监理工作的认识和理解，对工程监理制度实施的重要性和必要性有了新的概念。一个参建单位与监理机构通力合作的新局面已经在健康地发展，为工程建设取得更大成就发挥更大的作用。

焊接专业接触的监理是具体的，涉及的范围包括焊接、焊后热处理、检验和焊接技术资料等，其核心是焊接工程质量，为此，焊接技术人员与监理人员合作中应注意下列问题。

（1）焊接技术人员应尊重监理人员，支持他们工作，主动创造条件使监理工作顺利开展。

（2）以规程、标准和各项制度为准，处理相关问题，以便公正、合理地实施监理工作。因此，焊接技术人员应及时向监理人员反映施工状况和存在问题，互相沟通，以求得到监理人员的支持。

（3）遇有难以解决的问题，应尽量心平气和地协商解决，不宜过早地向上级反映，以免误解。

（4）坚持实事求是精神，监理人员不单提出问题而且是合理、有据可依，同时，也提出解决方法。

五、焊接质量检查验收

认真贯彻、执行工程质量三级检查验收制度是保证焊接质量的关键。为此，必须严格按有关规程、规范施工，强化焊工质量意识，以自检为主，把焊接质量提高到一个新的水平。

（一）焊工自检

焊接质量的保证，最根本的取决于焊工自身对焊接质量的重视程度、操作技术水平和责任心。进行认真自检，就是对焊接质量高度负责的体现，并贯通于每道焊缝焊接质量的全过程，即：

（1）对被焊部件材质的校核，以便正确验证焊接材料及工艺方法，避免错用材料造成返工。

（2）检查铁工组对接口质量，包括接口尺寸、光洁度和工艺质量（有无错口等）。

（3）预热温度控制、检查。

（4）各层焊缝质量。

（5）外观工艺质量。

在检查过程中，要求每个焊工必须坚持：

（1）不符合质量要求的要返工。

（2）每道焊缝无漏焊处。

（3）保证焊缝规定的尺寸。

（4）焊缝表面的熔渣清除干净。

（5）焊工代号标识要标注在易见处。

自检后，由焊工、铁工在自检记录表上共同签字，由班组长汇总交技术人员管理。

（二）专检

由工地组织班组长及质检员，对已焊的承压部件质量以《电力建设施工质量验收及评价规程　第7部分：焊接》规定按比例进行抽查，有的按100%，有的只抽25%，检查内容主要为已焊部件的安装工艺、外观质量、焊接技术记录、无损检验报告等必要的技术资料。

（三）验收

焊接质量验收是三级（或四级）质量检查验收的最后阶段。验收项目由上级机关与建设单位协商列出，并拟有验收办法和质量标准，以及办理验收签证手续等事宜。实际上，工程质量验收也分为两级进行：

1. 本单位质检部门的验收

由专业工地向本单位质量检查部门申请检查验收，提出申请时，应将必备的技术资料向质检部门提供，以便审核。提供的资料应包括：

（1）焊工合格证件。

（2）部件的焊接原始记录。

（3）焊材选用及出厂合格证书。

（4）无损检验报告及底片。

（5）热处理记录及硬度试验报告。

（6）本工程中涉及的焊接工艺评定项目及应用范围统计表。

在验收过程中，如有异议时，质检部门应以书面形式向专业工地及金属试验室按条列出，以便及时纠正处理，并主动接受质检部门的复验。

2. 建设单位的验收

建设单位对焊接部件的验收，有的采取与锅炉一起验收，即：焊接是锅炉验收的一部分；有的单位对焊接质量进行单独验收。无论哪种验收方式，焊接专业技术人员均应认真对待。

建设单位的验收，主要是本单位在质检部门的验收基础上，由质检部门向建设单位提出验收申请。接受建设单位验收的施工项目，是经甲、乙双方协商确定的重点项目。

验收前，专业工地仍需向建设单位提供前面所列的技术资料。

同样，对建设单位所提出的意见和要求，应及时予以解决。经复验合格后，共同签署验收单。

对隐蔽性焊接工程焊完后，应经质检部门（必要时，请建设单位人员参加）验收并签证后，方可将其封闭。

在焊接质量检验验收过程中，除按三级检查验收规定进行外，焊接技术人员还应积极主动参加上级领导组织的阶段性检查。从焊接角度来讲，重点放在锅炉水压试验和试运启动前的联合大检查，并按“火电工程锅炉水压试验前质量监督检查典型大纲”做好充分准备。

水压前的联检内容主要分现场实物质量检查和技术资料完整性的验收两部分。现场实物质量检查主要包括：受监管道及附件质量检查、焊缝清渣及焊缝标记、临时支撑点固件的清除、焊条二级库的管理以及检验后的透照底片质量及评判结果等。技术资料的收集，除按上述1. 要求的七项内容，还应补充如下几方面内容：

（1）焊接专业施工组织设计。

（2）焊接、热处理、检验人员的技术档案（资格证、合格证、钢印号等）。

（3）焊接质量保证体系及职责分工。

（4）焊接技术措施。

（5）三级验收记录（重点是自检记录）。

（6）焊接技术记录图表。

（7）焊接工艺评定，作业指导书。

（8）各项管理制度。

第三节　竣工移交和总结

一、竣工移交

竣工移交主要指工程竣工后的技术资料移交。整体工程竣工投产发电后，一个月内焊接专业技术人员应将所有焊接技术资料整理汇集成册，经本单位质检部门和领导审核后，统一由质检部门向建设单位移交（一份建设单位，另一份本单位归档）。焊接专业的移交资料一般包括：

1. 文字部分

这部分主要是移交资料的编制说明，内容有：

(1) 工程概况。

(2) 实际的焊接工程量。

(3) 实施的重大焊接施工方案。

(4) 记录图的标志说明。

2. 图表部分

(1) 受监管道焊接一览表。

(2) 焊接材料(焊条、焊丝)质量证明汇总表。

(3) 焊接工艺评定项目目录及应用范围汇总表。

(4) 焊工技术考核汇总表。

(5) 受监管道焊口热处理汇总表。

(6) 受监管道焊接记录图。

(7) 焊缝热处理记录图。

(8) 焊工技术考核试验报告。

(9) 焊口无损检验报告及四大管道检验记录图。

(10) 焊接热处理过程曲线图。

二、施工单位归档备查资料

除竣工移交资料在质量主管部门归档管理外,还应将下列资料建档管理。

1. 焊接技术文件

(1) 焊接施工组织设计。

(2) 重大技术措施。

(3) 焊接工艺评定资料(任务书、评定方案、评定报告)。

(4) 焊接作业指导书(焊接、热处理、检验)。

(5) 焊接工程技术总结。

(6) 焊接专题技术总结。

2. 焊接技术记录

(1) 锅炉受热面管子和锅炉本体管道的焊接、热处理、检验记录图表、射线(超声等)检验报告、射线检验底片。

(2) 焊接工程质量等级评定统计表。

(3) 焊接无损检验一次合格率统计表。

(4) 焊接工程优良品率统计表。

(5) 焊接工程焊口泄漏统计表。

三、总结

1. 工程总结

电站安装工程竣工后,施工单位应对整体工程进行全面的、细致的总结,以作为今后施工的借鉴。焊接部分的总结模式,可参照下列提纲进行:

(1) 工程概况。

(2) 设计及制造厂的特殊技术要求。

(3) 焊接技术方案的实施及改进。

(4) 施工中遇到的技术难题及解决方法。

（5）不足之处及改进措施。

（6）今后施工的设想。

2. 专题技术总结

每个工程经常遇到一些新事物，有的是设计、制造单位要求的，有的是经济技术情报、经验介绍及其他渠道引进的新工艺、新技术、新设备、新材料在该工程推广使用的。在引用过程中，必须通过摸索、探讨、试验等种种过程和手段，积累一些经验，通过分析、论证，使经验升华，以达到在工程施工中得到实用，并取得良好的效果。因此，这些成熟的经验必须加以总结，为今后施工服务。

专题技术总结的写法与论文的写法相同，即：题意突出，重点明确，语言简练，层次分明，数字要确切，论据要有出处。

复 习 题

1. 焊接施工准备包括哪些内容？进行之前应该了解哪些情况？
2. 焊接施工组织设计有何作用？以什么为依据编制？主要内容是什么？
3. 焊接专业力能供应有哪些部分？应根据什么条件确定供应方式？注意什么问题？
4. 制定焊接技术措施的原则是什么？应包括哪些内容？
5. 为什么要制定保证焊接工程质量和安全措施？制定时主要应考虑什么？
6. “三站”建设的内部装置及管路敷设应遵循什么原则？
7. 焊接技术记录图有何作用？绘制时注意什么？
8. 焊接施工组织形式有几种？各有何利弊？
9. 焊接管理制度的作用是什么？各有何特点？
10. 对各类焊接人员的资质条件有哪些要求？其职责是什么？
11. 焊接技术管理应从哪几方面开展工作？
12. 为什么要进行技术交底？有哪几种形式？应注意什么？
13. 实施现场检查和管理的目的是什么？包括哪些内容？
14. 从哪些方面开展现场检查？注意什么？
15. 焊接施工记录和资料有几方面？应如何做？
16. 现场指导有何意义？包括哪些内容？如何进行？
17. 焊接技术人员在实施技术管理中如何与各方面配合？注意什么？
18. 工程实行监理制度，焊接人员应如何与其配合？注意什么？
19. 在三级质量检查验收制度中，焊接质量应如何验收？为什么强调焊工自检？其内容是什么？自检应坚持什么？
20. 本单位质检部门验收时，焊接专业应提供什么资料？注意什么？
21. 焊接竣工移交资料有哪些内容？要求是什么？
22. 焊接总结有几类？各主要内容是什么？

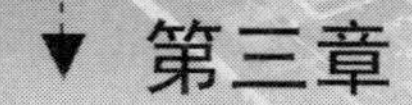

第三章

焊接工艺评定管理

“焊接工艺评定”是发电设备制作、安装、检修焊接工作和焊工技术培训的基本技术工作之一，是焊接技术管理的重要组成部分。通过“焊接工艺评定”可以反映一个单位的施焊能力和质量水平，是确保焊接质量必不可少的关键环节，是技术准备工作的重要内容。

以“焊接工艺评定”为依据，制定合理的焊接工艺过程，是生产出高质量发电设备的保证，是电力焊接的基础性工作。

第一节　焊接工艺评定的概念和程序

一、焊接工艺评定进行的依据

与焊接有关的规程中，都提出了进行焊接工艺评定的规定。

(1)《蒸汽锅炉安全技术监察规程》第 6 条：“用焊接方法制造、安装、修理和改造锅炉受压元件时，施焊单位应制定焊接工艺指导书，并进行焊接工艺评定，符合要求后才能用于生产。”

(2)《电力工业锅炉压力容器监察规程》第 8.1.1 条：“用焊接方法制造、安装、修理改造受压元件时，应按 DL/T 868《焊接工艺评定规程》的规定进行焊接工艺评定，并依据批准的焊接工艺评定报告，制定受压元件的焊接作业指导书。”

(3) DL/T 679《焊工技术考核规程》第 3.2 条：“焊工技术考核必须在焊接工艺评定合格基础上，严格按照焊接工艺指导书进行。”

(4) TSGZ 6002《特种设备焊接操作人员考核细则》第九条（五）“有焊接工艺评定能力，有满足焊工考试的焊接作业指导书”。

这些规程的条款分别从工程部件的施焊资格和组织焊工技术考核的条件等方面提出必须进行焊接工艺评定的要求，并且强调：“焊接工艺评定是必须进行，且必须做好的一项工作，未经焊接工艺评定，是不具备施焊资格的。”

二、焊接工艺评定的定义和目的

1. 焊接工艺评定的定义

焊接工艺评定就是在焊接试验之后，于正式生产之前，根据有关规程和被焊部件技术条件要求，拟定出焊接工艺方案，按照该方案焊接试件、检验试件，测定焊接接头是否具有符合其要求的使用性能，最后形成工艺评定报告，这一过程叫做焊接工艺评定。

焊接工艺评定是一件严格、细致的工作，应注重评定结果，以其指导实际焊接工作，因此，评定中要将各项焊接因素和测定的各项试验数据，进行全面地综合分析，并整理成有明确结论和有一定权威性的“工艺评定报告”。

2. 焊接工艺评定的目的

焊接过程中影响质量的因素很多，其中尤以工艺规定是否合理、焊接规范参数选定是否正确影响最大，也就是说克服焊接过程随意性、强调规范化最为重要。通过焊接工艺评定，采取科学地检验手段验证工艺规定和规范参数，将不合理、不正确的排除和改善，以合理、正确的焊接过程进行焊接，才能保证质量。

从焊接工艺评定的定义中可以看出，进行焊接工艺评定的目的，归纳起来有如下两点：

（1）验证施焊单位所拟定的焊接工艺方案是否正确，焊接接头是否具有所要求的使用性能。也就是说，评定施焊单位是否有能力焊接出符合产品技术条件和质量标准的焊接接头。

（2）为制定焊接作业（工艺）指导书提供可靠的依据，确认编制的焊接作业（工艺）指导书的正确性和合理性，并以此有效地控制焊接质量。

三、焊接工艺评定的实质

认清焊接工艺评定的实质，可以与其相关工作进行比较来说明，如焊接产品、焊工考核、焊接试验等，方能区分并加深认识。

1. 焊接工艺评定与焊接产品

工艺评定试件和焊接产品都测定其焊接接头性能，但其作用却不相同。

（1）工艺评定是在产品正式施焊之前，进行的一系列属于鉴定性的测定焊接接头的工作。在“评定”中若性能不符合要求时，可以改变或调整所拟定的方案，继续“评定”直至焊接接头符合有关标准、规程或技术条件要求，避免了把产品当做试验件，保证产品质量。

（2）产品焊接接头是按照焊接工艺评定合格后制定的焊接作业指导书进行施焊的，它是实际施焊中工艺、焊工、焊接条件各种因素的综合反映。既不是考核焊工的技术能力，也不是验证焊接作业指导书正确与否，而是检查焊接接头的力学性能是否达到该产品技术条件要求。

总之，工艺评定是指导性的，而产品是工艺评定的实际应用。

2. 焊接工艺评定与焊工考核

焊接工艺评定与焊工考核都是保证焊接质量的重要环节，但其有很多区别。

（1）焊接工艺评定是用整套的试验数据，说明在一定焊接条件下进行焊接才能满足产品焊件使用性能要求，它对参与施焊试件焊工的技术能力，只要求熟练，不一定是持证焊工。“评定”试件的焊接接头，要求其结合性能和使用性能应达到技术条件的规定。

（2）焊工技术考核是考核焊工的技能水平，要求焊接出没有规程规定的超标缺陷，而不是检测焊接接头的力学性能和冶金性能。焊工技术考核必须在正确的焊接作业（工艺）指导书的指导下焊接考核试件。

考核合格的焊工，按照经工艺评定合格的指导书施焊产品，就能使焊接质量得到可靠的保证。

3. 焊接工艺评定与焊接试验

焊接工艺评定和焊接试验都是在产品施焊前进行的试验，它们之间既有内在的联系，但又有不同的作用。

（1）焊接试验。焊接试验包括焊接工艺试验和焊接性试验两个内容。焊接性试验即是抗裂性试验，主要是解决焊接接头的结合性能，其次才是使用性能；焊接工艺试验主要是解决在一般条件下焊接接头的使用性能，但不能解决在具体条件下，焊接接头的使用性能可否满足设计条件要求。

（2）焊接工艺评定。产品的焊接工艺条件是复杂的，不同产品的焊接工艺规范可能经常变更，如改变母材的钢号、增加或减少母材的厚度、变更焊接材料的型号、改变焊接位置、降低预热温度、延长或缩短焊后热处理恒温时间、变更电流种类、变化坡口尺寸和对口标准等工艺因素，其焊接接头是否满足设计要求的使用性能，必须经过焊接工艺评定求得解决。

综上所述，焊接试验是焊接工艺评定的基础，为进行焊接工艺评定创造了条件。有了可靠的焊接试验，才能拟定出适当的焊接工艺评定方案，确保工艺评定有效地进行，才能取得可靠的评定结果。

4. 焊接工艺评定应注意的问题

（1）焊接工艺评定解决焊接接头是否符合设计要求的使用性能，但不能解决消除应力、减小变形和防止焊接缺陷产生等许多焊接质量和工艺问题。

（2）进行焊接工艺评定不是选择最佳工艺方案，也不能将工艺参数范围规定的过窄，否则将造成应用的困难，因此，选定焊接工艺评定的具体条件，要考虑适用“度”，以便实际应用。

归根结底，焊接工艺评定是验证施焊单位拟定的工艺评定方案的合理性和正确性，并以此说明没有进行焊接工艺评定的单位，是不具备生产产品的资格和条件的。

四、焊接工艺评定基础

从前面内容已了解到焊接工艺评定工作，是件十分重要的工作，是涉及单位施焊能力的标志性工作。该项工作开展之前必须有一个良好的基础，才能保证工艺评定的顺利进行和结果的准确可靠。

1. 细致地做好“评定”摸底工作

电力工业火电建设发电设备类型繁多，首先必须了解各类部件的工况条件、钢材品种和规格以及焊接接头组成类型等基本情况，为确立“评定”项目、编制“评定”计划奠定基础。

2. 收集规程、标准和有关技术文件

“评定”必须依据国家标准、行业标准和技术文件的规定和要求进行，否则，将失去评定的意义，且无权威性，下列资料是应该收集的：

（1）有关工艺评定的规程、标准，借以指导“评定”的进行。

（2）焊接性试验的资料，用以了解具体钢材焊接性能和复核焊接工艺设计。

（3）焊接工艺设计资料，为编制工艺评定方案提供可靠的技术依据和掌握具体钢材焊接的规律。

（4）相关的工艺评定资料，用以借鉴或引用。

3. 工艺评定的组织落实

建立工艺评定的专门组织，审定参与该项工作人员资质条件是否符合要求，以保证“评定”工作质量。

4. 编制“评定”工作计划

“评定”工作计划是开展工艺评定的总纲，应认真进行编制，其主要内容应包括如下几点：

（1）工艺评定的依据，明确执行的标准。

（2）确定评定项目，列出具体评定内容。

（3）评定任务下达方式，按规程要求进行。

（4）评定的具体要求，程序符合规程规定，数据真实可靠。

（5）评定组织责任人及职责，符合规程人员资质条件。

（6）评定结果的审查方法，要有结论，形式规范。

（7）评定工作具体实施方案，环节清楚，职责明确。

五、工艺评定程序和要求

1. 程序

根据“评定”任务和规程要求，工艺评定实施的程序，见图 3-1。

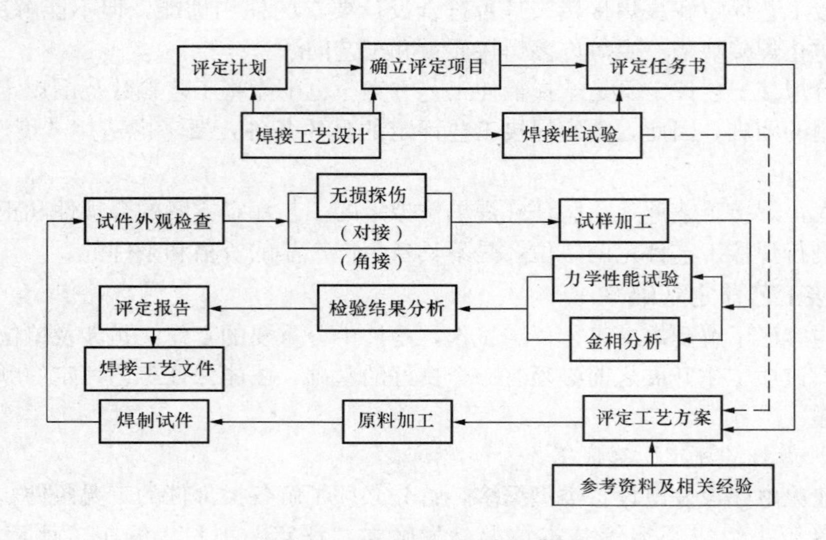

图 3-1　焊接工艺评定程序图

2. 评定注意事项

（1）评定程序不可颠倒或省略，应遵照图 3-1 顺序进行。

（2）评定工作必须在“工艺评定方案”审批后实施。

（3）凡应用新材料和新工艺方法时，应先进行焊接性试验，当焊接试验取得可靠数据后，方可编制工艺评定方案。

（4）引用国内外成熟的评定资料时，原则上要进行验证性工作，以考验本单位的施焊能力和条件。

（5）工艺评定进行过程中，各环节都应注意积累保存资料，待汇总时一并分析。

第二节　焊接性试验

焊接性试验是焊接工艺评定中的一项基础性工作，是制订焊接工艺评定方案的重要依据，直接影响着工艺评定结果，不应忽视这项工作。

焊接性试验包括抗裂性试验和焊接工艺试验两个内容。抗裂性试验主要解决焊接接头结合性能问题，而焊接工艺试验主要是解决使用性能问题，它们既是相互依存的关系，又是承继关系，是密不可分的。

一、金属焊接性概念

金属焊接性就是指金属适应一定的焊接加工方法，而形成牢固的、具有一定使用性能焊接接头的特性。

在熔化焊中同种金属或异种金属，只要在熔化状态下能够相互形成溶液或共晶，冷凝后形成焊接接头，都是具有焊接性的。金属焊接性的好与差，主要表现在焊接接头性能上，焊接接头性能好、质量高的就称为焊接性好，反之则差。

（一）焊接性的分析

一般从金属的特性和工艺条件两个方面进行分析。

1. 根据金属特性分析

以金属特性分析焊接性，主要从金属的化学成分、物理性能、化学性能等方面综合分析，在分析中并考虑焊前金属热处理状态、金相相图、冷却曲线等多方面因素的影响。

2. 根据工艺条件分析

凡是涉及焊接性的工艺条件，分析时均应考虑，如焊接方法及特点、焊接过程保护方式、焊接过程的预热、层间温度、缓冷、热循环控制条件和焊接规范参数等因素。

焊件对口型式及尺寸、焊接材料的处理和焊接顺序的安排，也都属于工艺条件范围的因素，分析时应一并考虑。

（二）焊接性试验内容

根据材料性能特点和使用要求不同，焊接性试验有以下几种：

1. 抵抗冷裂纹能力的试验

在焊接热循环作用下，焊接接头的焊缝和热影响区金属组织和性能发生变化，此时，如受焊接应力和扩散氢的影响，可能会发生冷裂。

冷裂纹是严重缺陷，在淬硬倾向大的钢材中经常出现，由于其与材料有关，因此，这项试验主要是以母材为目标试验的。

2. 抵抗热裂纹能力的试验

焊接接头熔池的液态金属在结晶时，由于有害元素和热应力作用，可能在结晶末期发生热裂纹。

热裂纹是一种常见且危害严重的缺陷，所以测定其抵抗能力，也是焊接性试验的重要内容。由于它与焊接材料关系密切，因此，这项试验是以焊缝金属为目标试验的。

3. 抵抗脆性转变能力的试验

焊接接头经过热循环和结晶、固态转变等一系列冶金反应过程，由于受硬脆性非金属夹杂物、脆性组织、时效脆化、冷作硬化等作用，发生脆性转变，可能使焊接接头韧性严重下降。尤其对承受冲击载荷和低温条件下工作的焊接结构，韧性下降是一个严重的问题，因此，抗脆性转变能力也是焊接性试验的一项内容。

4. 使用性能的试验

不同的部件对使用性能的焊接性提出不同的要求，因此，焊接性试验项目都是从使用性能需要确定的。如焊接接头的蠕变强度、疲劳程度、抗晶间腐蚀能力等都属于这方面的试验。

（三）焊接性的试验方法及选定原则

焊接性试验方法有很多种，应根据需要选定。

1. 焊接性试验分类

（1）间接计算法。这种方法一般不焊接模拟试件，而是以钢材的化学成分、金相组织、力学性能等的关系，结合焊接热循环过程，采用估算方法确定焊接性的好坏和确定焊接条件。具体方法有：碳当量法、焊接裂纹敏感指数法等。

（2）直接模拟试验法。为达到不同的试验目的，而采用施焊试件方法进行的试验。

1）冷裂纹试验：常用的有斜Y形坡口对接裂纹试验、拉伸拘束裂纹试验、刚性拘束裂纹试验和插销试验等。

2）热裂纹试验：窗形拘束对接裂纹试验、刚性固定对接裂纹试验、可调节拘束裂纹试验等。

3）再热裂纹试验：缺口试棒应力松弛度试验、U形弯曲试验、H形拘束试验等。

4）脆性断裂试验：低温冲击试验、落锤试验、裂纹张开位移试验等。

（3）使用性能试验方法。这是最直观评定焊接性的方法，利用试件或产品在试验设备或实际使用条件下进行各种性能方面的试验，以其结果直接评定焊接性。

试验方法有：焊接接头及焊缝金属的拉伸、弯曲、冲击等力学性能的试验，高温蠕变及持久强度的试验，疲劳试验、断裂韧性试验，耐腐蚀及耐磨试验、低温韧性试验等。还有直接以产品进行的试验，如水压试验、爆破试验等。

2. 焊接性试验方法选定原则

（1）根据母材、焊接材料、接头形式、接头受力状态、环境温度、焊接工艺参数等因素，将确定的试验条件，尽量与实焊条件相符。

（2）在考虑上述试验条件时，还应注意到要有较强的针对性，其试验结果能确切地反映出实际生产时可能发生的问题，并能获得良好的结果。

（3）试验中应尽量减少人为因素的影响，试验条件要严格，防止随意性影响后果的准确。

（4）试验应具有较好的稳定性和重复性，结果应可靠，正确地显示变化规律。

（5）试验方法要经济，在不影响结果准确性的基础上，力求降低消耗，节省试验费用。

二、抗裂性试验

1. 进行抗裂性试验的必要性

钢材抗裂性试验是测定钢材在一定条件下的冷裂纹敏感性，主要是解决焊接接头结合性能问题。

是否进行抗裂性试验，是由钢材的焊接性能、产品结构和制造工艺确定的。近些年来，由于断裂力学在焊接产品上的逐步应用，在一定条件下容许某种尺寸裂纹的存在，已有多例。但在电力工业中多数部件处于高温高压状态工作，故电力行业焊接规程中规定了“任何形状和尺寸的裂纹一律不允许存在”，认为裂纹仍是最危险的焊接缺陷之一。所以，进行焊接抗裂性试验，了解钢材抗裂能力和验证工艺过程正确与否，是十分必要的，尤其在焊接工艺评定之前做该项试验，是不可缺少的。

2. 抗裂性试验方法

了解钢材淬硬倾向程度，采取有效措施改善焊接性能，解决冷裂纹敏感性问题，是抗裂性试验的目的。目前，采取的试验方法很多，具体实施中应根据钢材特性、部件结构状态和试验目的等条件选定。

从总体上看，试验方法有间接法和直接法两类。间接法主要采取碳当量测算法和冷裂纹敏感性法等；直接法则主要依据试验目的选定拘束法或Y形坡口对接裂纹试验法等。具体实施时，应根据有关书籍资料选用。

3. 抗裂性试验结果的评价和应用

抗裂性试验结果准确与否，是关系到通过试验能否提供真实依据和采取相应焊接工艺措施的关键问题。因此，评定的准确程度，将直接影响应用效果，为此，强调注意下列问题。

（1）评定中要采取对比的方法加以鉴别。

1）把未知焊接抗裂性的材料与已知焊接抗裂性的材料进行对比。

2）以不同工艺措施（如不同预热温度）的结果进行对比。

3）以裂或不裂为标准判定。

（2）评定中对出现的裂纹要认真分析。

1）根据产品的材质、结构特点，选用与其适应的试验方法，不应孤立的以某种抗裂试验结果，轻易得出结论。

2）比较试验与实际产品之间的区别，与试验结果相对照，进行分析，才能得出准确的结论。

抗裂性试验的裂与不裂是相对的，只有采取正确的、有针对性的细致分析，才能解决遇到的问题。

三、焊接工艺试验

焊接工艺评定既是焊接工作中的程序性试验，也是验证性试验，它的任务是有针对性地验证编制的焊接工艺方案的正确性和适用性。而焊接工艺试验则是带有研究、探求性质的工作。为此，在进行工艺评定之前、抗裂性试验之后，焊接工艺试验是必须进行的，为焊接工艺评定的顺利进行奠定基础。

（一）焊接工艺试验的目的

任何焊接工艺方案的制订，都应建立在可靠的基础上，明确在试验中需要解决的各种问题。在焊接抗裂性试验的基础上，拿出工艺方案，通过工艺试验加以实施、验证，取得切实的工艺过程，达到焊接接头使用性能的要求和良好的焊接质量，并为焊接工艺评定奠定基础。

焊接工艺试验是焊接工艺设计的基础工作，是编制焊接工艺方案的依据，是焊接工艺评定诸多参数确定的基础，因此，应进行焊接工艺试验，其目的主要有：

（1）正确确定适用于母材的焊接材料。

（2）确定合理的焊接工艺参数。

（3）对比环境、条件对焊接工艺的影响，以便采取相应措施解决和改善。

（二）焊接工艺试验基础

为取得完整的工艺试验结果，用来指导工艺评定，首先必须做好焊接工艺设计，焊接工艺设计的详尽、准确和可行，才能使工艺试验顺利进行，因此，焊接工艺设计是焊接工艺试验的基础。

焊接工艺设计一般应由专门机构提供，应努力查寻，如无，可参照下列方法进行。

1. 掌握资料

进行焊接工艺设计需要掌握与工艺试验及评定的技术资料。资料来源一般有四种途径：

（1）利用被试验材料的基础数据。材料的化学成分、力学及物理性能指标、焊接热过程基础和连续冷却转变图等资料的汇集，借以全面了解钢材的概况，以提出各类工艺参数的指标。

（2）对照相关规程和标准。为使工艺试验所制定的工艺设计能满足具体部件的使用要求，进行工艺设计时必须与相关规程和标准进行对照，以验证设计的实用性。在诸多规程和标准中，就火力发电厂来讲，应与 DL/T 869《火力发电厂焊接技术规程》的要求和规定相符合，否则，其结果将失去意义。

（3）利用已经积累的焊接工艺试验、焊接工艺评定资料。几十年积累的丰富焊接经验和近十几年来有系统地进行焊接工艺评定，资料普遍进行了整理并得到妥善的保存，有借鉴和指导性的内容极为丰富，这是一项极为宝贵的财富，应引起极大的重视，并加以充分利用。

（4）借鉴系统内兄弟单位的经验。许多新材料的应用在发电设备上总是有先后，为少走弯路，经常地了解系统内焊接发展动态是十分重要的。利用兄弟单位相关的资料，搞好自己承担的大多数工艺设计，也是一条重要途径，以此开拓思路，提供依据，可使焊接工艺设计质量得到可靠的保证。

2. 分析资料

资料的技术分析是进行焊接工艺设计的重要环节，只有在焊接基础理论指导下，将收集到资料认真分析、加以取舍、归类和整理，把与工艺试验有关的资料详细、缜密地提取，才能为工艺设计奠定坚实的基础，并使工艺设计合理，具有指导意义。

资料分析要紧密地与被焊工件状况结合，分析中要有针对性，以被试验工件的技术条件要求和相关规程为依据，以编制可行的工艺设计为出发点，认真分析和推敲，求得真实和可靠。

3. 焊接工艺参数的确定原则

工艺试验时焊接规范参数的确定不但关系到工艺试验的成败，同时，也涉及工艺评定数据的可靠性，因此，确定中必须注意下列三个因素：

（1）考虑的规范参数要齐全，尽量将影响因素列入试验内容之内，尤其是主要因素更不容遗漏。

（2）确定的各项参数均要有一个适当的范围，过宽或过窄，将使试验中变化程度加大，不利于参数准确的拟定。

（3）调整度的大小，掌握要得当，措施划定的参数是试验的参考值，在试验中肯定要细化和调整，“度”的掌握问题一定要与实际应用结合起来，以需要为出发点，调整到恰如其分。

焊接规范又叫焊接工艺参数，内容甚为广泛，就系统常用的焊条电弧焊和钨极氩弧焊来讲大致有如下两个方面：

（1）焊接条件：材质状况、接头型式、坡口尺寸、部件结构形状和规格（厚度）、焊前预热、层间温度和焊后热处理等。

（2）规范参数：焊条牌号和直径、焊接电源种类和极性、焊接线能量（焊接电流强度、电弧电压和焊接速度）、焊接层数及焊道数、焊接位置等。

焊接条件不但是确定规范参数考虑的因素，同时，也是直接影响工艺试验结果的重要内容，为此，在确定工艺试验规范参数时，应一并考虑。

确定焊接工艺规范参数时，一般应遵循下列原则：

（1）根据材质状况，确定焊接材料牌号、焊接电源种类和极性、焊接线能量以及预热和焊后热处理规范。

（2）根据焊件形状、规格（厚度）、接头型式、焊接位置，确定坡口型式和尺寸、焊材直径（钨极氩弧焊时，是确定钨棒直径）和焊接层数及焊道数。

（3）根据焊材直径、焊接线能量和焊接位置，确定电弧电压（电弧长度）、焊接电流强度和焊接速度。

根据上述原则，在考虑诸因素影响的情况下，具体确定焊接工艺规范参数时，一般以焊条直径、焊接电流强度、电弧电压、焊接速度和焊接层数及焊道数为主要内容。

（三）工艺试验的实施

利用已掌握的资料和确定的焊接工艺参数，根据被试验材料的特点，制订焊接工艺试验方案，以此指导工艺试验的正确进行和达到预定的试验目标。

1. 工艺试验方案

工艺试验方案应包括：试验目的、试验用材质、规格及类型、焊接工艺规范参数选定，焊接条件，试验方法和试验结果判定等内容。

为使试验结果准确和具有认定性，必须加强试验的组织和领导工作，以严密的组织管理和严格执行技术条件规定为核心内容，开展试验工作。试验的组织工作特别强调的是，一定要选派有一定资质条件的专业技术人员负责该项工作，同时，还应明确实施者和记录人。人员确定之后不得随意更改或变动，以保证试验工作在较为稳定状态中进行。

2. 试验工作的准备与实施

（1）试件及材料条件。

1）试验用材料统一采用板状试件，规格为10～12mm厚。如该种材料无板状货源时，可采用同钢号管状试件代替，不强调与实际需要的一致性。

2）试验用的材质状况了解清楚，取得可靠的材质证明资料。

3）试件加工和装配，以满足角接接头和对接接头需要为准，但角接接头焊前需在试件一侧进行刚性固定。试件的具体尺寸和装配（试件厚度δ为10～12mm）见图3-2。

（2）试件施焊要求。

1）试验采取的焊接方法应与实际应用相同。

2）施焊接头类型为板状试件对接接头和平角焊接头，每种焊位各施焊两个试件。

3）试件应分层焊接，焊道布置和焊缝尺寸应符合工艺试验方案要求。

4）施焊应由试件一端向另一端焊接，每层焊道中间至少应有不少于1个接头，以考查接头质量。

5）工艺试验过程中，必须做好施焊记录，详细、准确地记载各项参数数据。

3. 试件检查与判定

试件以外观和断口两种方法检查与判定。

（1）焊缝外观要求。

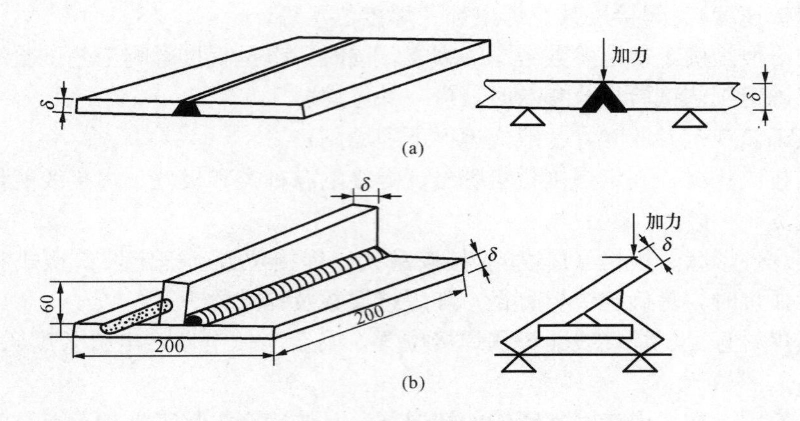

图 3-2　工艺试验试件图
(a) 对接仰焊焊接接头试件及破碎图形；(b) 角接平焊接头试件及破碎图形

1）外观成型应均整，无各种不允许缺陷存在。

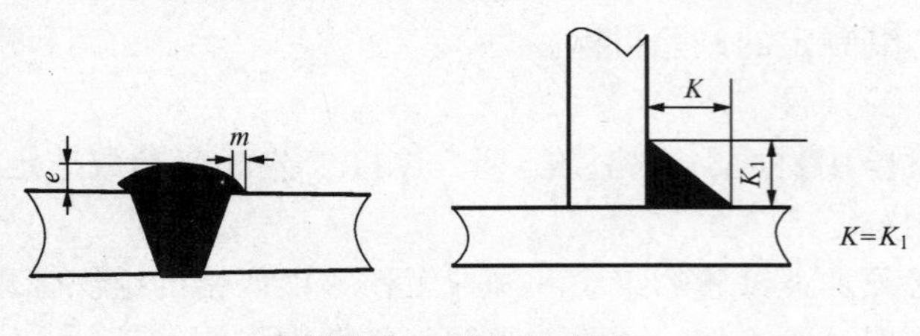

图 3-3　焊缝尺寸图

2）焊缝尺寸。

对接焊缝：余高 e 在 2～3mm；单面遮盖宽度 m 在 1～2mm，见图 3-3。

角接焊缝：$K\leqslant$试件厚度。

（2）断口状态。

1）观察试件断裂后断口端部的形态，粗略地判断其塑性高低。如断口整齐、平整、发亮，一般认为是脆性断裂；如断口不整齐，发灰色，一般认为是塑性断裂。

2）检查断口面，观察焊接缺陷状况。

通过上述检查与判定，分析与总结，以其结论作为调整工艺试验方案各项数据的依据，以达到最佳效果。

（四）焊接工艺试验的应用及注意事项

工艺试验是工艺规范参数选取和焊接条件确定的过程，它将在各种资料中所取得的各种工艺数据，通过工艺试验进行验证性鉴别和调整，以得到可靠的结论，为焊接工艺评定的顺利进行和编制工艺评定方案奠定基础。从其作用和内容看，有下列问题应引起足够的重视。

（1）工艺试验是带有研究和探索性质的一项工作，没有严格的限制和要求，一般试验有一个大致的方案即可进行。因此，一项试验可能反复多次，这是允许的，不过制订的“大致内容”亦应尽量周全，以减少反复次数。

（2）焊接工艺试验不是针对某具体部件的试验，这是考核所拟定的工艺过程普遍规律所实行的方法，主要是解决焊接工艺规范参数的确定和焊接条件的满足与完善，最后，尽量获得最佳焊接接头的工艺方案，因此，调整各项工艺数据是正常、合理的。

（3）焊接工艺试验的任务是为完成一般的工艺设计提供数据，其试验结果也是为进行焊接工艺评定时编制的方案提供依据，所以试验过程的记录应齐全、准确、可靠。

（4）焊接性试验是一项重要的和在焊接工艺评定之前必须进行的工作，它是为取得可靠的焊接工艺设计而进行的技术储备，也是焊接工艺设计的基础，如果已经具有了焊接工艺设计资料，这项工作可以简化或免做。

(5) 对于焊接已熟悉的钢材或取得相关资料者可在焊接工艺评定前只进行验证性试验即可。

第三节　焊接工艺评定的各项规定

在焊接性试验资料和焊接工艺设计的基础上，即可进行焊接工艺评定。

一、“评定”的基本原则和要求

1. 基本原则

(1) 凡未做过焊接工艺评定的钢材，必须进行工艺评定。

(2) 焊接工艺评定应在焊接性试验的基础上，在产品制造工艺设计之后，于正式生产之前进行。

(3) 焊接工艺评定必须遵循有关规程和技术标准的规定进行。

2. 基本要求

(1)“评定”前查明被评定钢材、焊接材料应符合有关标准，否则应进行主要元素和性能的检验。

(2)“评定”前必须制定“工艺评定方案”。

(3)“评定”所使用的焊接、检测设备（包括仪表、气体流量计）、器具均应合格，并处于正常工作状态和检定周期内。

(4) 参加“评定”的人员资质应符合下列要求：

1) 主持“评定”工作人员必须是从事焊接技术工作的焊接工程师或焊接技师。

2) 参与评定方案编制人员（包括编制、审核等）应由焊接工程师担任。

3) 工艺评定试件的焊制，应由具有一定焊接基本知识和实际操作水平较高，且实践经验丰富的焊工担任。

4) 工艺试件无损检验人员应具有Ⅱ级及以上资格证书的人员担任；其他各项检验人员应由经资格认证符合要求的人员担任。

5) 试件检验结果的综合评定结论，应由评定主持人、评定方案编制人员共同分析、汇总编写。

二、焊接工艺评定参数

凡对焊接工艺评定有影响的因素或条件，都叫做工艺评定参数。按其性质可分为：基础参数、材料参数和工艺参数等三个方面。

1. 工艺评定参数分类原则

焊接工艺评定主要是解决各种钢材的焊接性能和使用性能应满足其工作条件的需要，获得优质焊接接头。因此，评定的主体是钢材，评定需通过一定的焊接方法、一定的焊接条件实现。不同的焊接方法和焊接条件其影响程度是不同的，所以，在进行焊接工艺评定时，焊接方法是首要因素。评定应以焊接方法为准，确定各项焊接条件和焊接工艺参数。

2. 工艺评定参数的分类

各项参数以一定的焊接方法评定时，其对焊接工艺评定影响程度是不同的，会有变化。从评定的基本概念看，“评定”参数除按性质分为三个方面外，按其影响程度又可分为重要参数、附加重要参数和次要参数等三类。

（1）重要参数。凡影响焊接接头力学性能（除冲击韧性外）的焊接条件，都属于重要参数或称重要因素。

（2）附加重要参数。影响焊接接头冲击韧性的焊接条件，都属于附加重要参数或称附加重要因素。

（3）次要参数。不影响焊接接头力学性能的焊接条件，都属于次要参数或称次要因素。

3．“评定”参数的划定

在确定以钢材为评定主体，以焊接方法为首要因素的原则下，各项参数按其影响程度的分类，见表3-1、表3-2。

表3-1　各种焊接方法的重要参数和附加重要参数

评定参数		重要参数						附加重要参数					
类别	内容	焊条弧焊	氩弧焊	气焊	埋弧焊	气保焊	药芯焊丝	焊条弧焊	氩弧焊	气焊	埋弧焊	气保焊	药芯焊丝
钢材	改变钢材的类级别	△	△	△	△	△	△						
	超过钢材厚度和焊缝金属厚度适用范围	△	△	△	△	△	△						
	超出管径适用范围							▲	▲	▲	▲	▲	▲
填充金属及焊接材料	增加或取消填充金属	△	△	△	△	△	△						
	增加、取消或改变预置或附加填充金属	△	△	△	△	△	△						
	改变焊条类级别	△											
	改变焊丝类级别		△	△	△	△	△						
	改变焊剂类级别				△		△						
	药芯焊丝改变为实芯焊丝，或反之		△		△	△	△						
	焊缝金属厚度超出适用范围	△	△	△	△	△	△						
	填充金属截面积改变或送丝速度值变化±10%							▲	▲	▲	▲	▲	▲
	焊缝金属第一层焊条、焊丝直径的改变							▲					
	改变可燃气体类型及其比例			△									
	改变保护气体类型及其比例		△			△	△						
	气体流量超出评定值±10%		△	△		△	△						
	增加或取消背面保护气体及其流量		△		△	△							
	碱性焊条改变为酸性焊条	△						▲					
预热焊后热处理	超出预热温度的适用范围	△	△		△		△	▲					
	改变层间温度50℃以上							▲	▲		▲	▲	▲
	增加或取消焊后热处理	△	△	△	△	△	△						
	改变热处理类型	△	△	△	△	△	△						
	改变热处理规范参数	△	△	△	△	△	△						
	改变施焊后至热处理的间隔时间							▲	▲	▲	▲	▲	▲
电特性	增加热输入量（焊接线能量）							▲	▲		▲	▲	
	熔滴过渡由短路形式改变为其他形式，或反之					△	△						
	改变电源种类或极性	△											

续表

评定参数		重要参数						附加重要参数					
类别	内容	焊条弧焊	氩弧焊	气焊	埋弧焊	气保焊	药芯焊丝	焊条弧焊	氩弧焊	气焊	埋弧焊	气保焊	药芯焊丝
焊接技术	改变摆动幅度、频率和两端停顿时间							▲	▲		▲	▲	▲
	每面多道焊改为单道焊							▲	▲		▲	▲	▲
	改变单丝焊为多丝焊，或反之										▲		
	改变单面焊为双面焊，或反之							▲	▲		▲	▲	▲
	火焰性质的改变			△									
	焊条焊改为自动焊（半自动焊），或反之		△			△	△						
	改变单焊层厚度							▲	▲			▲	▲

表 3-2　　各种焊接方法的次要参数

评定参数		次要参数					
类别	内容	焊条弧焊	氩弧焊	气焊	埋弧焊	气保焊	药芯焊丝
接头	改变坡口形状或几何尺寸	●	●	●	●	●	●
	增加或取消垫板	●			●		
	改变坡口根部间隙、钝边	●	●	●	●	●	●
焊接材料	改变填充材料规格	●	●	●	●	●	●
	改变焊剂颗粒尺寸				●		
	钨极种类或直径改变		●				●
焊接位置	增加焊接位置	●	●	●	●	●	●
	立向上焊和立向下焊的互换	●	●		●	●	●
电焊性及操作技术	焊前、根部、层间清理方法改变	●	●	●	●	●	●
	自动焊导电嘴至工件距离改变				●	●	●
	焊接速度变化范围比评定值>10%		●		●	●	●
	有无锤击焊缝	●	●	●	●	●	●
	喷嘴尺寸改变		●		●	●	●
	右向焊改为左向焊，或反之			●			
	钨极型号或尺寸的改变		●				

三、工艺评定中焊接参数应用的规定

电力行业焊接工艺评定规程是在深入了解和熟悉美国 ASME“焊接及钎焊评定”规程基础上，并引用国内外关于工艺评定和相关技术文件而编制的。引用的标准和资料具有深厚的基础，权威性很高，以此为准制定的规程应是可行的。现将焊接参数在工艺评定中应用范围叙述于后，同时对使用的注意问题，也做出相应的说明。

（一）基础参数

根据前面所阐明的内容，属于基础参数的有钢材类级别划定和焊接方法应用等两项。

1. 钢材类级别划分及“评定”规定

（1）钢材类级别划分。发电设备承压承重部件应用的钢材品种较多，如每种钢材都进行“评定”，数量大且有重复。为了减少焊接工艺评定的数量，对钢材应根据化学成分、力学性能和焊接性能的特性进行综合分析分类。根据电力工业常用钢材，一般按其化学成分、力学性能、组织类型和焊接性能综合考虑。电力焊接的主要规程中，钢材类别划定，见表 3-3。如遇到未列入表 3-3 中的钢材，可与其相对应归入某一类级中，在“评定”中同等对待。

表 3-3　　　　三本规程钢

DL/T 679《焊工技术考核规程》规定					DL/T 868《焊接工艺评定		
类　级　别				钢号（括号内为国外钢号）	国内钢号	国　外　钢　号	
类别	代号	级　别	代号			美国（AMTM）	日本（JIS）
碳素钢及普通低合金钢	A	碳素钢（含碳量≤0.35%）	Ⅰ	Q235、10、20、20g	Q235、Q235F、Q235R、10、20、20R、20g、22g、25、ZG25	SA36、SA53B、SA105、SA106A、SA106B、SA135B、SA178C、SA181 60、SA210A-1、SA283B、SA283C、SA285A、SSA285B、SA285C、SA515 65、SA51560	SS41、SB35、SB42、SGP、SB46、STB35、STB42、STPT38、STPT42、STPG28、STPG42、STPY41
				—	—	SA106C、SA181 90	STPT49、SB49
		普通低合金钢（σ_s≤400MPa）	Ⅱ	12Mng、16Mn、16MnR、16Mng	09Mn2V、12Mng、16Mn、16MnR、16Mng	—	—
				15MnV、15MnVg、15MnVR、20MnMo	15MnV、15MnVg、15MnVR、20MnMo		
		普通低合金钢（σ_s>400MPa）	Ⅲ	15MnVoV（WB36）	15MnVNR、15MnMoV	—	—
				18MnMoNbg（BHW35、WCF62、WCF80）	15MnMoNb、14MnMoVg、18MnMoNbg、18MnMoNbR		
热强钢及合金结构钢	B	珠光体钢	Ⅰ	—	—	SA204A、$SA209T_1$、$SA335P_1$、$SA369FP_1$、SA387.2	SB46M、STBA12、STBA13、STPA12、STBA20、STPA20、SCMV2、SCMV3
				12CrMo、15CrMo（13CrMo44）	12CrMo、15CrMo、ZG20CrMo	$SA213T_{11}$、$SA335P_{11}$、$SA335P_{12}$、$SA369FP_{11}$、$SA369FP_{12}$、$SA387_{11}$	$STBA_{22}$、$STBA_{23}$、$STPA_{22}$、$STPA_{23}$
				12Cr1MoV（10CrSiMoV7、10CrMo910）	12CrMoV、12Cr1MoV、ZG15Cr1Mo1V、ZG20CrMoV	$SA335P_{22}$、$SA369FP_{22}$、$SA387_{22}$	—
		贝氏体钢	Ⅱ	12Cr2MoWVTiB	12Cr2MoWVTiB	—	$STBA_{24}$、$STPA_{24}$、SCMV4
				12Cr3MoVSiTiB	12Cr3MoVSiTiB	—	—
		马氏体钢	Ⅲ	Cr5Mo、1Cr5Mo、Cr9M01（20CrMoV121、X20CrMoWV121）	Cr5Mo、1Cr5Mo、Cr9Mo1	$SA335P_5$、$SA335P_9$、$SA369FP_5$、$SA369P_9$、SA387.5	STBA25、STBA26、STPA25、STPA26、SCMV6
不锈钢	C	马氏体不锈钢	Ⅰ	1Cr13、2Cr13	1Cr13、2Cr13	—	—
		铁素体不锈钢	Ⅱ	0Cr13、1Cr17	0Cr13、1Cr17	—	—
		奥氏体不锈钢	Ⅲ	0Cr18Ni9、1Cr18Ni9、0Cr18Ni9Ti、1Cr18Ni9Ti、1Cr23Ni18、（1Cr25Ni20）	0Cr18Ni9、1Cr18Ni9、0Cr18Ni9Ti、1Cr18Ni9Ti	SA240 304、SA240 340L、SA240 316、SA240 316L、SA240 321 SA312 TP304、SA312 TP316、SA312 TP321、SA376 TP304、SA376 TP316、SA376 TP321、SA376 TP347	SUS304TP、SUS304LTP、SUS316LTP、SUS316HIP、SUS321TP、SUS347IP、SUS309STP、SUS304L、SUS309S、SUS316、SUS316L、SUS321、SUS347
					1Cr23Ni18	SA240 309S、SA240 310S、SA312 TP309、SA312 TP310	SUS310S、SUS310STP

材分类对照表

规程》规定		DL/T 869《火力发电厂焊接技术规程》规定				
		国内钢号	国　外　钢　号			
西德(DIN)	苏联(ГОСТ)		美国(ASTM)	日本(JIS)	西德(DIN)	原苏联(ГОСТ)
st35.8、st38.5、st41、st45.8	10、20、15K、20K、22K	Q235、10、20、20G、22G、25	A515 60、A515 65、A210A-1、A178C、A106B	STPT38、STPT42、SB42 (SB46)	st35.8、st45.8	—
—	—	—	A106C	SB49、STPT49	—	—
17Mn4、19Mn5	10T2、20T2	12Mng、16Mng、16MnR			17Mn4、19Mn5	15ГС
BHW35	—	15MnVg、15MnVR、20MnMo	—	—	—	
15NiCuMoNb5	—	15MnMoV			—	—
		14MnMoVg、18MnMoNbg				
15Mo3、16Mo5	16M	—	A204A、A335P$_{1}$、A335P$_{2}$	SB46H、STBA$_{12}$、STBA$_{13}$、STPA$_{12}$、STBA$_{20}$、STPA$_{20}$	15Mo3	—
13CrMo$_{44}$、14MoV$_{63}$、16CrMo$_{44}$、20CrMo$_{5}$	12XM、15XM	—	A213T11、A$_{335}$P11、A335P12	STBA$_{22}$、STBA$_{23}$、STPA$_{22}$、STPA$_{23}$	13CrMo$_{44}$、14MoV$_{63}$	—
13CrMoV$_{42}$、22CrMo$_{44}$	12X$_{M}$Ф、15X$_{1}$M$_{1}$Ф、15X$_{1}$M$_{1}$ФЛ、20XM$_{Л}$	12CrMoV、12Cr1MoV、ZG15Cr1Mo1V、ZG20CrMoV	A$_{217}$WC6	SCPH$_{23}$	—	—
10CrMo910	—	12Cr2MoWVTiB、12Cr2Mo	A335P$_{22}$、A$_{217}$WC9	STPA$_{24}$	10CrMo910	—
—	—	12Cr3MoVSiTiB	—	—	—	—
X12CrMo91、X12CrMoV121、X20CrMoWV122	15X5M	1Cr5Mo	A335P5、A335P9	STPA25、STPA26	X20CrMoV121	—
—	—	1Cr13	—	—	—	—
—	—	0Cr13A1	—	—	—	—
—	1X18H9T	1Cr18Ni9	—	—	—	08X18H0T 12X18H10T
X12CrNi2521、XCrNi2520	—	0Cr23Ni13	—	—	—	—

（2）应用的规定。钢材类别以“A、B、C”表示，级别以“Ⅰ、Ⅱ、Ⅲ”表示。按成分和含量多少的顺序以逐渐升高的形式排列，并做如下规定：

1）各种类别的钢材应分别“评定”，不能代替。

2）同类别中高级别钢材的“评定”，适用于低级别钢材。

3）同级别中钢材的“评定”，合金含量高的，可以代替低的，反之不可。

4）对于不同类级别钢材组成的异种钢焊接接头，其工艺评定及其适用范围的确定，应以钢材类型、焊接特性按不同情况分别进行。在新规程中做了如下规定：

a. 对于珠光体、贝氏体组织类型的钢材，如同类型而不同级别钢材的组合焊接接头，高级别钢材的“评定”适用于低级别钢材；如不同类型又不同级别钢材，其“评定”工艺适用范围，见表 3-4。

表 3-4　珠光体、贝氏体钢材异种钢焊接接头“评定”适用范围

评定条件	适用范围	评定条件	适用范围
$A_{Ⅱ}$与$A_{Ⅱ}$	$A_{Ⅱ}$与$A_{Ⅱ}$或与$A_{Ⅰ}$组成的焊接接头	$B_{Ⅰ}$与$B_{Ⅰ}$	$B_{Ⅰ}$与$B_{Ⅰ}$或与$A_{Ⅱ}$、$A_{Ⅰ}$组成的焊接接头
$A_{Ⅲ}$与$A_{Ⅲ}$	$A_{Ⅲ}$与$A_{Ⅲ}$或与$A_{Ⅱ}$、$A_{Ⅰ}$组成的焊接接头	$B_{Ⅱ}$与$B_{Ⅱ}$	$B_{Ⅱ}$与$B_{Ⅱ}$或与$B_{Ⅰ}$、$A_{Ⅱ}$、$A_{Ⅰ}$组成的焊接接头

b. $B_{Ⅲ}$类级钢与其他类型的异种钢接头，焊接工艺单独“评定”。

c. C类钢的$C_{Ⅰ}$、$C_{Ⅱ}$、$C_{Ⅲ}$等应按其级别分别“评定”，不可代替，其与B、A类钢材组成的接头均应单独“评定”。

2. 焊接方法

《焊工技术考核规程》中焊接方法共有6类9种。在一个焊接接头上可以采用一种焊接方法或多于一种焊接方法施焊，在电力工业中如手工氩弧焊和焊条电弧焊、焊条电弧焊和埋弧焊等经常组合应用。因此，焊接方法在施焊中，有时每种焊接方法单独使用，有时则采取两种或两种以上焊接方法组合使用。但在“评定”中对焊接方法的应用应坚持下列原则：

（1）每种焊接方法应单独“评定”，不能互相代替。

（2）采取一种以上焊接方法组合“评定”时，每种焊接方法可单独“评定”，亦可组合“评定”。但每种焊接方法的焊缝金属厚度，应在各自“评定”厚度适用范围之内。

（3）每种焊接方法在“评定”中其施焊熔敷金属厚度，在实际生产应用中，不得超出“评定”范围。

（4）采取组合形式“评定”后，应用时，允许省略其中一种或多种焊接方法。

（二）材料参数

1. 填充金属和焊接材料

填充金属和焊接材料包括焊条、焊丝、焊剂等，它们熔化后均以填充金属形式熔入焊缝成为焊缝金属的重要组成部分。确定和改变它们都对“评定”有重大影响。

（1）焊接材料的分类。为尽量减少“评定”数量，合理地进行“评定”，对焊接材料分别进行分类，见表 3-5～表 3-7。

1）未列入表 3-5～表 3-7 的焊接材料，如其化学成分、力学性能、工艺性能与上表中某种相近，可划入相应类级中，否则另行“评定”。

2）国外焊条、焊丝、焊剂，应查询有关资料或经试验验证，确认后方可使用。如其成分和性能与表 3-5～表 3-7 中某种相近，可划入相应类级中，与国内焊接材料等同对待。

表 3-5　　焊条分类推荐表

类级别				焊条型号	相应标准号
类别	代号	级别	代号		
碳素钢及普通低合金钢	A	碳素钢（含碳量≤0.35%）	Ⅰ	E43××	GB/T 5117
				E50××	
		普低钢（σ_s≤400MPa）	Ⅱ	E50××-G E55××-G	GB/T 5118
		普低钢（σ_s＞400MPa）	Ⅲ	E60××-G E70××-G	GB 5118
热强钢及合金结构钢	B	珠光体钢	Ⅰ	E50××-A_1	GB/T 5118
				E55××B_1 E55××-B_2 E55××B_2L	
				E55××-B_2-V E55××-B_2-VW E55××-B_2-VN_6	
		贝氏体钢	Ⅱ	E55××-B_3-VWB E60××-B_3 E55××-B_3-VN_6	GB/T 5118
		马氏体钢	Ⅲ	E5MoV-××	GB/T 983
				E9Mo-××	
				E11MoVNiW-×× E11MoVNi-××	
不锈钢	C	马氏体	Ⅰ	E410-××	GB/T 983
		铁素体	Ⅱ	E430-××	GB/T 983
		奥氏体	Ⅲ	E308-×× E308L-×× E309L-×× E310-××	GB/T 983

3）当使用混合焊剂时，除按表 3-7 分类外，还应按混合成分及比例另行“评定”。

（2）填充金属和焊接材料在下列情况下，应重新“评定”。

1）增加或取消填充金属。

2）改变填充金属成分。

3）填充金属由光焊丝改变为药芯焊丝，或反之。

（3）要求做冲击韧性的“评定”，改变下列参数时，应做补充“评定”。

1）填充金属截面积的变化大于10%。

2）采用碱性焊条的“评定”，而改用酸性焊条。

3）改变熔敷金属第一层的焊条、焊丝直径。

2. 焊接用气体

（1）可燃气体。按可燃气体类型分类，当改变可燃气体类型或火焰种类即应重新“评定”。

表 3-6　　各种焊接方法焊丝分类表

钢材类级别				气焊、埋弧焊		气体保护焊		氩弧焊		药芯焊丝	
类别	代号	级别	代号	焊丝型号	相应标准号	焊丝型号	相应标准号	焊丝型号	相应标准号	焊线型号	相应标准号
碳素钢及普通低合金钢	A	碳素钢（含碳量≤0.35%）	Ⅰ	H08、H08A、H08E H08Mn、H08MnA H08MnXtA	GB 1300—1977	ER49-1、ER50-2、ER50-3、ER50-4、ER50-5	GB/T 8110—1995	TIG-J50		EFxx43xx EFxx50xx	GB/10045—1988
		普低钢（$\sigma_s \leqslant$400MPa）	Ⅱ	H10Mn2、H10MnSi、H08Mn2Si	GB 1300—1977	ER50-6 ER50-7	GB/T 8110—1995	—		—	
		普低钢（$\sigma_s >$400MPa）	Ⅲ	H108MnMoA H08Mn2MoA H08Mn2VA		ER55-D_2 ER55-D_2-Ti		—		—	
热强钢及合金结构钢	B	珠光体钢	Ⅰ	H08MoCrA	GB 1300—1977	ER55-B_3 ER55-B_2L	GB/T 8110—1995	TIG-R10		—	
				H08CrMoA H13CrMoA		ER55-B_2		TIG-R30			
				H08CrMoVA H08CrMnSiMoVA		ER55-B_2-MnV		TIG-R33			
		贝氏体钢	Ⅱ	H08Cr2MoA	GB 1300—1977	ER62-B3 ER62-B_3L	GB/T 8110—1995	TIG-R34 TIG-R40 TIG-R43		—	
		马氏体钢	Ⅲ	H1Cr_5Mo	GB 1300—1977	—	—	TIG-R70 TIG-R82		—	
不锈钢	C	马氏体	Ⅰ	H1Cr_{13}、H2Cr_{13}	GB 1300—1977	—	—	—	—	—	
		铁素体	Ⅱ	—	—	—	—	—	—	—	
		奥氏体	Ⅲ	H0Cr19Ni9 H1Cr19Ni9 H0Cr19Ni9Ti H0Cr19Ni9Nb	GB 1300—1977	—	—	—	—	—	
				H1Cr25Ni20	GB 1300—1977	—	—	—	—	—	

表 3-7 焊剂分类推荐表

钢材类级别				焊剂型号	相应标准号
类别	代号	级别	代号		
碳素钢及普通低合金钢	A	碳素钢（含碳量≤0.35%）	Ⅰ	HJ3××-H××× HJ4××-H×××	GB 5293—1985
		普低钢（σ_s≤400MPa）	Ⅱ	F5×××-H××× F6×××-H××× F7×××-H×××	GB 12470—1990
		普低钢（σ_s>400MPa）	Ⅲ		
热强钢及合金结构钢	B	珠光体钢	Ⅰ		
		贝氏体钢	Ⅱ		
		马氏体钢	Ⅲ		
不锈钢	C	马氏体	Ⅰ		
		铁本体	Ⅱ		
		奥氏体	Ⅲ		

（2）保护气体。按保护气体类型分类，当其流量超过原评定的10%或增加、取消背面保护气体时，就应重新“评定”。

（三）工艺参数

1．“评定”的试件种类和接头型式

（1）“评定”试件分为板状、管状和管板状等三类。

（2）焊接接头划分为全焊透和非焊透等两类，其中包括：对接接头、T型接头和角接接头。

（3）全焊透焊缝的“评定”，适用于非焊透的焊缝，反之不可。

（4）板材对接焊缝试件“评定”合格的焊接工艺，适用于管材的对接焊缝，反之亦可。

（5）板材角接焊缝试件“评定”合格的焊接工艺，适用于管与板的角接焊缝，反之亦可。

2．试件厚度和焊缝金属厚度

为减少“评定”数量，在选定“评定”用的试件厚度时，应结合应用场合合理选定。所以，“评定”规程中对“评定”厚度在应用中的范围做了规定，见表3-8。同时，对适用的焊缝金属厚度也做了规定，见表3-9。

表 3-8 试件厚度对焊件母材厚度的适用范围 mm

试件母材厚度（δ）	适用于焊件母材厚度的范围		试件母材厚度（δ）	适用于焊件母材厚度的范围	
	下限值	上限值		下限值	上限值
1.5<δ≤8	1.5	2δ，且不大于12	8<δ≤40	0.75δ	不限

表 3-9 试件厚度对焊件焊缝厚度的适用范围 mm

试件焊缝金属厚度（δw）	适用于焊件焊缝金属厚度的范围		试件焊缝金属厚度（δw）	适用于焊件焊缝金属厚度的范围	
	下限值	上限值		下限值	上限值
1.5<δw≤8	1.5	2δw，且不大于12	8<δw≤40	0.75δ	不 限

注 表3-8、表3-9对角接焊缝也适用，应用时其计算厚度按下列规定：
1．板—板角接焊缝试件厚度为腹板厚度。
2．管板角接焊缝试件厚度为管壁厚度。
3．管座角接焊缝试件厚度为支管管壁厚度。

在特殊情况下，对试件厚度和焊件厚度的应用，可遵循下列规定：

（1）相同厚度试件的“评定”，应用于不同厚度焊件时：

1）经相同厚度“评定”的对接试件，应用于不同厚度的焊件时，其两侧厚度均不应超过“评定”厚度应用范围。

2）对接或角接型式接头，相同厚度的“评定”，应用于角接型式不同厚度焊件时，一般翼板（母管）与腹板（支管）的厚度差不得超过2倍。

（2）各种焊接方法在焊件厚度方面的规定。

1）两种或两种以上焊接方法组合的“评定”，每种焊接方法适用于焊件的厚度不得超过各自“评定”厚度范围，且不得以所有焊接方法的厚度相叠加。

2）气焊焊接方法的“评定”，适用于焊件的最大厚度与“评定”试件厚度相同。

3）埋弧焊焊接方法进行双面焊（每侧为单道焊）时，可按表3-8、表3-9规定。

（3）特殊厚度“评定”与应用的规定：

1）“评定”的任一焊道的厚度＞13mm时，适用于焊件的最大厚度为1.1倍的“评定”试件厚度。

2）除气焊外，如“评定”试件经超过临界温度（A_{cl}）的焊后热处理，适用于焊件的最大厚度为1.1倍的“评定”试件厚度。

3）管状对接接头“评定”试件的直径≤140mm，而壁厚≥20mm，适用于焊件厚度为“评定”试件厚度。

3．管径

在“评定”中对管径方面没有做出严格的规定，根据电力工业部件特点，有如下两点，请注意：

（1）管子外径（D_0）≤60mm，采用全氩弧焊焊接方法的“评定”。但全氩弧焊可用于任何管子的焊接。

（2）其他管径“评定”的试件，适用于焊件管子外径的范围为：下限$0.5D_0$；上限不规定。

4．焊接位置

按电力焊工考核规程规定共有15个焊接位置。除有特殊要求外，对经过任一位置的“评定”结果，一般即认为对各种焊接位置都可适用。电力工业针对自己行业的特点，对“评定”的焊接位置，适用范围做了专门规定，见表3-10。

表3-10　“评定”的位置与适用范围

评定试件类型	“评定”的焊接位置	适用于焊件的焊接位置	
		板　状	管　状
板状	平焊(IG)	IG及IF、2F	1G、1F
	横焊(2G)	1G、2G及1F、2F	1G、2G及1F、2F
	立焊(3G)	1G、3G及1F、3F	1G、5G及1F、4F、5F
	仰焊(4G)	1G、3G、4G及1F、2F、3F、4F	1G、5G及1F、4F、5F
	横焊(2G)立焊(3G)仰焊(4G)	对接和角接所有位置	1G、2G、5G及1F、2F、4F、5F
管状	水平转动(1G)	1G及1F、2F	1G、1F
	垂直固定(2G)	2G及2F	1G、2G及1F、2F
	水平固定(5G)	1G、3G、4G及1F、3F、4F	1G、5G及1F、4F、5F
	垂直(2G)及水平固定(5G)	1G、2G、3G、4G及1F、2F、3F、4F	1G、2G、5G及2F、4F、5F
	45°固定(6G)	所有位置	所有位置

“评定”的焊接位置除表3-10中应用规定外，当有下列情况时，可按如下规定进行。

(1) 在立焊位中，当根层焊道从上向焊改为下向焊，或反之，应重新“评定”。

(2) 直径$D_0 \leqslant 60$mm管子的气焊、钨极氩弧焊，除对焊接参数有特殊要求的焊接位置外，一般仅对水平固定焊进行“评定”即可适用于焊件的所有焊接位置。

(3) 管子全位置自动焊时，必须采用管状试件进行“评定”，不可用板状试件代替。

5. 预热

预热分为实行和不实行。实行预热者，其温度不得超过下列规定，否则应重新“评定”。

(1) 除气焊外，“评定”试件和焊件的预热温度变化超过50℃。

(2) 当有冲击韧性要求的焊件，层间温度比“评定”值超过50℃。

6. 焊后热处理

进行焊后热处理时应遵循下列规定。

(1) 各种类型的焊后热处理均应单独“评定”。

(2) 改变热处理规范参数必须重新“评定”。

(3)“评定”试件进行热处理时，应与生产实际热处理条件相当。

(4) 焊后热处理应严格按各类钢材规定进行。

(5) 焊后热处理与焊接操作完成的间隔时间，应符合相关标准的规定。

7. 电特性

在焊接过程中对影响热输入量大小和操作过程稳定性的因素，在电弧焊中都叫电特性。它包括：电源种类和极性、电流和电弧电压、溶滴过渡形式等。

在“评定”中改变这些因素（或参数），都将不同程度地影响“评定”结果，因此规定，当有下列情况时，应重新“评定”或变更作业指导书。

(1) 热输入量的增加超过“评定”值的10%。

(2) 熔化极自动焊溶滴过渡形式，由喷射过渡、溶滴过渡或脉冲过渡改变为短路过渡，或反之。

(3) 采用直流电源时，增加或取消脉冲。

(4) 交流电改为直流电，或反之。

(5) 在焊条电弧焊中，直流电源极性改变。

(6) 焊接电流值的改变大于±10%。

(7) 钨极型号或直径的改变。

8. 操作技术变化，按其参数类型应重新“评定”或变更作业指导书

(1) 焊接规范参数。

1) 气焊时，火焰性质的改变。由氧化焰改变为还原焰，或反之。

2) 自动焊时改变导电嘴到工件的距离。

3) 焊接速度变化范围比“评定”值大10%。

4) 各种焊接器具型号或尺寸改变。

5) 增加或取消焊缝背面清根。

6) 焊前或层间清理方法或程度的改变。

7) 对焊缝焊后有无锤击。

(2) 操作技能。

1）从无摆动法改变为摆动法，或反之。

2）左向焊改变为右向焊，或反之。

3）由立向上焊改变为立向下焊。

4）自动焊中，焊丝摆动宽度和频率以及两端停顿时间的改变。

5）从单面焊改变为双面焊，或反之。

6）从多道焊改变为单道焊，或反之。

9. 返修焊和补焊

在焊接工程施焊中，因各种原因对焊缝金属进行处理返修焊补，相关规程中对此也做出规定，希望引起注意。

(1) 对接接头坡口试件的“评定”，可用于对接接头、T型接头和角接接头的返修焊或补焊。

(2) 对接接头的返修焊和补焊，对每种焊接方法施焊的钢材和熔敷金属厚度的上限，应按前面所述规定处理。当“评定”试件厚度为40mm时，进行返修焊和焊补时，其厚度可不限定。

(3) 角接接头的返修和焊补，对钢材和熔敷金属厚度一般不限。

（四）各种参数对“评定”影响的基本规律

综合以上各项焊接参数变化对“评定”的影响和相关规程的规定可以看出，参数变化对“评定”影响的基本规律归纳如下：

(1) 在某种焊接条件下，凡确认为属于重要参数者，如有变化，必须重新进行“评定”。

(2) 需增做冲击韧性试验者，可在原“评定”的基础上，增加一个或几个附加重要参数。焊制一个补充试件，仅做冲击试验即可。

(3)“评定”后在实际应用中，需改变一个或几个次要参数时，只需修订原焊接作业指导书（或工艺卡）即可，一般不进行重新“评定”。

第四节　评定试件检验和标准

按照工艺评定方案的工艺设计焊制试件，其性能满足使用条件要求，验证确定的焊接工艺正确性，这是“评定”的目的。

为达到这一目的，要求检验项目、试验过程必须遵守规定，检验结果必须符合相关标准，因此，对检验工作必须实施规范管理，以求得到真实可靠、准确的结论。本节从检验项目、试样制备、试验方法和评定标准等四个方面介绍必要的规定和说明，以保证“评定”工作实施质量。

一、检验项目

各类部件由于使用条件要求不同，对其使用性能要求也不相同，因此，试件检验项目也不一样。检验项目一般分为基本项目和补充项目两类。

（一）基本检验项目

一般是指任何条件下都要求必须进行的检验项目。电力工业焊接工艺评定规程基本检验项目有：外观检查、无损检验和力学性能试验（拉伸、弯曲）等。

1. 外观检查

电力焊接工艺评定规程规定试件焊接完毕，无论其接头形式如何，首先应进行焊接接头外观检查，符合规定后，再进行其他项目检验。

美国 ASME、日本 JIS 和其他国家相关标准，对外观检查没有严格规定。国内很多标准对焊接接头外观成形、尺寸和缺陷都规定应进行检查，但它对焊接接头力学性能没有直接影响。其检查目的是，可通过焊缝外观成形和缺陷，考察所确定的焊接工艺是否正确，从而为调整、改善焊接工艺因素提供依据。电力规程也将焊接接头外观检查列入为评定试件检验的基本项目。

2. 无损检验

“评定”规程规定对试件进行无损检验，这一规定与外观检查一样国外标准一般是没有的。无损检验是发现焊缝金属内部有无缺陷的有效手段，经常应用在焊工技能考核上，检查焊工技能熟练程度，与焊接接头使用性能毫无关系，但可根据检验结果判断焊接缺陷类型和尺寸，并借助其分析产生的原因，从而对焊接工艺可进行合理调整消除缺陷，另外，可在截取试样时避开有缺陷部位，除去因缺陷影响力学性能的因素，所以电力焊接工艺评定规程规定试件在外观检查后，需进行无损检验。

无损检验有多种方法，考虑到有利于资料的收集和保管，选定了直观、重复性强和人为因素干扰小的射线探伤方法，同时，不主张也不推荐采用其他方法，如有应用，检验结果视为无效。

3. 力学性能试验

“评定”是验证采取的工艺所焊接的接头性能是否符合使用条件要求，最重要的方法是进行焊接接头的力学性能试验。在力学性能试验中以强度和塑性两个主要指标为判定的依据。

强度是以拉伸试验的极限强度判定，塑性指标则以弯曲角度判定。而弯曲试验又有面弯、背弯和侧弯之分。

进行上述两项试验的结果可与钢材力学性能指标对照，其中尤其应注意弯曲试验。因在钢材中其塑性指标主要以延伸率判定，所以对焊接接头塑性测定采取弯曲试验时，应考虑其试验条件应与钢材延伸率相吻合，其结果才可有效判定。

（二）补充检验项目

钢材在某种情况下对焊接接头性能有指定要求，或在特殊条件下，除要求有基本检验项目外，尚需增做其他项目试验，这些项目均属补充检验项目。在工艺评定中常见的有冲击试验、金相检验和焊后热处理硬度测定等。

1. 冲击试验

当设计文件或专业标准要求进行冲击试验时，才做此项试验，故将其列入补充检验项目。冲击试验主要是测定抵抗动载荷能力，以韧性作为考核指标。

凡规定做冲击试验者，应测定焊缝和热影响区两个部位的冲击韧性。热影响区部位取样时，对同种钢接头取任意一侧，对异种接头则两侧均应取样。如焊接接头以组合焊接方法施焊者，所取的冲击试样中应包括每种焊接方法（或工艺）的焊缝金属和热影响区金属。

此外，应注意的是：电力焊接工艺评定规程中，对 $A_{Ⅲ}$ 和 $B_{Ⅲ}$ 类钢的规定是，无论设计文件有否要求，必须做冲击韧性试验。

2. 金相检验

对焊接工艺评定来讲，全面考虑焊接接头状况是非常必要的，以综合结果判定制定的焊接工艺更是不可缺少的，为此，确定凡需考察焊接接头熔合状况和缺陷以及组织状态者，均应进行金相检验。但一般钢材的焊接，除焊工技能因素影响外，不会有影响质量的致命缺陷，故电力工艺评定规程规定对 B_{III} 类钢和 C 类钢等中、高合金钢以及异种钢的焊接接头均应作金相检验。

管板、管座和板状角接试件均属角焊缝，因无法制备拉伸和弯曲试样，故应作金相检验，以考察接头熔合状况和缺陷代替力学性能试验，达到验证接头质量目的。

金相检验分为宏观检验和微观检验。宏观检验的目的是考察焊接接头熔合状况和焊接宏观缺陷；微观检验则主要是考察金属组织状态和微观缺陷。对于中、高合金钢或应用在特殊条件下的钢材焊接接头，进行金相检验是非常必要的。

3. 硬度试验

凡经焊后热处理的焊接接头均应做硬度试验。测定点位置的选定为：同种钢接头应包括焊缝区、热影响区的任意一侧；异种钢接头应包括焊缝区和热影响区的两侧。

应注意的是，在《焊接技术规程》中规定“凡热处理过程正常，可以将热处理过程曲线图作为衡量标准”，而免作硬度试验，对焊接工艺评定不适用，要求在任何情况下，测定硬度的基本试验不可省略，必须进行。

4. 其他检验项目

除上述补充检验项目外，如设计文件另有特殊要求检验项目时，如 C 类钢焊接接头应力腐蚀试验等，亦应按其规定增做此项目，也属于补充检验项目。

（三）核对检验项目和实施检验工作应注意的问题

（1）基本检验项目应以工艺评定方案为准确定；补充检验项目必须是设计文件规定的、应该进行的，不要随意确定。

（2）检验工作实施前必须了解试件焊制情况，并持有试件焊制记录，其实施工艺与工艺评定方案必须相符。

（3）以委托单为据，仔细核对委托检验项目与工艺评定方案规定应做的项目是否相符，如有差异，检验人员与委托人必须沟通，以应进行的检验项目为准落实。

二、试样制备

（一）试样数量

按接头型式的不同，各项检验数量规程规定如下：

1. 对接接头

（1）外观检查：试样的全部。

（2）无损检验：试样的全部。

（3）拉伸试验：

1）板状及直径＞32mm 管状试件：2 片。

2）直径≤32mm 管状试件：可用一整管为试样代替 2 片拉伸试样。

（4）弯曲试验：

1）如为面弯、背弯试验：各 2 片。

2）如为侧弯试验：4 片。

（5）金相检验：1片。

（6）冲击试验：

1）同种钢接头：焊缝区3片；热影响区（一侧）3片。

2）异种钢接头：焊缝区3片；热影响区两侧各3片。

（7）硬度测定：

1）焊缝区至少测3点，取平均值。

2）热影响区两侧至少各3点，取平均值。

2. 角接接头

（1）外观检查：试样的全部。

（2）金相检验：

1）管板、管座：4片。

2）板状（角接）：5片。

（二）试样切取

1. 试样切取注意事项

（1）试件经外观检查和无损检验合格后，方可进行力学性能和金相检验试样的切取，切取时允许避开缺陷部位。

（2）试件取样前允许进行试件冷校正。

（3）试样切取方法，以采用机械法为宜。如采用火焰切制，应对试样两侧留出机械加工裕量。

2. 板状对接接头试样切取部位（见图3-4）

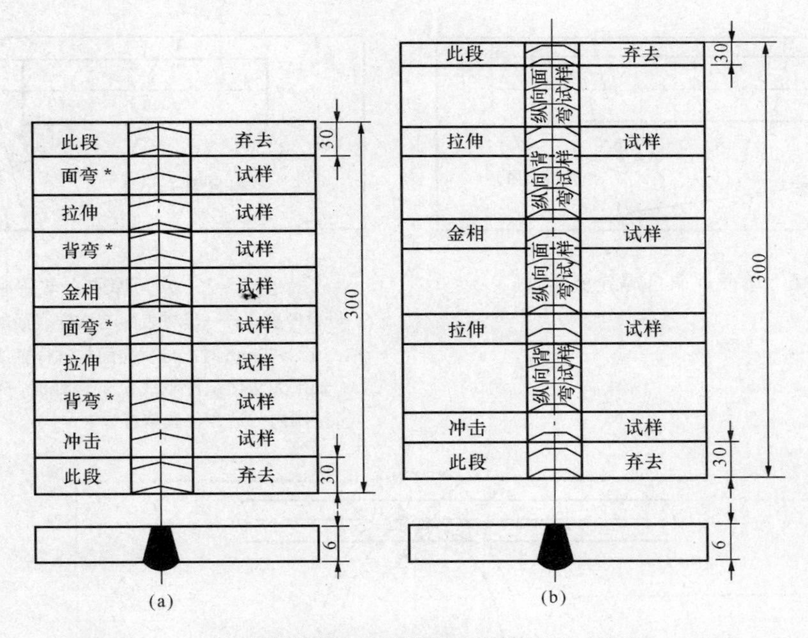

图3-4　板状对接焊缝试件的试样切取部位图（单位：mm）

（a）横向弯曲时；（b）纵向弯曲时

注：1. 侧弯试样取样部位与面弯、背弯相同。*表示试件记号。

2. 纵向弯曲时，弯曲试样的试件另行焊制，试件尺寸相同。

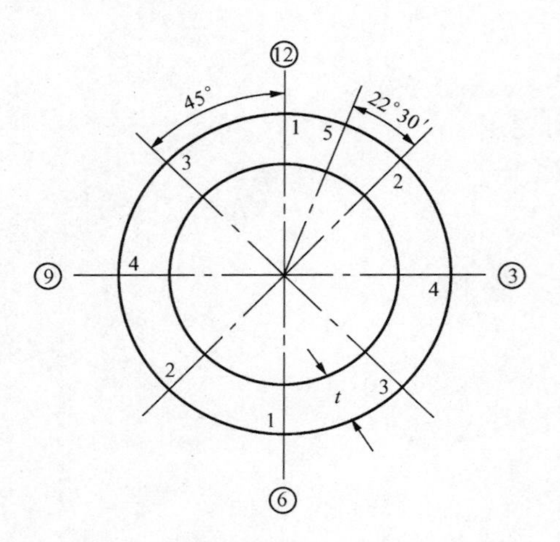

图 3-5　管状对接接头试样切取部位图

1—拉伸试样；2—面弯试样；3—背弯试样；4—冲击试样；5—金相试样；③、⑥、⑨、⑫—水平固定焊时的时钟钟点记号；当进行侧弯试验时，2、3 试样作为侧弯试样

3. 管状对接接头试样的切取部位（见图 3-5）

4. 冲击试样切取示意图（见图 3-6～图 3-8）

（三）试样加工

1. 拉伸试样

拉伸试样分为板状、管状和整管等三种试样，可根据试件状况和试验要求予以选用。

（1）试样形状尺寸。

1）板状试样。分为平面板状试样和带肩板状试样，其加工要求见图 3-9 和表 3-11。

2）管状试样。分为平面管状试样和带肩管状试样，其加工要求，见图 3-10 和表 3-12。

3）整管全截面拉伸试样示意图，见图 3-11。

（2）加工注意事项。

1）试样焊缝余高应以机械方法去除，使之与母材齐平，试样尖锐棱边修成半径不大于 1mm 的圆角。

2）拉伸试样的尺寸和表面粗糙度，应符合与其对应图表的规定。

3）如试验机的功率不足，不能进行全厚试样拉伸试验时，可沿工艺试件厚度方向切取多片试样（且包括每一种焊接方法或工艺）进行试验，多片试验按一组计算相当于一片全厚度成绩。

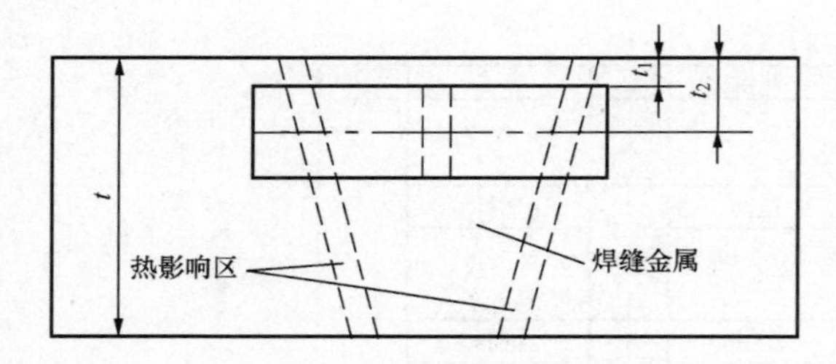

图 3-6　单面焊取自焊缝金属时

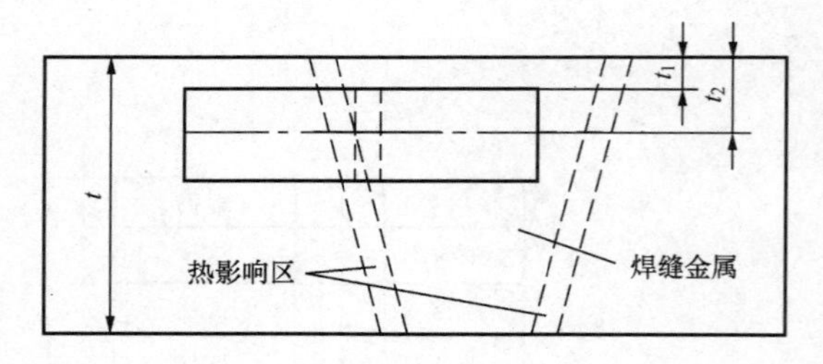

图 3-7　单面焊取自热影响区时

t—母材厚度；t_1—母材表面与试样表面的距离为 1～2mm

注：当 t>60mm 时，母材表面与试样轴线的距离为 $0.25t$，如果无法使试样轴线位于该处时，可在 $0.25t$～$0.5t$ 范围内的适当位置取样。

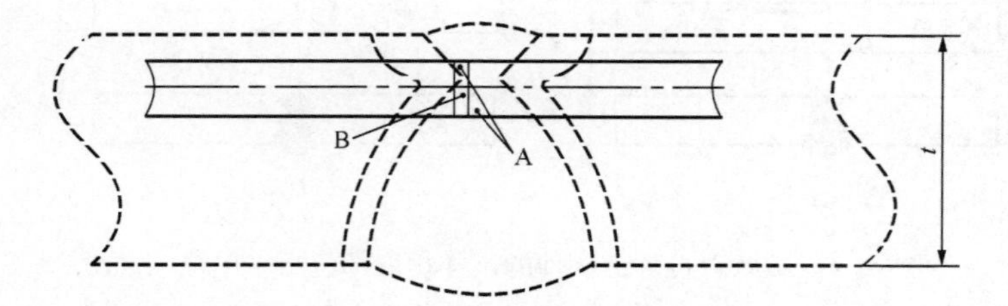

图 3-8　双面焊取自热影响区时

A—焊缝熔敷金属区；B—热影响区

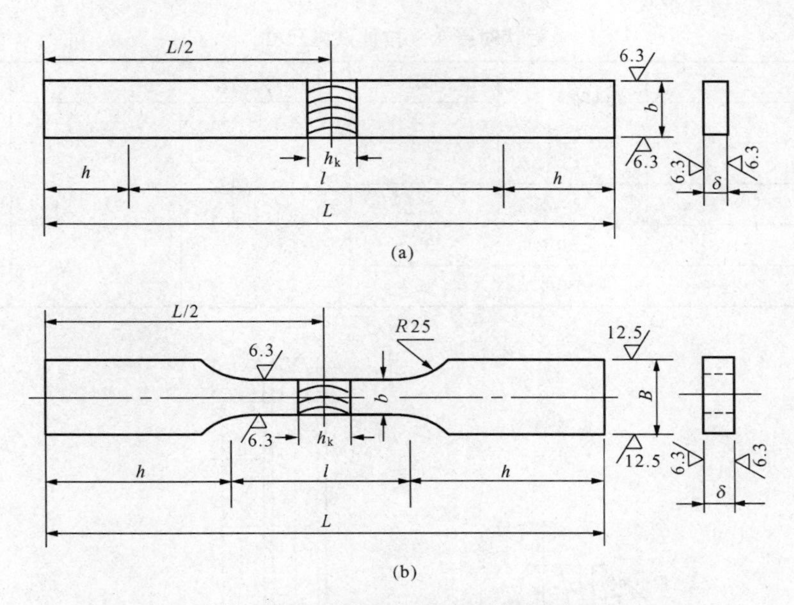

图 3-9　板状对接接头板形拉伸试样加工图

(a) 平面板形试样；(b) 带肩板形试样

表 3-11　　板状对接接头拉伸试样尺寸　　mm

δ	b	B	l	L	试样图号
≤b	10±0.2	—	$l=h_k+2S$ （不小于 20）	$L=l+2h$	图 3-9（a）
>6～12	15±0.2	—			图 3-9（a）
>12～24	25±0.2	35			图 3-9（b）
>24～40	15±0.2	25			图 3-9（b）

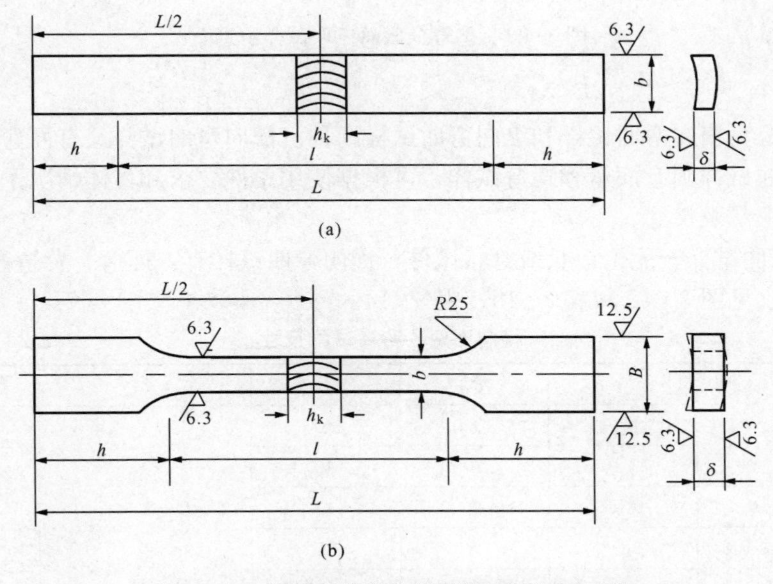

图 3-10　管状对接接头板形拉伸试样加工图

(a) 平面板形试样；(b) 带肩板形试样

表 3-12　　管状对接接头拉伸试样尺寸　　mm

D_0	δ	b	B	l	L	试样图号
＞32～50	—	10	—	$l=h_k+2S$（不小于 20）	＜200	图 3-10（a）
＞50～70	—	15	—			图 3-10（a）
＞70～108	—	20	—			图 3-10（a）
＞108	＞12～24	25±0.2	35		$L=l+2h$	图 3-10（b）
	＞24～40	15±0.2	25			图 3-10（b）

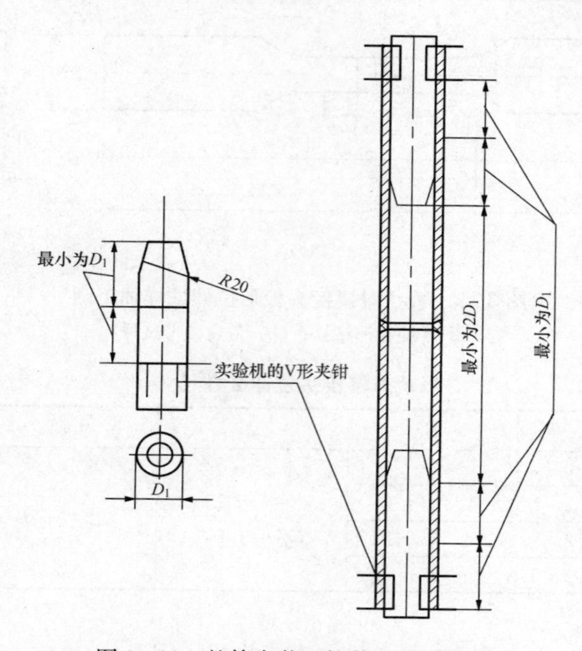

图 3-11　整管全截面拉伸试样示意图

2. 弯曲试样

弯曲试样分为横向弯曲试样和纵向弯曲试样两种。横向弯曲试样又有面弯、背弯和侧弯试样；纵向弯曲试样则有面弯和背弯试样。可根据使用条件要求和具体情况予以选用。

（1）试样形状及尺寸。

1）横向弯曲试样。无论板状或管状试件，横向弯曲试样有：面弯、背弯和侧弯等三种，其加工要求分别见图 3-12 和表 3-13、表 3-14。

表 3-13　　横向面弯、背弯试样尺寸　　mm

试件类型		δ	δ_0	B	L	试样图号
板　件		≤10	δ	40	$L=D+2.5t+100$	图 3-12（a）
		＞10	10	40		图 3-12（a）
管件	D_0＜50	≤6	δ	10		图 3-12（b）
	50≤D_0≤100	—	10	20		图 3-12（c）
	D_0＞100	—	10	40		图 3-12（c）

注　δ 试件厚度；δ_0 试样厚度；B 试样宽度；D 弯轴直径；L 试件长度。

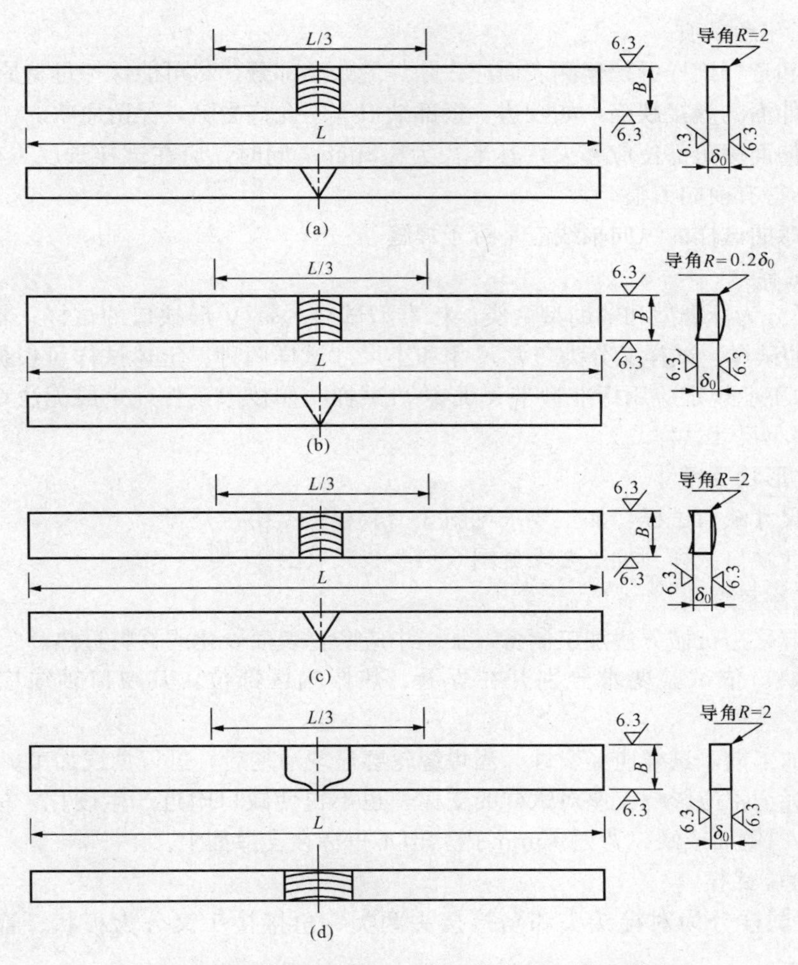

图 3-12　横向弯曲（面、背、侧弯）试样加工图

（a）板状试件面、背弯试样；（b）薄管状试件面、背弯试样；

（c）厚管状试件面、背弯试样；（d）板、管状试件侧弯试样

表 3-14　**横向侧弯试样尺寸**　mm

试件类型	δ	δ_0	B	L	试样图号
板件或管件	—	10	δ	$D+125$	图 3-12（d）

2）纵向弯曲试样

当使用条件有纵向弯曲试验要求的板状试件可做该项试验。其加工要求，见图 3-13。其试验内容为面弯和背弯等二项。

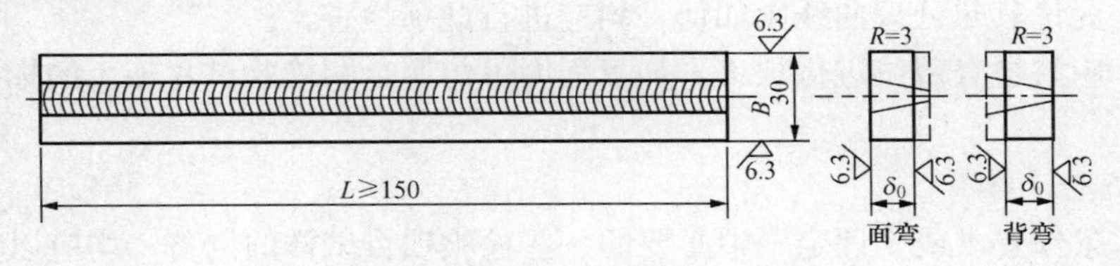

图 3-13　纵向弯曲试样加工图

（2）加工注意事项。

1）面弯和背弯试样的拉伸侧表面应去除焊缝余高部分，尽可能保持母材原始表面。

2）受拉伸面的焊接缺陷，如咬边、根部缺口等不允许去除，保留原状。

3）受拉伸面棱角部位应磨去，其半径为≤3mm。同时，应在试样长度方向的中部 1/3 处加工，且不得有横向刀痕。

4）纵向弯曲试样的纵向轴线应平行于焊缝。

3. 冲击试样

冲击试样分为标准型和辅助型两类。标准型试样为带 V 形缺口的试样；辅助型试样为带 U 形缺口的试样。试样又分为正常尺寸和小尺寸试样两种。上述试样可根据技术条件规定使用。电力工业规定应用标准型带 V 形缺口试样。如技术条件规定或无法切取标准试样时，允许采用小尺寸试样。

（1）试样形状及尺寸。

1）标准尺寸缺口试样：加工要求见图 3 - 14（a）、（b）。

2）小尺寸缺口试样：加工要求见图 3 - 14（c）、（d）。

（2）加工注意事项。

1）试样应采用机械方法加工制备，加工中应防止表面硬化或材料过热。

2）试样缺口依试验要求分别开在焊缝、热影响区部位，其缺口轴线应与焊缝表面垂直。

3）缺口加工前，试样应经腐蚀，当焊缝轮廓显现清楚后，进行划线加工。

4）试样标记不应影响支座对试样的支撑，也不得使缺口附近产生硬化。标记一般应在试样端头面上、侧面或缺口背面 15mm 内，但不得标在支撑面上。

4. 金相检验试样

金相检验试样分为对接接头和角接接头两类。角接接头又分为板状、管板和管座等三种。

（1）试样形状和尺寸：见图 3 - 15。

（2）加工注意事项。

1）焊缝表面余高应保留，不得加工掉。

2）检验面应该研磨、平整、光滑。

3）试样长度应包括：焊缝、热影响区和母材等三个部分。

4）试样应尽可能选取在焊道接头处。

5）加工应采用机械方法，如以火焰切割加工，必须将受热影响范围内的金属彻底去掉。

5. 硬度测定试样

硬度测定可直接在试件上或利用已做过金相检验的试样上进行均可。无论何种钢材，经过热处理后，无论其热处理曲线图如何，均应进行此项检查。

检查前，应将检查部位进行加工，加工程度可仿照金相检验试片加工的标准，然后再进行测定。

6. 其他检验试样

根据技术条件要求或“评定”中必要的一些检验项目试样的制备，均应以具体情况，确定检验内容、制取试样，制取中应以标准试样的标准加工。

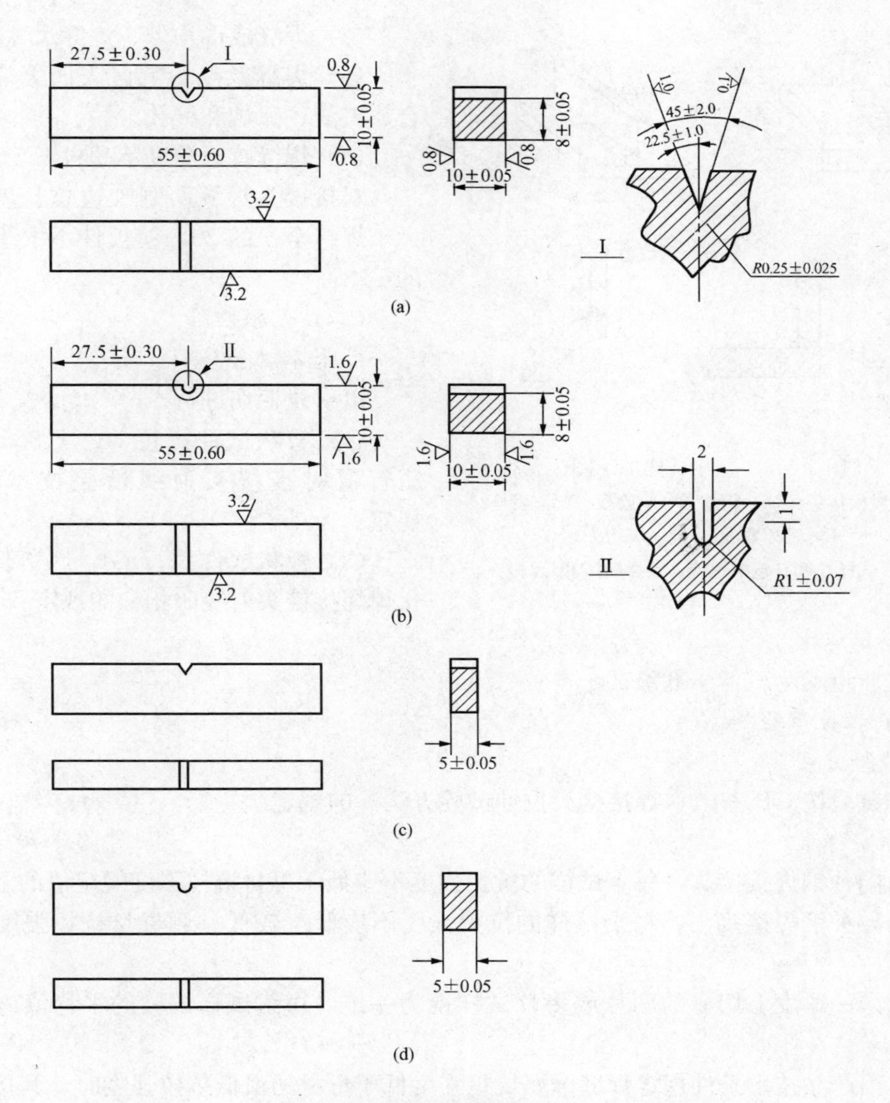

图 3 - 14　冲击试样加工图

（a）标准尺寸 V 形缺口试样；（b）标准尺寸 U 形缺口试样；

（c）小尺寸 V 形缺口试样；（d）小尺寸 U 形缺口试样

注：小尺寸试样未注明尺寸处和加工粗糙度与标准型相同。

三、试验方法和评定标准

（一）焊缝外观检查

1. 检查方法

用肉眼或低倍（5～10 倍）放大镜，以焊口检测器和其他工具，对焊缝成形、尺寸和表面状况进行检查，确认焊缝外观是否符合规程和“评定”工艺方案的规定。

2. 评定标准

（1）对接接头焊缝金属不低于母材表面；角焊缝焊脚高度符合焊接工艺评定方案的规定。

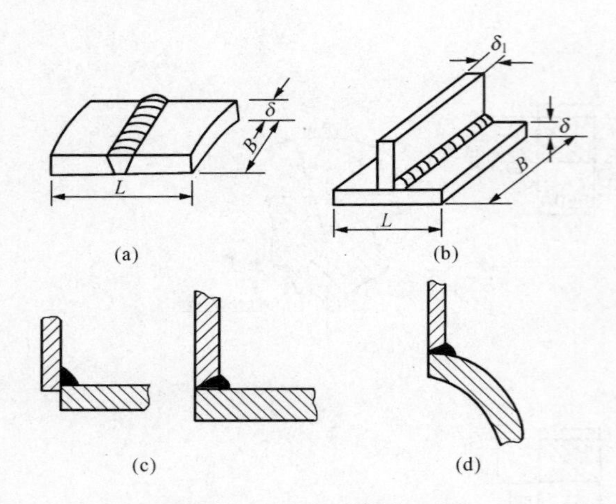

图 3-15　金相试样加工图

(a) 对接接头；(b) 板状；(c) 管板；(d) 管座

B—试样宽度（15～20mm）；

L—试样长度（包括焊缝、热影响区和母材）

（2）焊缝成形均匀，焊缝尺寸符合规定。

（3）焊缝及热影响区表面无裂纹、未熔合、夹渣、弧坑和气孔。

（4）焊缝咬边深度不超过 0.5mm。

对接接头焊缝两侧咬边总长度：管件不大于焊缝全长的 20%；板件不大于焊缝全长的 15%。

（二）无损检验

1. 检验方法

以射线探伤进行。

（1）管状试件执行 DL/T 821《钢制承压管道对接接头射线检验技术规程》的规定。

（2）板状试件执行 GB/T 3323《金属熔化焊焊接接头射线照相》的规定。

2. 评定标准

焊缝质量均为不低于Ⅱ级。

（三）拉伸试验

1. 试验方法

拉伸试验按 GB 2651《焊接接头拉伸试验方法》的规定。

2. 评定标准

（1）同种钢焊接接头，每个试样的抗拉强度不应低于母材抗拉强度规定值的下限。

（2）异种钢焊接接头，每个试样的抗拉强度不应低于较低一侧母材抗拉强度规定值的下限。

（3）同一厚度上切取的两片或多片试样视为一组，每组试样试验的平均值应符合上述要求。

（4）当产品技术条件规定焊缝金属抗拉强度低于母材的最低抗拉强度时，其接头的抗拉强度不应低于熔敷金属规定值的下限。

（5）如试样拉伸时断在熔合线以外的母材上，其抗拉强度不应低于母材最小抗拉强度的 95%。

（四）弯曲试验

1. 试验条件

（1）试验方法。

1）弯曲试验执行 GB/T 2653《焊接接头弯曲试验方法》，采用带两支点和弯轴的弯曲装置进行试验，见图 3-16。

2）试验条件规定，见表 3-15。

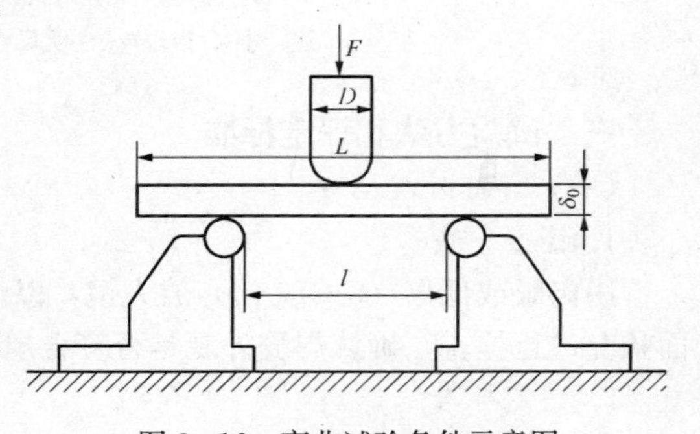

图 3-16　弯曲试验条件示意图

表 3-15 弯曲试验条件

试样厚度（mm）	弯轴直径 D（mm）	支座间距 l（mm）	弯曲角度°
δ_0	$4\delta_0$	$6\delta_0+3$	180

注 对延伸率 δ_Y 下限值<20%的母材，如上述试验条件，弯曲角度不合格时，而钢材实测值确为 $\delta_Y<20\%$，则允许加大弯轴直径进行试验，此时，试验条件计算如下：

弯轴直径 $D=\delta_0(100-\delta_Y\times100)/(\delta_0\times100)$

支座间距 $l=(D+2.5\delta_0)\pm0.5\delta_0$

式中 D——弯轴直径，mm；

δ_0——试样厚度，mm；

δ_Y——延伸率（%）；

l——支座间距，mm。

按上述条件弯曲角度如合格仍认为合格。

（2）试验环境温度规定。一般在室温下进行，室温温度规定为 10～35℃。

（3）试样在弯曲装置上放置规定。

1）试样的焊缝中心应对准弯轴轴线，试验时加力要平稳、连续、无冲击力。试验速率小于 1mm/s。

2）面弯试样表皮为拉伸面，背弯试样焊根为拉伸面，不可混乱。

3）侧弯试验。如试样表面存有缺陷，试样放置时，应以缺陷较严重的一侧作为拉伸面。

（4）试验弯曲角度测量的规定。试验至规定弯曲角度后，应在试样承受载荷状态下测量其角度。

2. 评定标准

（1）弯曲角度合格标准为 180°。

（2）试样弯曲到规定角度后，每片试样的拉伸面上的焊缝、热影响区处，任何方向都不得有长度超过 3mm 开裂缺陷。

（3）试样棱角处的裂纹不计，但由于夹渣或其他内部缺陷所造成的开裂缺陷应计入。

（五）冲击试验

1. 试验方法

电力规程规定冲击试样采用夏比 V 形缺口试样。试验方法按 GB/T 229《金属材料夏比摆锤冲击试验方法》的规定进行。

2. 评定标准

（1）根据技术条件要求，试验结果可用冲击功表述，也可用冲击韧性表述。采用夏比 V 形缺口试样时，分别用 AKV 或 αKV 表示。

（2）试验的三个试样冲击功平均值，不应低于相关技术文件规定的所用钢材下限值（电力规程规定最低冲击功为 27J，此值与焊条熔敷金属冲击试验值一致）。三个试样试验中允许有一个试样的冲击功低于规定值，但不得低于规定值的 70%。

（3）当采用小尺寸试样试验时，可比照（1）、（2）条计算，以冲击韧性值判定。

（六）金相检验

电力规程规定金相检验在一个试样上，只能确定一侧为检验面。试验方法按 DL/T 884《火电厂金相检验与评定技术导则》的规定进行。

（1）宏观检验。

1）无裂纹、疏松、未熔合。

2）角焊缝两焊脚之差不大于3mm。

3）双面焊、衬板焊接头要求全焊透的角接接头和钨极氩弧焊打底的焊接接头无未焊透。

4）单面焊无衬板管状对接接头未焊透深度小于试件厚度的15％，且不大于1.5mm。

（2）微观检验。

1）无裂纹。

2）无过烧组织。

3）无淬硬性马氏体组织。

4）高合金钢中无网状析出物和网状组织。

5）金相组织符合有关技术要求。

（七）硬度试验

1. 试验方法

试验可参照GB 2654《焊接接头及堆焊金属硬度试验方法》有关要求进行。

2. 评定标准

（1）硬度试验的合格标准可按产品技术条件有关规定判定。

（2）一般焊缝和热影响区的硬度应不低于母材硬度值的90％，最高不超过母材布氏硬度加100HB，且不超过下列规定：

合金总含量≤3％　硬度≤270HB

合金总含量＜3～10％　硬度≤300HB

合金总含量＞10％　硬度≤350HB

P91、P92硬度≤270HB

（3）对奥氏体焊缝金属不作规定。

（4）对于非奥氏体钢的异种钢焊接接头，其热处理后的硬度值，以合金含量低侧母材的成分计算合金总含量，并应符合（2）中的规定。

（八）其他检验

应根据试验项目按相关规程、标准和技术条件要求确定其试验方法和评定标准。

四、检验项目和条件确定的说明

焊接工艺评定是一项组织严密、行为规范、执行标准明确和实施认真的一项极其严肃的工作。要求所有参与评定工作的人员（焊接技术人员、焊工、检验人员、质检人员等）必须恪尽职守、一丝不苟，方能得出正确结论，以指导实际焊接工作。

新规程中对原规定作了不少变动，其中尤以检验项目和标准变化较大，因此，有必要将较为重要的部分作些说明，使大家了解为什么变动和变动的依据，有利于深入了解规程内涵和执行的准确，同时，也对参与评定工作和执行“评定规程”的人员统一思想和步调。

（一）力学性能指标是确定试验方法和评定标准的基础

保证焊接接头的使用性能和消除焊缝缺陷，是电站设备承压承重部件安全运行的基本条件之一，在手工焊中焊缝缺陷的消除依靠焊工技能水平高低，而力学性能则必须从材料选用和焊接工艺来实现。

1. 工艺评定进行的试验

在使用性能中突出的是焊接接头力学性能保证，这是基本使用性能，是承压、承重部件设计基础，在焊接工艺评定中所确定的试验方法和质量标准，都是围绕着焊接接头的基本使用性能设定的。

工艺评定中常规力学性能试验是最基本的，是必须进行的，对其以外的试验，如高温下的强度、硬度、冲击试验，回火脆性试验，不锈钢腐蚀倾向试验等，视使用条件有否要求而定。

2. 常规力学性能试验内容和要求

常规力学性能试验包括：机械拉伸、弯曲试验及产品技术条件有要求时的冲击、硬度、金相等试验。

评定时，应在排除人为因素影响后，按规程质量标准规定判定，每项试验都应达到合格标准，最终才认为评定合格。

3. 其他试验项目

“评定”除力学性能试验外，尚有多项检查、检验在规范均已列入或去掉，考虑原则是：

(1) 对焊接接头的外观检查和无损检验等列入评定内容，尽管其与焊接接头力学性能无关，但在工艺评定中，根据发现的问题，考察焊接接头外观状况和内部缺陷，可从焊接工艺规范参数和操作技巧上调整和改进，将存在问题消除，故增入是必要的，应记入“评定”报告中。

(2) 考虑到断口检查属焊工技能范围内考核指标，不但与力学性能无关，况且又与无损检验重复，故去掉这项检查。

(二) 抗拉试验和弯曲试验是力学性能测定的核心项目

抗拉试验是指焊接接头在外力作用下，抵抗变形和破坏的能力，单位为 MPa，强度指标是工程设计选用材料和判定焊接质量的主要依据。弯曲试验是评价焊接接头弯曲塑性变形时，不产生裂纹的极限延伸能力，并可揭露焊缝金属的缺陷。

抗拉试验，如试样加工符合要求，试验时夹持正确，加力平稳和测量准确，一般不会出现较大误差，故此处不多赘述。

弯曲试验则情况较为复杂，且过去规定不甚合理，故详述之。影响弯曲试验结果有三个主要因素，即试样宽厚比、弯曲角及弯轴直径。但相同的弯曲角度，由于压头直径和试样宽厚比不同，其弯曲试样表面相对伸长是不同的。所以，将弯曲角度与材料的延伸率作一比照，然后找出合理的试验条件和评定标准，才能真正考察材料的塑性。

1. 压头直径与拉伸面的关系

假设试样弯曲时变形均匀，中性层位于试样中间，则试样外弧伸长，可用下式计算：

$$\delta_Y = \frac{(R+\delta_0)-\left(R+\frac{\delta_0}{2}\right)}{R+\frac{\delta_0}{2}} \times 100\% = \frac{\delta_0}{D+\delta_0} \times 100\% \tag{3-1}$$

式中 δ_Y——延伸率；

D——压头直径；

R——半径；

δ_0——试样厚度。

采用该公式计算，当弯轴直径不同时，其试样弯曲外表面纤维伸长 δ_Y% 亦不同，见表3-16。

表 3-16　　不同弯轴直径的 δ_Y%数值

D/δ_0	1	2	2.5	3	4	5	6
δ_Y%	50	33	29	25	20	17	14

2. 电站常用钢材延伸率标准值

为将弯曲角度与延伸率作一比较，以确定合理的试验条件，故将常用钢材延伸率列于表 3-17 中，供参考。

表 3-17　　电站常用钢材延伸率标准规定值

δ_Y%不小于	钢　号
16	14MnMoVg、18MnMoNbg、12Ci3MoVSiTiB、SPV315、SEV245
17	15MnMoV、15MnVg、15MnVR、X20CrMoV121、10CrMo910、SPV235、SGV480、SB480、18MnMoNbR
18	20MnMo、16MnR、16Mng、1Cr5Mo、12Cr2MoWVTiB、15CrMoR、13MnNiMoNbR、15MnVNR、SEV345
19	12Mng、19Mng、10Cr5MoWVTiB、13CrMo44、15Mo3、19Mnb、SB450M、SGV450、EV345
20	WC9、WC6、14MoV63、12G2Mo、P91、10Cr9Mo1VNb、12G2MoG、25MnG
21～40	12CrMo、15CrMo、12CrMoV、12Cr1MoV、20G、22G、T11、P5、P9、P12、20MoG、15CrMoG、20MnG、1Cr18Ni9、0Cr23Ni13

3. 试验条件与试验结果的关系

众所周知，焊接接头薄弱地带是热影响区，对焊接接头的焊缝区、热影响区和熔合区都在相同试验条件下进行考核，各区的延伸状况及受弯范围是人们共同关注的。试验结果表明，随着弯轴直径及弯心角的减小，试样受弯面范围减小。尤其应注意的是，在受弯过程中，热影响区受弯程度减小，而焊缝区（处于试样中间弯轴直顶部位）却增大，其结果是：热影响区原本薄弱的地带得不到充分的考核，而焊缝区往往超出了材料的下限值。

综上所述，尽管采用不同的材料、工艺制作不同的焊接结构，焊接接头性能有些差异，但作为电站承压、承重部件，无论采用何种工艺及接头结构，在使用过程中，都应承受同样的弯曲变形及弯曲承压过程，其目的是必须满足使用条件要求，保证安全。

从试验条件与结果可以看出，试验条件的不同对其结果影响很大，因此，调整好试验条件使其与试验对象的具体状况相吻合，才能得出正确的试验结果，为此，在修订后的新规程中，做出了新的规定。

（三）新弯曲试验条件和标准确定的根据

根据 DL/T 868《焊接工艺评定规程》规定：任何钢种，无论采用何种焊接方法，单面焊或双面焊，试样厚度均为≤10mm，在下列条件下，弯曲角度均应达到 180°。

对于材料延伸率为≥20%时：弯轴直径为 $4\delta_0$，支座间距为 $6\delta_0+3$mm。

对于材料延伸率为<20%时：弯轴直径 $D=\delta_0(100-\delta_Y\times100)/\delta_Y\times100$(mm)；支座间距 $l=(D+2.5\delta_0)\pm0.5\delta_0$(mm)。

（1）材料延伸为≥20%时的试验条件，主要是加大了弯轴直径，从而使焊接接头在受弯曲状态时，受力点不致集中于焊缝区，改善了受力状况，使得焊缝、热影响区受力较为均匀，故在一般情况下，考核效果是较好的。

（2）材料延伸率<20%时的试验条件设定，是在前述条件下弯曲角度达不到规定值时的试验条件，这一条件的调整根据下面内容确定的：

1）日本 JIS B8285—1993《压力容器与熔接方法的确认试验》规定了采用弯轴直径 $D=\frac{\delta_0(200-\delta_Y)}{2\delta_Y}$ 及弯曲角度 180°进行试验的条件。

2）美国 ASME《锅炉压力容器规范》第Ⅸ卷《焊接及钎焊评定》标准规定了采用弯轴直径 $D=\frac{\delta_0(100-\delta_Y)}{\delta_Y}$ 及弯曲角度 180°进行试验的条件。

由于两支座间距的取值，可直接影响最终达到的弯曲角度，国内外标准对支座间距取值方法也有相应规定，见表 3-18。

表 3-18 支座间距取值方法

标准	ISO 7438	ASTME 290	DIN 50111	JIST 2248	ГОСТ 1409	NFAO 150	GB 2653
1	$D+3\delta_0\pm\delta_0/2$	$D+3\delta_0\pm\delta_0/2$	$D+3\delta_0$	$D+3\delta_0$	$D+2.5\delta_0$	$D+3\delta_0$	$6\delta_0+3$

（3）对材料延伸率<20%的弯曲试验条件确定依据。根据上述国内外相关资料标准中规定的试验条件，电力工业焊接工艺评定规程，选取了以 GB 2653 的标准为依据，制定了弯曲试验条件规定，即如采用 $D=4\delta_0$ 试验不合格，又材料延伸率实测确为<20%时，则允许加大弯轴直径为 $D=\frac{\delta_0(100-\delta_Y\times100)}{\delta_Y\times100}$，两支座间距 $l=(D+2.5\delta_0)\pm0.5\delta_0$，取正公差时，$l=D+3\delta_0$，弯曲试验能弯曲至 170°；取负公差时，弯曲试验能弯曲至 180°。测定弯曲角在试验机上进行，达到此标准即为合格。

第五节 焊接工艺评定环节和管理

一、工艺评定的环节

进行焊接工艺评定，一般是通过评定任务书下达、评定方案的制订和评定报告的编辑等三个环节表达的，三者缺一不可。

（一）焊接工艺评定任务书

评定任务书是企业主管部门，根据工程需要，以图纸或有关技术文件为依据而下达的评定任务。

1. 任务书的准备

评定任务书编制前应进行下列工作：

（1）确立工艺评定项目。

（2）查找有关技术文件、焊接工艺设计和图纸。

（3）有关焊接工艺试验和评定的资料。

2. 评定项目的确立

评定项目的确立是明确和落实评定任务的重要阶段。在电力系统中确立方式一般有如下三种。

(1) 系统型。各种类型和容量的发电机组所涉及的钢材品种和规格有很大的差异，小型机组钢材品种和规格少，大型机组钢材品种和规格较为繁杂，需进行焊接工艺评定的数量也是不同的，但其有一基本规律，由小型到大型钢材品种和规格是增加趋势。因此，确立以发电机组容量为单位，以工程建设所列钢材品种类别和规格为准，确定工艺评定项目，这是常用的方法，具体做法一般有两种：

1) 按机组容量不同，分别列出评定项目。

2) 以最小容量机组为立项基础，列出评定项目，其他机组依容量由小到大逐步递增评定项目。

(2) 固定型。以电力系统焊接人员培训教学大纲所列的培训内容为基础确立评定项目，由于培训分类、内容和项目是固定的，故工艺评定项目也是固定的。

(3) 需用型。以系统型或固定型评定方式为基础，以承担的工程或培训项目实际需要为目的确立评定项目。这种方式是将原有评定资料与实际需要结合，选择出该工程需用的评定项目，并将空缺部分或首次遇到的钢种、规格进行补充和完善，核心是以满足应用为出发点。

上述三种方式均可选用。为达到使用目的的要求和尽量减少评定项目，使评定后的项目覆盖面更广，以最小容量机组逐步补充和完善的方式为最好。

3. 任务书的内容

任务书的主要内容应包括：评定项目、目的和应用范围；评定钢材品种和规格；对该评定项目焊接接头性能的基本要求；拟定任务书的部门、人员及其资质条件等四个部分。

(1) 评定项目、目的和应用范围。任务书首先必须指明主题，围绕主题进行评定工作。因此，评定项目、评定目的和应用范围，在任务书中应占有显著地位，评定始终沿着这一“中心”进行，方向不能偏离，最终目的才能达到。

(2) 评定钢材的基本情况。在工艺评定规程中将钢材品种和规格视为评定中的重要参数，以其作为评定的基础。因此，在任务书中应将钢材的化学成分、符合的标准、临界点和焊接性能等与评定密切相关的内容逐一列出，为确定焊接工艺、编制工艺方案提供依据。

(3) 焊接接头性能的基本要求。根据部件的工况条件、焊接工艺设计和焊接性试验的资料，确定焊接接头性能的基本要求，在任务书中这项数据是关键内容，必须予以明确。

在熟悉和掌握钢材特性和焊接接头性能要求的基础上，为编制工艺评定方案、确定评定的有关因素和条件奠定基础。

(4) 拟定和下达评定任务书的部门、人员及资质条件。拟定任务书的部门及人员，应由主管部门予以明确。为使下达的任务书具有权威性，对参与编制、审核、批准任务书的人员资质条件应予审定，必须符合规定，不符者，拟定和下达的任务书，均视为无效。

4. 评定任务书的格式（见表 3-19）

（二）焊接工艺评定方案

评定方案是进行焊接工艺评定的主要技术文件，是评定的依据。接受评定任务的部门或单位，应根据评定任务书的要求，在复核评定钢材成分、性能符合标准和确认钢材焊接性后，详尽准确地编制“焊接工艺评定方案”。

表 3-19　　**焊接工艺评定任务书**　　编号：

产品名称		应用范围	
评定项目		评定目的	
钢材基本情况			
钢材牌号		类级别	
规　格		符合标准	

化学成分（%）	C	Mn	Si	Cr	Mo	V	Ni	W	B	S	P

上临界点（℃）		下临界点（℃）		焊接性能	

焊接接头的基本要求					
抗拉强度（MPa）	屈服强度（MPa）	延伸率（%）	冷弯角度（度）	冲击功（J）	硬度（HB）
其　他					
评定单位					

评定任务书签发人员及资质				
责　任	姓　名	资质（职称）	日　期	签发评定任务部门盖章
编　制			年　月　日	
审　核			年　月　日	
批　准			年　月　日	

1. 评定方案的工艺条件

根据任务书的评定项目、钢材和对焊接接头的基本要求，在明确钢材焊接性能的基础上进行焊接工艺设计。以下内容在评定方案中应予以确定：选定的焊接材料；确定的焊接方法；设计接头型式和坡口尺寸；焊道设计和焊层数、单层焊道厚度；焊接线能量和工艺参数；焊接过程保护方式；预热、后热和焊后热处理规范的选定等。

（1）焊接材料的选定。焊接材料的选用应根据母材的化学成分、力学性能和焊接接头的抗裂性、碳扩散、焊前预热和焊后热处理以及使用条件等因素综合考虑。对不同钢种、焊接方法和接头型式可按下列原则具体选定。

1）同种钢材。碳钢以母材强度等级选定相应的焊接材料；合金钢除考虑性能因素外，尚须考虑化学成分和金相显微组织类型。

2）异种钢材。两侧均非奥氏体钢时，可选用介于二者之间的焊接材料，或者按合金成分低侧相配的焊接材料；两侧钢材之一为奥氏体钢时，应选用含镍量较高的镍基焊接材料。

（2）焊接方法。焊接方法根据钢材类型、焊接材料类型、结构形状和规格、焊接接头性能要求、焊接环境和位置等多种因素选定。

对于全位置焊在焊接方法选定中，一般焊条电弧焊、TIG 焊、脉冲 TIG 焊、MIG 焊、脉冲 MIG 焊等都可选用，在电力工业中对 CO_2 气体保护和混合气体保护焊尚未有成熟使用经验的情况下，也可适当采用。

（3）接头形式和坡口尺寸。接头形式和坡口尺寸尽管不是重要参数或附加重要参数，但各种形式的坡口和尺寸，在焊接过程中仍有一定的影响，因此，拟定评定工艺方案时也应予以重视。

对接接头一般试件厚度大于 3mm 到 16mm 者应开成 V 形坡口；大于 16mm 到 50mm 者开成 U 形或双 V 形坡口。

角接接头一般厚度小于 8mm 者不开坡口；大于 8mm 者应视接头及工况条件开成 V、U、K 形坡口。

（4）焊道设计或焊层厚度。根据选定的坡口形式，合理地布置焊道，也是保证评定质量的重要内容。任何厚度部件，除气焊因其冶金特点等因素允许焊接单层外，对于焊条电弧焊及与钨氩弧焊组合方法应用的任何厚度部件，均应采取多层焊，焊层至少为二层。对于厚壁件还应采取多层多道焊，以保证焊道的冶金效果，组织状态和力学性能。

在DL/T 869 中，对壁厚＞35mm 的低碳钢和低合金钢厚壁大径管，采取多层多道焊时，作了特殊的规定：打底焊层厚度不小于 3mm；其他焊道的单层厚度不大于所用焊材直径加 2mm；单层焊道摆动宽度不大于所用焊材直径的 5 倍。而对中、高合金钢的所有厚度的管子、管件，打底焊层厚度不小于 3mm；其他焊道的单层厚度不大于所用焊材直径；单层焊道摆动幅度不大于所用焊材直径的 4 倍。在焊道设计中应参照这些规定认真编制。

（5）焊接工艺参数。不同类型和规格的钢材，焊接过程中对热输入量有不同的要求，焊接热输入量是以线能量表示，对于碳钢和低合金钢焊接过程只要控制冷却速度，不要过快。一般线能量要求不甚严格，但对于高合金钢、奥氏体不锈钢则线能量要求应偏小些。

焊接线能量与电弧电压、焊接电流成正比，与焊接速度成反比，而确定焊接电流大小、电弧电压高低和焊接速度快慢的各种钢材焊接线能量值，应以焊接试验所得的数据为基础，结合焊接一般规律综合得出，在评定中验证与调整。

（6）预热。预热是降低焊后冷却速度的有效措施，既可延长奥氏体转变温度范围内的冷却时间，降低淬硬倾向，又可延长焊接时最高加热温度至 100℃的冷却时间，有利于氢的逸出。同时，还可减少焊接应力，防止冷裂纹的产生，为改善钢材焊接性，有效地保障焊接过程顺利进行。对具有一定淬硬倾向的钢材，焊前都应采取预热措施。

预热温度的确定，主要取决于钢材和焊材的成分、工件厚度、结构刚性、焊接方法和环境温度等因素，此温度值并在试验中加以验证。一般预热温度可按下列公式计算：

$$T = 1440\left(C_{eg} + \frac{K}{4\times10^4} + \frac{H}{60}\right) - 392(℃) \tag{3-2}$$

式中 T——预热温度，℃；

C_{eg}——碳当量；

K——拘束度；

H——扩散氢含量，mL/100g。

预热所采用的方法，原则上只要不损害母材或熔敷金属，不把有害杂质带入焊接区域，任何方法都可选用。但对于壁厚大于 20mm 的部件，考虑到预热的均匀性，以采用感应或远红外加热器方法为宜。

(7) 焊后热处理。焊后热处理共有两类，一为后热，另一为焊后热处理。

后热，一般是指焊接后，焊缝尚未冷却到室温时，为进行低温消氢处理而采取的加热保温措施，以防止冷裂（特别是氢致裂纹）。后热应用在某些淬火倾向较大的钢材中，焊接保持层间温度并在焊后立即进行后热，还有利于降低焊接残余应力，对防止淬火裂纹和消除应力裂纹有良好效果。

后热的加热温度与预热温度相近，一般低于400℃。“评定”中很少应用。

焊后热处理是指焊件加热到 A_{c1}（下临界温度转变点）以下的某一温度进行保温（保持时间），然后采用不同形式冷却的热处理方法。焊接接头进行焊后热处理主要是降低焊接残余应力，改善焊接接头的综合性能。

经焊后热处理的焊接接头，要求其具有良好的综合力学性能，使残余应力降低或部分消除，脆性得到改善，故一般采取高温回火。随着回火温度的升高，强度和硬度下降，而塑性和韧性升高，回火保持时间视焊件厚度的增加而递增。回火热处理更应控制加热和冷却速度。

焊后热处理除控制加热和冷却速度外，对加热最高温度和恒温时间亦应严格控制。一般对含铬元素的钢材应严格控制加热温度，而对于含钒元素的钢材，应对恒温时间严格控制，以增强焊后热处理效果，达到预期目的。

为保证焊后热处理质量，除对加热温度、恒温时间和升降温度速度予以控制外，还应对加热范围的宽度严格控制。加热范围的宽度应包括加热区间宽度和保温区间的宽度两个部分。加热宽度的确定，主要是使被热处理的焊接接头规定的加热区段达到有效加热温度，同时，控制加热区间温度梯度不致过大。

2. 焊接工艺评定的检验项目

根据评定项目的需要，工艺评定焊制的试件需采用多种检验手段，以其综合结果验证是否符合有关规定要求。因此，在焊接工艺评定方案中应将需进行检验的项目逐项列出，以明确其需考核验证的内容。

列出检验项目的同时，还应明确执行的标准，如有关规程或标准的名称或标号等，为检验结果判定提供依据。执行的标准必须与评定项目紧密结合，这点在工艺评定中是非常重要的。因为，标准总是为达到一定目的而制定的，使用目的不同，执行的标准也不同，对一个评定项目而言，必须准确地与评定目的结合，选定合适的标准，以使评定的结果与使用条件的要求相对应。

3. 焊接工艺评定方案编制人员资质条件

参与焊接工艺评定方案编制的人员，应对焊接工艺评定的目的有深刻地认识，对被评定钢材的性能、特性以及应用状况有充分地了解，才能编制出与评定目的相符的、切实可行的评定方案。因此，对参与编制人员的资质条件应有一定的要求，一般编制者必须由焊接专业有较为丰富实践经验的技术人员担任；方案的审核者除符合编制者条件外，还应在焊接专业知识方面造诣较深的焊接专业工程师及以上资质条件的人员担任，在审定评定方案中，方能做出纠正补充，并对评定方案负有重大责任；方案的批准者，应是企业的总工程师或考委会主任委员，经其签批后，确认评定方案的法定有效性。

编制人员不符要求者，编制的工艺评定方案不具备执行条件，按其评定的结果，是无效的，不应确认。

4. 评定方案的格式（见表3-20）

表3-20　　焊接工艺评定方案　　编号：

任务书编号		产品名称	
评定项目		评定目的	
评定钢材			
钢材牌号		类级别	类级与类级
钢材厚度		直　径	
评定钢材成分、性能复验结论		检验报告编号	
钢材焊接性	焊接性评价资料编号或验证资料编号		
接头型式及焊道设计			
接头种类		对口简图：　焊接简图：	
坡口形式			
衬垫及其材料			
焊道设计			
焊缝金属厚度			
焊接方法			
种　类		自动化程度	

填充材料和保护气体

焊接材料	焊丝型号		规　格		保护气体	气体种类		流　量	
	焊条(剂)型号		规　格			背面种类		流　量	
	钨极型号		规　格			拖后保护		流　量	

其他

试件检验项目

检验项目	外　观	无损探伤	力学性能			金相检验	硬度	其他
			抗拉强度（MPa）	冲击（J）	冷弯（°）			
要求（有或无）								

焊接位置及试件数量

焊接位置		试件数量	

焊接工艺参数

焊层道号	单层、单道焊缝尺寸(mm)（宽×厚）	焊接方法	焊条（丝）		电流范围（气体压力）		电压范围（V）（焊炬型号、焊丝号）	焊接速度范围（mm/min）	其他
			型（牌）号	规格（mm）	极性（乙炔MPa）	电流（A）（氧气MPa）			

施焊技术

无摆动或摆动焊		连弧或断弧焊		运条方式	
根层或层间清理方法		清根方法或单面焊双面成型			

续表

焊嘴尺寸（mm）			导电嘴与工件距离（mm）		
其他					
预热					
预热温度		宽　度		层间温度	
预热保持方式					
后热、焊后热处理					
热处理种类		加热温度范围		保持时间	
加热宽度		保温宽度		升温速度	
降温速度		其　他			
评定单位：	评定方案编制人员资质				

责　任	姓名	资质（职称）	日　　期	评定单位及批准部门盖章
编　制			年　月　日	
审　核			年　月　日	
批　准			年　月　日	

（三）焊接工艺评定报告

按照焊接工艺评定方案要求焊制试件，经各项检验后得出结果，然后将焊接工艺评定全过程所积累的资料进行分析和整理，写出焊接工艺评定综合结论，最后形成焊接工艺评定报告，是工艺评定的关键阶段。

焊接工艺评定报告是焊接工艺评定结果的综合反映，是编制焊接工艺（作业）指导书的依据，是实际施焊工作和焊工技术考核的技术基础，是焊接技术管理工作中十分重要的技术文件。

1. 工艺评定报告的作用

电力系统历来认定焊工考核、严格实行质量检验和合理焊接工艺过程是保证焊接质量的三个重要环节，而规范焊接工艺过程最为关键，它是保证焊接质量的核心，焊接工艺评定作为一项技术制度严格执行，正是为了解决这一问题。焊接工艺评定过程所积累的数据如实记载，通过对焊接工艺条件、工艺参数的分析和整理，形成完整的技术资料，以为实际焊接工作所需。

焊接工艺评定报告也是编制焊接作业指导书的主要依据，只有按工艺评定结论编制的作业指导书，才能有效地应用在焊接工程上。

2. 焊接工艺评定报告的内容

评定报告的内容一般应包括：评定的基础条件、确定的焊接工艺条件和施焊参数范围、各项检验结论、综合评定结论、参与编制人员资质条件等项。

（1）基础条件。在评定报告中首先必须明确评定的基础条件，确立焊接工艺评定所选定的焊接条件和工艺参数的依据。

此项内容包括：评定项目、评定目的、产品名称、评定任务书的编号、评定方案的编号、评定钢材基本情况、焊接方法、选定的填充材料（包括保护气体）、接头型式和焊道设计、评定的焊接位置和评定单位、评定主持人和焊工等。

（2）焊接工艺条件和施焊参数范围。在一定的焊接工艺条件下，以选定的施焊焊接参数焊制试件是工艺评定核心内容，这一环节是最能体现一个企业施焊技术能力的，因此，是关键环节。

按照评定方案设计的焊接工艺条件和实施预定的焊接参数焊制试件是工艺评定鉴定的主要内容，工艺评定的结论也是依据其数据而做出的。这部分包括：焊接工艺参数、施焊技术，预热和热处理等。由于焊接工艺条件和焊接工艺参数是工艺评定要得到的数据，并可得出评定的结论，借以指导实际施焊工作。因此，焊制试件的全过程必须如实记载，不可任意编造和改动。

焊制试件时应按评定方案所确定的各项数据进行，如有调整或变动，亦应按调整或变动后的数据记载。

（3）各项检验结论。按照工艺评定方案确定的检验内容及程序进行焊制试件的检查、检验及试验，是判定焊接工艺过程是否与使用条件要求相符的重要环节，并以此结果为依据得出工艺评定的结论。

在进行各项检验时，除了注重检验结果外，还应对检验的技术条件规定进行确认，必须符合有关规程、标准的要求。技术条件不符规定，任何检验结果都是无效的。

（4）综合评定结论。综合评定结论是工艺过程所取得的各项数据的汇总和对“评定”的总体结论。因此，综合评定结论必须通过对评定各环节所有的数据进行分析、归纳和总结，明确地提出满足使用条件要求的各项数据和条件，借以指导实际施焊工作。

在综合评定结论中应以使用需要为基点，将应用范围所涉及的条件详细列出，确定在何种条件下才能符合评定结果，达到准确使用。结论中必须说明该种钢材的焊接技术条件、工艺和参数，同时，标注清楚接头质量状况和其适用范围。评定结论必须具体，并确定工艺参数范围。

通常以下列模式标示为宜：“本钢材及选定的焊接材料，按评定方案所列焊接工艺条件和参数、施焊方法进行焊接，经各项检验结果验证，可获得良好质量的焊接接头。可应用于×类×级的××钢材，厚度范围为××毫米至××毫米；管径××毫米至××毫米的××工件上”。

（5）评定报告编制人员资质条件。工艺评定报告是工艺评定结果的综合反映，是指导实际施焊工作的依据。编制该报告的人员必须由具有深厚焊接专业知识和实践经验的专业工程师或技师担任，使编制的报告内容充实、完善，可操作性强。

3. 评定报告的格式（见表 3-21）

表 3-21　　焊接工艺评定报告　　编号：

任务书编号		相应工艺评定方案编号	
评定项目		产品名称	
评定钢材			
钢材牌号		类级别	
钢材厚度		直　径	
焊接方法			
种　类		自动化程度	

续表

接头形式及焊接设计

接头种类		对口简图：	焊道简图：
坡口形式			
衬垫及其材料			
焊道设计			
焊缝金属厚度			

填充材料和保护气体

焊接材料	焊丝型号		规格		保护气体	气体种类		流量	
	焊条（剂）型号		规格			背面保护		流量	
	钨极型号		规格			拖后保护		流量	

其　他	
焊接位置	

评定单位、主持人及施焊焊工

承担评定单位		主持人		焊工	

焊接工艺参数

焊层、道		焊接方法	焊条（丝）		电流范围（气体压力）		电压范围（V）（焊炬型号、焊嘴号）	焊接速度范围（mm/min）	其他
层、道号	单层、单道焊缝尺寸（mm）（宽×厚）		型（牌）号（火焰性质）	规格（mm）	极性（乙炔 MPa）	电流（A）（氧气 MPa）			

施焊技术

无摆动焊或摆动焊		连弧或断弧焊		运条方式	
根层或层间清理方法		清根方法或单面焊双面成型			
焊嘴尺寸（mm）		导电嘴与工件距离（mm）			
其　他					

预　热

预热温度		宽度		层间温度	
预热保持方式		环境温度（℃）			

后热、焊后热处理

热处理种类		加热温度范围		保持时间	
加热宽度		保温宽度		升温速度	
降温速度		其他			

试件外观检查结论：

试件编号	缺陷情况	评定结果	试验单位	试验报告号

无损探伤检验结论：

续表

试验编号	检验方法	灵敏度(%)	黑　度	增感方式	焊接缺陷	评定等级	试验单位	报告编号

拉伸试验结论：

试样编号	宽度(mm)	厚度(mm)	断面积(mm^2)	负荷(kg)	抗拉强度(MPa)	试验单位	报告编号

弯曲试验结论：

试样编号	厚度、宽度(mm)	弯轴直径(mm)	弯曲角度(°)			试验单位	报告编号
			面　弯	根　弯	侧　弯		

冲击试验结论：

试样编号	缺口形状	缺口位置	试样尺寸	试验温度(℃)	冲击功(J)	冲击值(J/cm^2)	断口情况	试验单位	报告编号

金相检验结论：

名　称	试样编号	检查面缺陷情况	评定结果	试验单位	报告编号
宏　观					
微　观					

硬度检验结论：

试样编号	母　材	焊　缝	试验单位	报告编号

其他检验项目名称及结论：

试样编号	缺陷情况	评定结果	试验单位	报告编号

其他检验项目名称及结论：

续表

试样编号	缺陷情况	评定结果	试验单位	报告编号
综合评定结论：				

工艺评定报告编制人员及资质

责　任	姓　名	资质（职称）	日　期	审批部门盖章
编　制				
审　核				
批　准				

注　试件焊制记录和各项检验（试验）报告应作为本报告的正式附件，合并归档。

二、工艺评定的组织

当“评定”任务比较大、项目比较多时，应组成“焊接工艺评定小组”，负责全面组织、阶段性工作指导和检查以及主持审定会等工作。

按工作需要，小组下设四个工作组为宜，分别负责技术、物资、试件焊制和试件检验等工作。各工作组的工作是：

1. 技术管理组

（1）根据相关规程的规定制定“评定”实施方案，主要包括：评定项目、工作程序、责任分工、检验项目、用料计划和试件编号法等。

（2）编制焊接工艺评定方案。

（3）编制材料预算，提供试件加工图纸。

（4）审定原材、焊材的材质（包括焊接性试验）和补充试验，以及“焊接性评价资料”的收集。

（5）焊制试件过程的监督和记录。

（6）作好试件各项检验及试验的委托工作。

（7）汇集评定资料，编制焊接工艺评定报告。

（8）编写审查会的汇报资料。

组长应由承担评定任务单位的焊接专责工程师担任。

2. 物资准备组

（1）根据预算的品种和数量组织材料进库，并按加工图纸要求委托试件加工。

（2）作好焊接材料的保管、烘干和供应工作，并对各类材料的耗量认真记录。

（3）施焊场地的设施、设备、工器具等准备，必须满足评定工作要求。

组长应由承担评定任务单位的料具负责人担任。

3. 试件焊制组

（1）试件焊制时，必须按分工计划专人进行施焊。

（2）严格按焊接工艺评定方案的规定施焊，不得任意变动任何条件和数据，并在技术人员协助下作好详细记录。

（3）施焊后，试件严格按规定作好标记。

组长应由承担评定任务单位资深、具有教师资质证书的并有焊工合格证的焊工担任。

4. 试件检验组

（1）检验工作应由经过资质认证合格的机构担任。

（2）检验人员必须符合规程规定的资质条件。

（3）以规程为准，按委托项目及要求进行各类检验及试验工作。

（4）各种检验、试验项目应齐全，试验报告清楚，结果真实、准确、可靠。

三、评定资料的管理和审查

（一）评定资料的汇集和整理

1. “评定”资料的汇集

所有的原始资料均应收集，并进行系统整理，建立“焊接工艺评定”档案，集中保存。

“评定”资料应包括：评定任务下达指定书、评定任务书、评定编号法、焊接性评价资料、评定工艺方案、评定工作实施计划、评定工作组织成员及资质证书、评定各项检查检验试验的原始报告（包括无损检验底片和力学性能试验后的试件）、评定工艺报告、评定审查报告等。

2. 资料的整理

（1）资料的分类。为便于“评定”资料的应用，资料应分类管理。分类可按机组类型、钢材类别或部件类型等方法进行。无论应用哪种方法，都应保证资料的全面、完整和有序，不能杂乱无章，以免贻误使用。

（2）资料管理的方法。可采取集中管理和分散管理相结合方法。集中管理是统一和全面的，所有评定项目的资料都应齐全，无一漏项。分散管理主要指向所管辖范围内的下属部门或单位分发，再由他们管理，以便评定资料不流于形式，在焊接技术管理工作中真正发挥其应有的作用。

3. 编写评定项目明细表

为体现有序管理，评定资料整理完毕后，应按分类方法将评定项目认真排列编写明细表。这种既便于管理又便于查阅和使用的方法，是总结归纳评定工作的标志，便于了解评定资料所涉及的范围，并及时将需要的漏项或增加的评定项目补齐。

（二）评定审查会

在汇集全部评定资料的基础上，编制“焊接工艺评定报告”。但在正式批准前，应组织专门审查会，对评定资料、评定实物、评定结论等进行全面审查，然后经企业总工程师批准，方可应用在实际焊接和培训工作中。因此，组织召开评定审查会是评定管理工作的一项重要内容，力求做好。

1. 审查会的准备

（1）资料准备。首先必须以评定资料为依据，以评定工作过程的记录为主线，编写“汇报报告”，全面阐述“评定范围”、“评定过程”和“评定结论”，为参与审查会的人员提供完整的资料，可靠的数据，以利于审查。

“汇报报告”要主题明确，内容清楚，以便与会人员对报告所涉及的评定工作能全面了解，提出确切意见。

(2) 编排议程。议程应以“汇报报告”为核心安排，因此，在会前应将评定资料分发给与会人员，让参与者都有准备，届时发表见解，以保证审查会的质量。其次是与会者（专家）发言顺序排列。最后是审查会的总结发言。

2. 审查会人员

除企业相关人员和参与评定工作人员外，还应有针对性地邀请部分资深识广、在系统内（或地区）有权威和影响的人士参加，以使审查组织缜密，为取得审查结论的正确性和合理性奠定基础。

在审查活动中，会议记录是十分重要的，所以，必须事先指派好记录员，负责审查会议过程的记载。

3. 审查会的组织

根据议程严格掌握审查会进程，在整体活动中应以达到目的为核心。因此，在诸多议程中应抓住三个主要环节，即“汇报报告的完整清晰”、“审查重点突出”和“审查结论准确”，除审查汇报报告外，还应对“评定”实物件和试件焊制的原始记载以及检验资料进行复核，以全面审定，并为编写“审查报告”提供依据。

4. 编写审查报告

审查报告内容应包括：评定范围和项目、评定过程基本情况、评定工作进行的依据、审查要点和结论等。

审查报告应根据审查意见编写。在整理记录时，应逐条排列出来，然后分类归纳，经审查人员认同后，进行编辑，形成报告。

四、工艺评定的应用

1. 制订“评定”应用方案

(1) 以“评定”项目为依据，列表明确各项“评定”的适用范围。在确定适用范围时，应注重每项“评定”资料的覆盖面。

(2) 应用方案中应将同种钢、异种钢焊接接头分别列出，同时注明使用钢材和规格的范围。

(3) 应用方案需经总工程师批准，作为焊接技术文件严格执行，同时，向上级主管部门备案和相关部门发放。

2. 编制焊接作业指导书（或叫工艺卡）

(1) 焊接作业指导书是指导焊接实际工作的主要文件之一，是焊工实行操作时必不可少的技术依据。应以“焊接工艺评定报告”为依据，认真细致地编制。

(2) 焊接作业指导书应按项编写，如按部件类型、规格、焊接位置等。简捷明了，不宜过繁。

(3) 焊接作业指导书应在工程施焊之前发给焊工，并以技术交底方式向焊工讲解清楚，认真执行。

(4) 焊接作业指导书仅限于编制部门应用，其他单位如需要时，应根据“焊接工艺评定报告”结合本单位具体情况重新编写。

3. 工艺评定资料的应用范围

焊接工艺评定在电力系统可以统一组织进行，亦可分地区进行。经审查批准后的“评定”资料，一般可在电力行业属同一质量管理体系内通用。需强调的是，各下属单位在使用前应结合本单位具体情况做验证性试验，符合要求后，即可正式应用。

复　习　题

1. 焊接工艺评定的定义和目的是什么？
2. 为什么要进行“评定”？“评定”的时机应如何掌握？
3. 焊接工艺评定的基础是什么？“评定”前应收集哪些资料？
4. “评定”参数有几类？在“评定”中各有何规定？
5. 试述焊接工艺评定的程序？
6. “评定”以什么为核心？以什么为首要因素？“评定”什么？
7. 钢材按什么分类？各个符号有何含义？
8. “评定”资料在同类钢中有何规定？在同类同级钢中有何规定？
9. “评定”资料在异种钢中有何规定？共有几种情况？如何区分？
10. “评定”中对焊接材料有哪些规定？
11. “评定”中对试件厚度和焊缝金属厚度在应用中有何规定？
12. 当实际施焊中应用“评定”资料的焊接规范参数有变动时，应该怎么办？
13. 哪些属于“评定”检验基本项目？哪些是补充项目？有何区别？
14. 在什么条件下“评定”应做冲击试验？
15. 焊接工艺评定任务书、工艺方案和评定报告各有何作用？各包括哪些内容？
16. 在电力工业中“评定”资料在什么条件下可以通用？
17. “评定”资料为什么要审定？应履行何种手续？
18. 为什么要求编制“评定”资料应用方案？编制中注意什么？
19. 依据什么编制作业指导书？如何编制？
20. “评定”资料应包括哪些内容？如何管理？

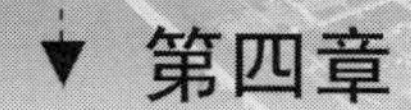

第四章

焊工培训管理

五十余年焊接工作的实践，焊接质量上所以存在着许多不足，归根结底，还是队伍素质提高速度不快和工作预见性差造成的。只有抓住队伍素质建设这一环，才能带动其他方面发展。施工企业的信誉在于施工质量，质量要靠技术保证，技术要靠人才，培养人才是最根本的。因此，开展焊工技术培训，提高人的素质是一项十分重要的工作。

焊接专业与其他专业的区别，除质量要求高外，还具有隐蔽性和分散独立性大的特点。焊工的技能训练和考核是十分严格的，其技能专长的要求比其他专业工种更为突出。成为一个名副其实的、优秀的合格焊工，不经过系统的培训、刻苦的锤炼和严格的考核是很难达到的。

近二十几年来，各单位领导对焊工培训有了更深刻的认识，引起了更大的关注，各单位相继建立专门从事焊工培训的机构，以一定的人力、物力加强培训工作。电力部和中国电机工程学会电站焊接专业委员会对焊工培训工作极为重视，注重这项工作的指导与协调，自1986年成立“焊接培训教育网”以来，在培训机构的建设和培训管理工作的完善上做了大量的工作。一个严格训练焊工技术的队伍已经在全国电力行业中形成，在培养人才、提高焊接质量上取得了显著成绩。

培养出优秀的合格人才，关键在于严密的管理。管理工作的核心是严格、准确地贯彻《焊工技术考核规程》的规定和要求。因此，必须建立一套行之有效地、系统和完整的焊工培训管理办法。

第一节　培训任务及培训机构

一、焊工培训的特点和任务

（一）培训与正规教育的区别

培训和学校正规教育不同。教育是培养新的一代，为从事社会活动而进行的系统学习过程，它从德、智、体、能几个方面入手，对受教育者进行综合和通用的知识培养，其着眼点是使受教育者获得全面的发展，多方面地增长知识和才能，将来以适应各类工作的需要。培训从广义上说是为了提高人的素质和能力，采取有组织、有计划和有预定目标的一种教育方法，具体讲则是针对职业、职务或某种具体工作需要，在较短时间里使人得到知识和掌握专门技能的教育过程。

培训工作具有学习周期短、预定目标明确和针对性强等特点，可使受培训人员对所从事的工作内容、范围，认识的更深刻，工作行为更规范。所以，要根据培训的特点和规律，建立一套与教育不同的、完善和系统的、行之有效的管理办法，保证培训任务的完成。

（二）焊工培训的特点

焊工培训是专业培训（职业技术教育）的一部分，对受培训者进行焊接专业知识和技能教育，增强焊工技术能力，以完成承担的任务为主要目的。焊工的责任就是用合适的焊接方法，必要的工艺手段，形成具有良好结合性能和使用性能的优质焊接接头。要求焊工不但具有高超的实际操作技能，而且必须具有丰富的焊接基本知识。经过理论知识和操作技能考核，符合焊工考试规程要求，取得焊工合格证书，方准承担与考试合格项目相应的焊接工作。

焊工培训工作实质上是理论培训和技能培训严密结合、相辅相成的全面培训，是在基础理论指导下，提高焊工技能水平，满足施焊工作需要为最终目的。

学习焊接基本知识是增强焊工对专业知识认识的深度，是全面掌握焊接知识的起点，更是促进操作技能提高和指导技能掌握的基础。学习操作技能是直接实现焊接技术、完成施焊要求的具体表现。受培训者应细心钻研，不断提高技能水平。这两者是不可分离的统一体，不可偏于某个方面。

（三）焊工培训的任务

建立焊工培训机构的宗旨是为了提高焊工的职业素质，为生产服务。人的素质一般包括：文化素质、职业素质和政治思想素质。从焊接工作特点来看，焊工职业素质有职业道德、工作作风和技术能力等三个方面。

1. 职业道德

培训学员树立高尚的职业道德观念，具备敬业精神，尽最大努力去完成工作是培训的基本任务之一，将焊工培养成在任何情况下都能最大限度去发挥自己的技能专长和稳定的技术水平，尤其是对刚入门的焊工更为重要。

（1）让焊工认识到焊接工作在生产活动中的重要地位，树立强烈的专业自豪感，热爱焊接专业。

（2）培养焊工应在任何环境里和条件下，坚持质量第一，按质量标准施焊。

（3）培养焊工学习的自觉性，认真对待培训，把培训当成自己成长的重要阶段，争取每天有进步，有好的成绩，遇挫折不气馁，积极总结，认真改进。

2. 工作作风

焊工在生产中没有单独的任务指标，要与其他专业工种共同完成生产任务，所以，要求焊工具有服从分配、积极配合、坚持质量和遵规守纪等优良的工作作风。

（1）训练焊工坚守岗位，不脱岗、不串岗，养成认真遵守规章制度、严肃纪律的良好风气。

（2）使焊工形成必须按标准规定把住焊接质量关，养成不迁就、不凑合的优良习惯。

（3）牢固树立不但重视焊接接头内部质量，也讲究外观工艺。焊缝成型力求规整，焊后认真清理并进行自检，焊接过程中严格按工艺规定施焊，杜绝敷衍搪塞的坏作风。

3. 技术能力

培训中应在丰富焊接理论知识的基础上培养焊工扎实的焊接技能基本功力，注意理论与实际的结合，让焊工形成对待技术问题严肃认真、实事求是、一丝不苟、精益求精的风格。

作为一名焊工，对焊接接头质量的保证，应充分发挥自己的技能水平，尽心尽力地焊好，把保证质量当成自己的责任。焊接技能水平是衡量焊工素质的重要标志。焊工应该认真钻研焊接技术，刻苦攻破技术难关，努力提高技能水平，奠定良好的技术基础。

（1）在技能培训中严格按照“工艺指导书”确定的焊接规范和鉴定合适的操作方法进行施焊。

（2）坚决消除操作过程中焊接规范选用的“随意性”，结合训练中出现的焊接缺陷，使学员认识“随意性”的危害。

（3）克服不正确、不规范的操作方法，强调焊条（焊丝）运动的目的性，动作要简练实用，讲求实效。

综上所述，培训焊工必须从多方面入手，确立以提高技术素质为核心的全方位的训练原则，注重职业道德、工作作风的训练，不可偏废，并贯彻“严格工艺纪律、规范操作过程”的理念。这样才能真正提高焊工素质，完成培训任务。

二、培训机构

（一）机构的资质条件

培训机构的资质应与承担的任务相适应。《电力系统焊接教育培训中心审验办法》对组建焊接培训机构的资质提出明确要求，并已进行了一批各类型的培训机构的资质认证，发给了相应的证书，为健康地、规范地开展焊工培训工作奠定了基础。

从已经验收认证的培训机构看，大概有两种类型：有以网局名义组建的；有以省局名义组建的或在一个省（市）内有以生产或基建分别组建的。从整个系统看，为对培训机构进行有效地管理和监督，可按大、中、小等三种类型组建。

1. 大型

大型培训机构名为“培训中心”，是网局焊工考试委员会领导下的培训机构，承担其所辖区间的各类焊工培训及考核任务，其设施完善、功能齐全、人员素质高。在培训活动中注重规范化、科学化管理、培训质量的保证和经验的总结，并对其所辖区间的中、小型培训机构有指导义务。

2. 中型

中型培训机构名也为“培训中心”，是省局或基建（总）公司焊工考试委员会领导下的培训机构，承担其所属范围内的焊工培训任务，可独立组织焊工考试工作，其设施完善、有能力对培训过程进行严格管理和保证培训质量，注重经验的积累和总结，对其所属范围内的小型培训机构有指导义务。

3. 小型

省局下属的电厂或基建（总）公司下属分公司可建立小型培训机构，名为“培训班”，承担的任务是焊工培训和焊工上岗工作前的“焊前练习”。规模与设施应与其承担的焊接工作相适应，只具有培训焊工的资格，考试工作应向大、中型培训机构输送，或由大、中型培训机构组织。工作人员有一定的资质，管理工作应健全，与培训有关的资料应注意积累，并应整理完善，应主动接受大、中型培训机构指导。

大型或中型的培训机构，无论从机构组建规模和承担任务看，都应经过严格考查，并经资质认证，方可从事焊工培训和考试工作。小型的培训机构由于其从属于大、中型，且仅承担培训工作可不进行资质认证（但应有必要的考核）。各类焊工培训机构应具备的条件见表4-1。

（二）培训管理形式和岗位设置

为便于管理工作的开展，高质量地完成培训任务，培训管理形式和岗位设置，应按培训规律和需要考虑。一般有以技术管理为核心的一体化管理形式和培训与检验相互监督分列管理式两类。

表 4-1　组建焊接培训中心的条件

条件		大　型	中　型	小　型
培训机构的隶属关系		网、省（市）局或总公司所属的独立机构，其培训工作不受生产活动的干扰。有组织考试资格		公司或厂设置的独立机构，只进行培训，不组织考试
培训设施	培训、考试场地	有20个工位，照明、通风良好，布线整齐，有安全通道	有12～20个工位，照明、通风良好，布线整齐，有安全通道	6～12个工位，照明、通风良好，布线整齐，有安全通道
培训设施	教室	容纳人数40人	容纳人数30～40人	容纳人数10～20人
培训设施	库　房	材料、工具库房合计80m²	材料、工具库房合计60～80m²	有专用库房，布置合理
培训设施	加工间	具有120m²	具有80～100m²	加工有可靠保障
培训设施	试验室	有完善的专门试验机构	能满足一般试验要求的设施	加工有可靠保障
培训设备	技能练习操作台	与工位配套，功能齐全	与工位配套，能满足培训要求	与工位配套，结构简单实用
培训设备	焊接设备	能满足各类培训需要	适应常规培训需要	与工位配套，结构简单实用
培训设备	焊接材料烘干设备	有专用的烘干设备，保证培训用料需要，使用时有专用的焊条保温筒		
培训设备	加工设备	有专用的机床满足培训材料加工和配合教学质量检查		有可靠的加工挂靠单位
培训设备·检测设备	无损探伤设备	类型齐全	有X光射线探伤设备	试验工作有可靠保障
培训设备·检测设备	材料试验机	具有1～2台	有可靠保障	
培训设备·检测设备	金相分析仪器	微观、宏观均具备	可进行宏观分析	有可靠保障
培训设备·检测设备	断口机	有专有供断口检查的设备		
培训设备·检测设备	焊缝检测器具	有专用供焊缝表面尺寸测量的检测器具		
材料来源		有可靠的供货渠道，材质有质保单，能满足培训工作需要		
管理文件	焊考规实施细则	制定完善的《焊工技术考核规程》实施细则，并严格贯彻执行		
管理文件	焊接工艺评定及工艺指导书	按培训项目进行焊接工艺评定，制定工艺指导书		
管理文件	质量管理体系	建立完善的质量保证管理体系，并按其规定运作		
管理文件	教学大纲、教学计划	采用部颁的统一教学大纲，根据培训状况编制期次教学计划		
工作人员资质	培训主任（教务主任）	1～2人，具有中级职称培训经历5年以上者		1人，具有中级职称者
工作人员资质	专责工程师及理论教师	2～3人，具有中级技术职称者，培训经历3年以上者		1人，具有中级技术职称者
工作人员资质	技能教师	3～4人，取得教师资格证书	2～3人，取得教师资格证书	不少于2人，取得教师资格证书
工作人员资质	检验人员	Ⅱ级2人，Ⅲ级1人	Ⅱ级1人，Ⅲ级1人	—
工作人员资质	辅助人员	3～4人有上岗证书	2～3人有上岗证书	2人有上岗证书

续表

条件＼类型		大　型	中　型	小　型
管理制度	教职员及学员守则	认真制定，规范工作人员及学员的行动		
	材料、机具管理制度	分项制定，专人检查，并应在工作中不断补充和完善		
	考试管理及考场制度	管理办法制定后，在实施中严格执行		—
	技术档案管理制度	规范档案管理，注意资料齐全		—
	安全管理制度	针对培训工作制定出切实可行的制度		

注　表列人数为最低数，供参考。

1. 一体化管理形式

把教学各岗位有机地、有序地统一联系起来，使教学在严格执行各项管理制度和质量标准上进行规范，形成一个整体的管理方式。教学与检验相辅相成、相互制约、位置摆正、协调得当，使培训活动顺畅，培训质量得到保证（见图 4-1）。

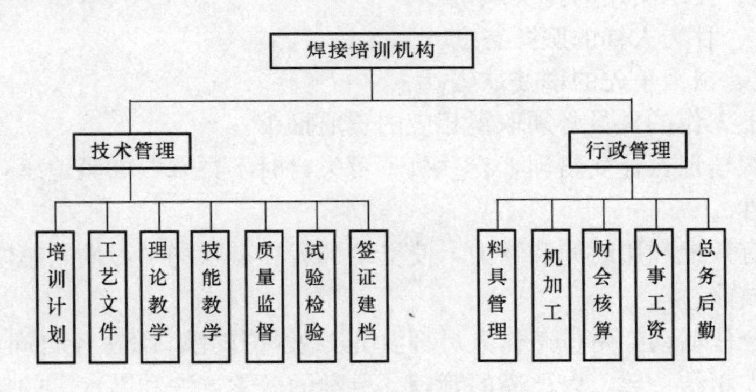

图 4-1　一体化管理形式

2. 分列管理形式

分列式是将检验机构自成一个系统，不归培训机构管理。特点是培训教学与质量检验分开形成一个监督制约的关系（见图 4-2）。

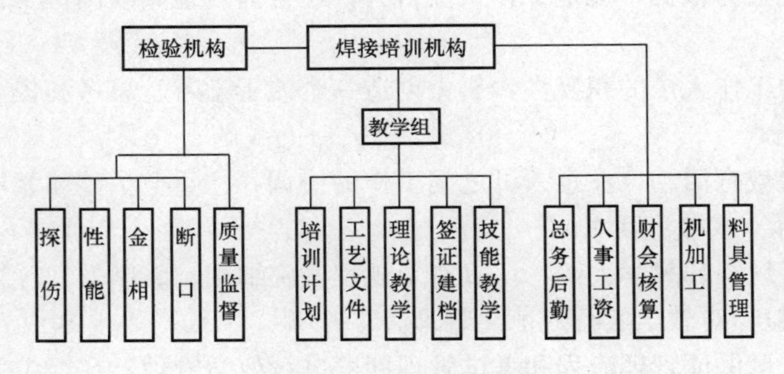

图 4-2　分列式管理形式

以上管理形式和岗位设置各有优缺点，选取时要与培训机构的类型、培训规模和工作人员素质等相适应。

从以往经验看，大型培训机构以采取一体化形式为宜；中型培训机构以选取分列形式为好；小型培训机构因无组织考试资格，其管理形式和岗位设置的选取可灵活掌握。但培训过程质量应有可靠的监督和控制手段。

三、培训机构工作人员资质及条件

充分发挥培训机构能力，要以技术能力和完善、严格的管理制度来保证，并通过从事培训工作人员实现。工作人员要有一定的素质条件才能圆满地完成培训任务和实现培训宗旨。所以，组建培训机构应对工作人员进行选择，实行优化组合，建成一个具有技术特色和管理水平高的整体。培训机构各岗位人员的资质和条件分述如下：

1. 对培训机构人员总的要求

培训是件高尚、荣誉感很强的工作，从事培训工作人员必须认清所进行工作的意义，自觉地为受培训者创造良好的学习条件和环境，全身心地投入到培训工作中去。

（1）培训机构各岗位人员应具备的基本条件。

1）兢兢业业、任劳任怨的敬业精神。

2）工艺规范、技术实用的扎实风格。

3）勇于助人、甘为人梯的服务态度。

4）认真研究、奋力争先的攀登欲望。

（2）各岗位上工作的人员必须取得相应的资质证书。

（3）认真组织培训，让受培训者有“机不可失、时不再来”的紧迫感，充分调动其完成学习任务的积极性。

（4）合理、有效地利用时间和物力，使受培训者在有限的学习期间里学到更多的理论知识，掌握更精的技能。

培训是集体合作活动，每位工作人员都要充分发挥作用，除在各自岗位上显示才能外，还必须协力同心、团结一致，以严谨的管理、科学的教学方法和高水平的培训质量，努力建成一个出人才、出成果的培训机构。

2. 培训主任

（1）以保证质量和为生产服务为奋斗目标，开展教学活动。

（2）认真钻研焊接技术，精通培训业务，努力提高管理水平。

（3）以考试规程为依据，规范工作人员行为，经常监督检查各岗位工作状况，出现问题及时解决。

（4）充分调动工作人员的积极性，努力创造一个便于学习、思考和提高教学水平的良好环境。

（5）经常开展教育活动，注意人员之间工作的协调，注重全员整体素质的提高。

3. 专责工程师（或教务主任）

（1）熟悉考试规程和教学大纲，认真制定规程实施细则、编制教学计划和作好焊接工艺评定（工艺指导书），对教学实行规范化管理。

（2）坚持按质量保证管理流程和考试管理制度进行教学管理，在组织教学和主持考试中对各岗位、各环节的工作进行有效地控制和监督。

（3）熟悉教学管理内容，经常深入实际了解学员学习进度和进步程度，监督、检查、指导教师工作。

（4）注重教学实效，做好学员学习测试、技术交底和教学准备工作，坚持按标准接收学员，按教材施教及编写教案，主持技能训练的焊样检查和评定工作。

（5）经常组织教师分析学习状况和研讨制定提高培训质量的措施，不断学习吸收先进的科学的经验改进教学管理。

（6）审定考试成绩要坚持原则，做到项目齐全、资料完整、结果真实可靠。按要求和规定的程序填报焊工合格证，完整地做好期次、年度的技术总结。

4. 理论教师

（1）在教学活动中，除积极主动完成承担的任务外，应协助专责工程师做好各阶段的教学管理工作。

（2）了解培训整体安排，参与培训计划和教学方案的制定，并在教学中认真贯彻执行。

（3）以培训教材和教学大纲为依据，认真编写教案，以简练的语言、通俗的方式讲解理论课，使学员听懂易记。

（4）经常深入技能训练场，掌握学员学习状态，主动配合技能教师做好焊样检查评定工作，并认真做好记录。

（5）参与学员考试资格的审定和考试的监督，协助监考人员做好各项记录。

（6）不断学习、虚心请教，注意实践经验的积累，增强技术和业务能力，提高管理水平。

5. 技能教师

（1）热爱培训工作，认真按教学大纲和教学计划组织教学工作。

（2）具有一定的理论知识、高超的技能水平和丰富的实践经验，具有技术上不藏私和从严务实的作风。善于传授技艺，在传授技能的同时，传授优良的工作作风。

（3）在教学和焊样评定中，要有识别和准确判断焊接缺陷性质的能力，并能有针对性地提出切实可行的消除方法。

（4）能刻苦钻研焊接技术，虚心地、不断地吸取好的教学经验，改进教学管理，提高教学水平。

（5）坚持经常在训练场对学员进行指导，把学员技能水平的提高，看成是自己的首要职责。

6. 辅助人员

（1）爱岗敬业，了解培训管理的全过程，认真做好培训的各项服务工作。

（2）关心集体，熟悉本岗位工作职责和各工作环节与本岗位的联系，注意团结协作，密切配合。

（3）坚守岗位，在工作中尽心尽力、准确地按要求完成本岗位工作。

四、培训管理工作

焊工培训机构是培养焊接人才的专设机构，不断地输送适应生产需要的合格焊工是培训的宗旨，全心全意为生产服务、千方百计满足生产需要和对委托单位负责，是焊工培训机构全部活动的出发点、着眼点和落脚点。

完成培训任务要通过一定的方法和手段，培训质量的保证也要通过有目标、有层次的教学来实现，这些都需要加强培训管理工作，而管理水平的高低直接反映了培训教学质量水平，因此，管理工作在培训中占有十分重要的位置。

培训管理的核心是认真贯彻执行部颁《焊工技术考核规程》，所有管理工作的内容和标准，都应按考试规程的规定和要求制定，衡量和检验培训效果就是以考试合格率和焊工在生产实际中焊接质量的优劣为依据，只有严肃地按考试规程规定，对培训、考试全过程进行严密地组织、科学地训练、有效地监督和严格地管理才能实现。

1. 培训总体管理

培训机构有两大任务：培训与考核。培训总体管理的设计就应适应这个任务的需要。根据培训特点和规律，在岗位设置和责任分工的基础上制定培训总体管理图，见图 4-3。

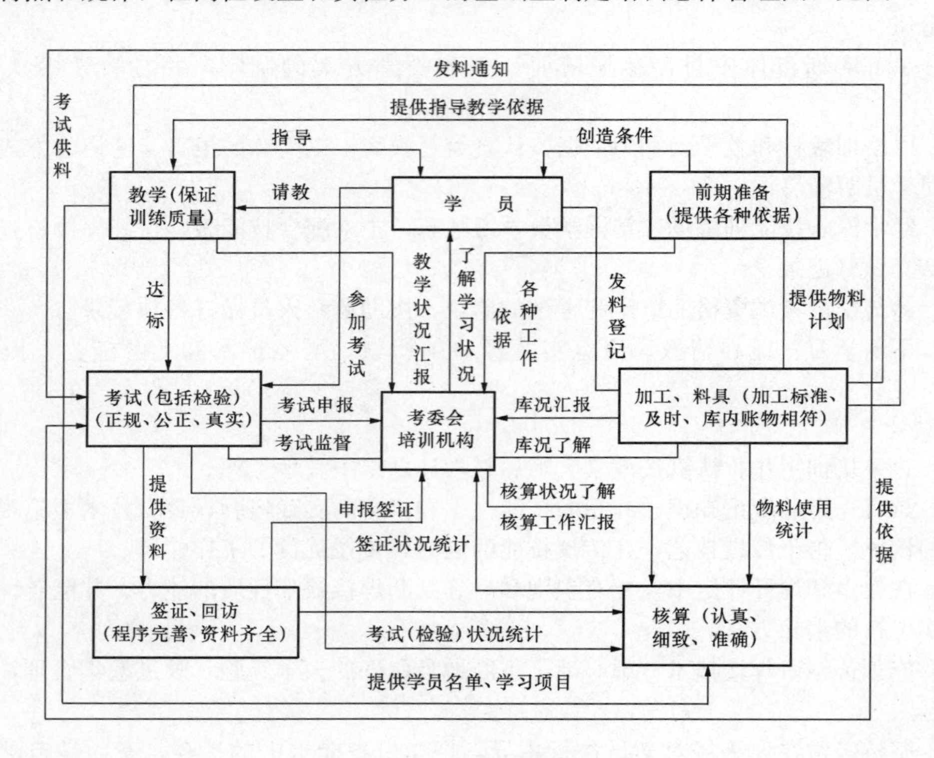

图 4-3　总体管理图

培训总体管理图全面反映了培训管理工作的内容及其相互间关系。按培训管理工作的特点，一般划分为两个部分，一为教学管理，主要有：培训前期基础性管理工作、教学管理工作、考试签证管理工作和持证焊工及培训质量回访等管理工作；另一为行政管理，主要有：料具管理、原材、焊材及试件加工管理和经营核算管理等。这些工作均应在考试委员会（简称“考委会”）和培训机构领导下进行。

管理图除反映管理工作内容外，并明确了岗位间横向关系，它们之间是相互依存、相互制约、相互配合和相互补充，共同完成培训总体管理工作。

2. 培训管理系统

图 4-3 仅以粗线条总体上确立了岗位间关系，为使培训管理工作有序、有步骤、规范地开展，还应按工作阶段、工作环节，明确责任者和制定出管理流程（见图 4-4）。

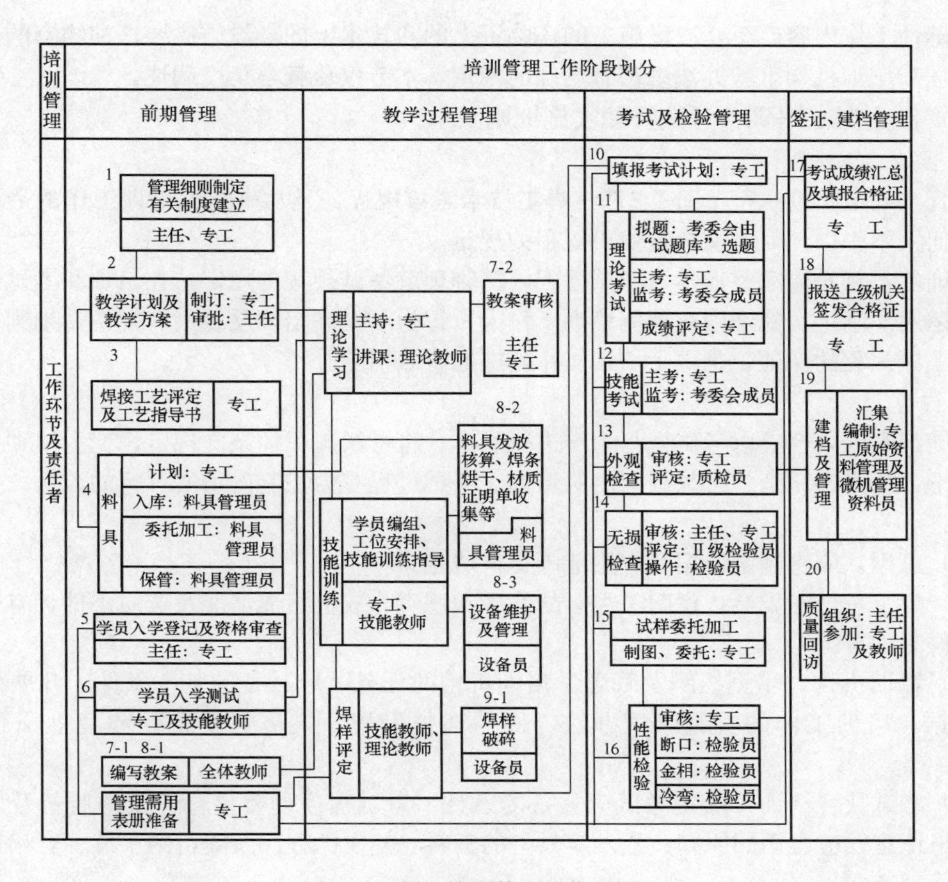

图 4-4 焊工培训管理工作系统图

该图以教学管理为核心将培训管理分四个阶段，二十个主环节，按培训程序密切衔接进行运作，实施时注意下列问题。

（1）本图仅从工作环节上明确工作内容和工作责任者，其工作依据、要求（标准）等规定应另行制定，以便各环节工作人员在运行中有据可依，工作状况便于考查。

（2）工作环节是按岗位分工确定的，但应强调“分工不分家”，要相互协作完成，尤其是各环节衔接上，原则是前一环节完成后，应主动向后一环节交接，避免脱节。

（3）每个环节的责任者，不但对整体工作和本职工作内容全面了解，还应兼顾到与其相关的工作环节。

（4）当一项（一个环节）工作中，有多人共同完成时，更要注意配合，要指定主要负责人，避免出现相互牵制，影响流程顺畅运作。

（5）在本图运作中遇有不顺畅或遗漏，应及时向负责人反映，及时修正，及时协调。

第二节 培训前期管理

焊培机构除了在培训环境、设施和设备等项工作进行建设外，为充分发挥焊培机构的功能，让教学工作沿着规范化轨道开展，做好一系列的基础性工作是十分重要的。

基础性工作内容广泛，有设施上的、物资上的和技术上的，设施的要求和物资的准备在考试规程和培训机构审验办法中都有明确的规定，本节仅从教学角度阐述。

一、制定焊工培训、考试管理实施细则

1. 目的

认真准确地贯彻执行 DL/T 679《焊工技术考核规程》是从事焊工培训工作的最基本条件，任何人不得以任何名义自行变更规程的规定。

培训前，首先要完整地学习考试规程，深刻理解考试规程的规定，在培训和考试过程中准确地运用。制定实施细则对规范培训工作人员行为和提高培训质量大有裨益，细则就是准确执行考试规程的保证，是焊工培训工作实施的有效措施。

2. 内容

实施细则的内容应以考试规程为准进行制定，将考试规程的条文规定，变为培训、考试工作言论、行为的原则。必须制定出对培训、考试过程有力控制的切实可行的方法。推荐内容如下：

（1）总则：应将制定依据和应用范围交待清楚。

（2）焊工考试考委会：说明考委会的性质和职责、成员组成情况及资质条件，有关考委会的工作制度等。

（3）培训机构、培训组织及管理：培训机构的任务、应具备的基本条件、开展培训工作的依据、培训工作的实施管理办法、机构岗位设置、人员资质条件和建立岗位责任制等。

（4）考试及合格证：确定考试应具备的条件、考试程序的要求、考试的监督及监督形式、合格证签发应遵循的原则、签发应具备的资料、签发的程序及履行的手续、合格证填写规定和管理方式。

（5）合格焊工的免试和合格证的吊销：免试的范围、条件和年限（次数），合格证吊销的条件和应办理的手续等。

（6）培训总结与质量回访：总结的种类及内容，回访的目的、形式及组成人员等。

3. 批准及上报

实施细则由培训机构起草，经考委会讨论通过，报请上级机关审查或备案。在组织培训、考试工作中必须切实贯彻执行。如遇特殊情况与细则要求相差甚远时，应详细做好记录，并及时向考委会（必要时向上级机关）汇报。

二、编制培训质量管理手册

（一）培训总体规划

（1）明确基本任务。首先应将培训机构的工作范围确定下来，作为制定各项工作内容的总依据。

（2）确定方针目标。

1）确定培训管理目标。围绕培训工作范围提出管理目标，目标应力求简练实际，作为培训工作标准，予以严肃认真的贯彻。

2）明确培训指导思想，为实现管理目标奠定基础。

（3）制定各项管理制度的原则。

1）说明编制管理制度的依据。

2）强调执行管理制度的要点。

3）明确制度与标准抵触时的处理原则和方法。

（二）建立质量管理体系

质量管理体系包括质量保证体系和质量控制体系两部分。

1. 质量保证体系

按考试规程规定有目标、有计划、有系统地将培训各岗位、各环节的功能形成一个完整有序、统一的整体，且培训质量经得起生产实际考验，取得受培单位的信任，形成一个完整的管理系统。

（1）编制依据：GB/T 12467《金属材料熔焊质量要求》。

（2）基本要求。

1）制定的质量目标和实施计划落实到岗位和个人。

2）强调每个人的工作质量，建立岗位责任制，保证质量目标准确、完整地实施。

3）培训质量目标实施中着力于对全过程的控制，不可流于形式。

4）实施培训目标计划时要加强检查与监督。

（3）基础性工作。

1）大量收集各方面的信息，充分了解质量目标实施状况，进行汇总分析，及时提出处理措施。

2）经常地、有针对性地和分层次地（不同岗位和个人）对实施者进行质量意识教育，不断提高认识水平和自觉实施的能力。

3）从组织上确定质保总责任者，一般应由培训单位主管担任，除本人应具备事业心强、办事公道、品格高尚外，还应对各岗位的责任者加强管理。

4）充分调动全体工作人员的积极性，共同努力齐抓共管，搞好质保工作。

（4）协调与评价。为实现质量目标，制定的质保体系在运作过程中，应注意协调和效果的评价。

1）质保工作的核心是对受培单位负责的高度责任心，一切工作均应以此作为出发点。

2）质保体系运作遇到阻碍时，要及时协调。

3）质保工作状况要经常和主动请上级和受培单位检查、监督，并请其作出评价，以改进工作。

（5）焊工培训机构质保体系组成。培训管理工作可分为两个部分，每一部分中都有各种功能的多个质保系统，总和形成一个统一的整体，从系统出发，相互作用、相互依赖，结合成特定的功能。培训质保系统，见图 4-5。

2. 质量控制体系

根据制定的“焊工培训、考试管理实施细则”和“焊工培训管理工作系统图”建立质量控制体系。

（1）质量控制体系一般应包括如下内容：

1）执行的法规、标准体系。

2）培训程序控制体系。

3）考核程序控制体系。

4）设备机具管理控制点。

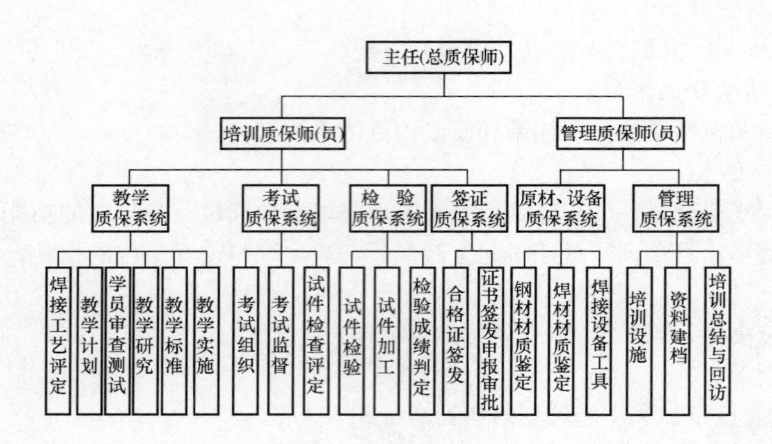

图 4-5　培训质保体系图

5）材料管理质量控制点。

6）焊接工艺评定流程及管理。

7）试件外观评定程序和控制点。

8）断口检查质量控制点。

9）射线探伤质量控制点。

10）理化试验质量控制点。

（2）质保控制图。岗位设置、管理形式确定之后，随着质保体系的建立，管理工作有机地开展起来。将所有的管理工作均纳入系统轨道，但各工作环节尚不能统一协调，为此，还应建立培训质量保证控制图。它能全面地展示培训工作的内容和岗位、人员的职责，并能明确工作目标（内容）、质量控制要点和工作依据。

电力系统培训机构建立的质量控制图，归纳起来有两种形式：网式和框式控制图，由于资料有限，现仅以网式控制图为主介绍，框式控制图待有资料时再行增补。

网式控制图根据培训工作需要，划分为五个阶段。该图对培训机构岗位、人员应进行的工作，作了详细的分工，分别提出工作质量控制要点和工作依据。质保控制图，见图 4-6。

（三）培训机构内部各部门职责范围

各培训机构要依据其资质条件、培训规模和培训任务划定职能部门，并明确其工作范围。

（1）职能部门。按职能分工划分职能部门和各部门的职责范围。

（2）各类人员岗位责任制。

1）建立全体员工通用原则。

2）确定各岗位人员责任制。

（四）编制各项管理制度

管理制度一般应包括：技术管理制度、培训教学管理制度、考试管理制度、试件检验管理制度、材料管理制度、设备机具管理制度、学员管理制度和其他工作管理制度等。

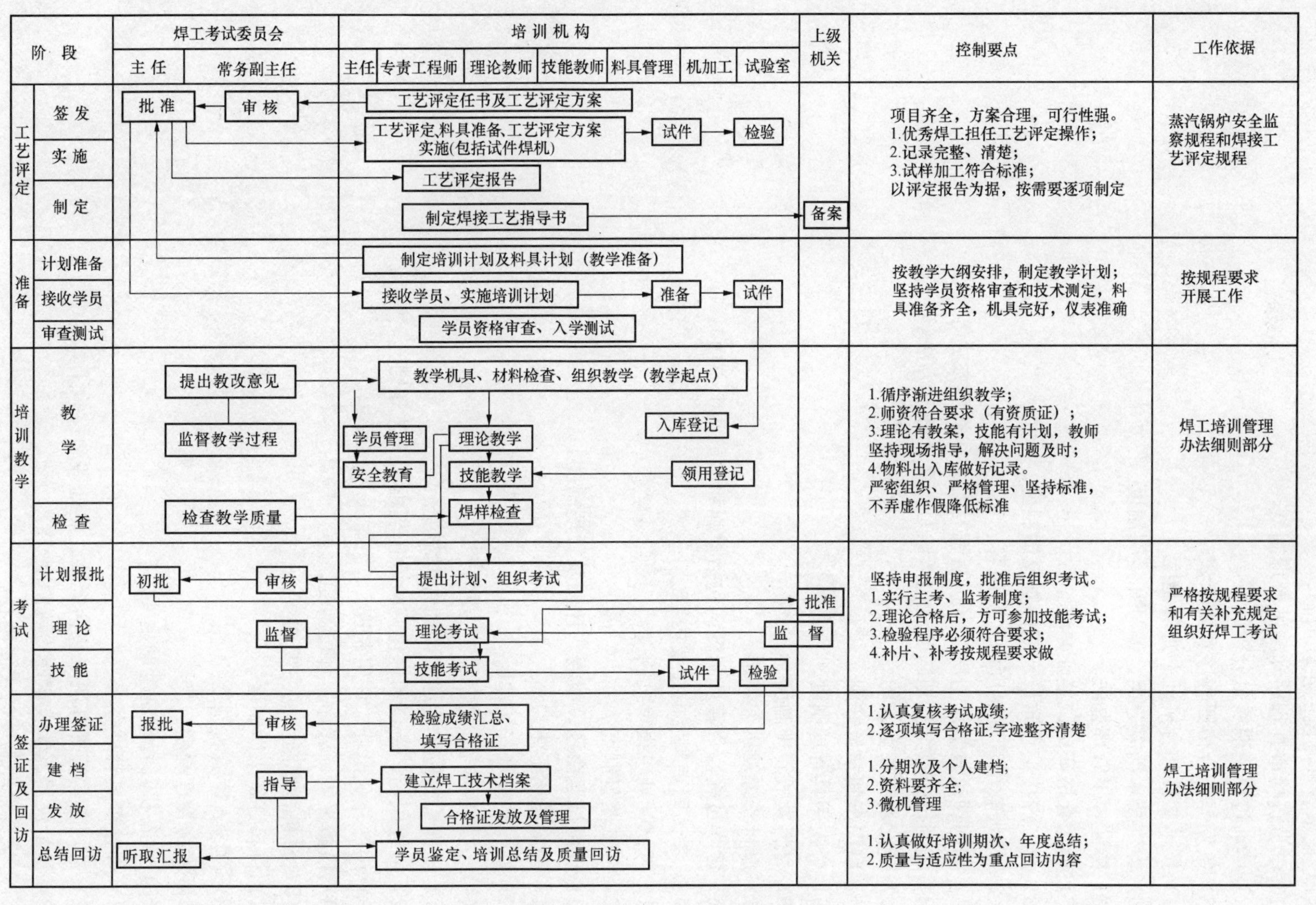

图 4-6　焊工培训、考试、取证质量控制图

（1）技术管理制度的主要内容。

1）学员资格审查程序和测试管理制度。

2）培训过程定期质量分析制度。

3）签发焊工合格证程序及要求。

4）技术文件和合格证书管理制度。

5）焊工技术档案分类、编号和借阅制度。

6）持证焊工管理办法。

7）焊工合格证免试签证办法。

8）焊工焊接工程质量定期调查反馈制度。

（2）培训教学管理制度的主要内容。

1）编制理论教学计划制度（包括编写教案和教学方法等）。

2）编制技能教学计划制度（包括编写教案和教学方法等）。

3）理论教学教室公约。

4）培训车间学员守则。

5）个人用具管理制度。

6）材料发放管理制度。

7）焊材管理及烘干规定。

8）教学过程监督管理制度（包括教师和学员两个方面）。

（3）考试管理制度的主要内容。

1）考试计划申报审批制度。

2）考试监督制度。

3）理论试题命题、组卷、评阅及管理制度。

4）理论考场纪律。

5）操作技能考场纪律。

（4）试件检验管理制度的主要内容。

1）试件检验过程传递交接和管理制度。

2）射线探伤、断口和理化试验操作规程和工艺守则。

3）试件外观检查、评定制度。

4）检验报告（底片）管理制度。

（5）材料管理制度的主要内容。

1）材料订货采购制度。

2）材料入库验收制度。

3）库房管理制度。

（6）设备机具管理制度的主要内容。

1）焊接机具管理办法。

2）常用工具管理办法（包括焊接、热处理和检验工具）。

3）计量仪器、仪表定期检测制度。

（7）学员管理制度的主要内容。

1）学员入学管理办法。

2）学员教学编组办法。

3）学员守则。

4）优秀学员评选及奖励办法。

（8）其他管理制度的主要内容。

1）培训文件收发制度。

2）劳动纪律、工作状况等综合考核办法。

3）职工和学员在教学和考试中违纪惩处的规定。

4）其他辅助性岗位的管理办法。

三、制订焊接工艺评定实施方案及编制焊工培训工艺指导书

与焊接工作有关的主要规程中，分别从工程部件的施焊基础和组织焊工考试的基本条件等方面，提出了必须进行焊接工艺评定的规定，并强调："未经焊接工艺评定，不准组织焊工考试和工程施焊"。

（一）焊接工艺评定及工艺指导书在焊工培训工作中的意义

电站建设中连接部件应用最广泛的方法是焊接工艺，通过焊接工艺过程的正确和合理实施，才能得到结合性能和使用性能良好的焊接接头。焊接工艺评定就是对焊接过程工艺要求和规范参数确定的重要手段。

以焊接工艺评定的结果指导施焊工作才能保证部件焊接质量，以其结果指导焊工训练才能全面判定焊工的技能水平，验证焊工技术能力与被焊部件的要求是否相符。因此，以焊接工艺评定为基础编制焊接工艺指导书，指导施焊工作和训练焊工技能，才能有目的地保证焊接质量。

以往的培训中较为普遍地存在着对焊接过程实现的随意性，焊接工艺的各个环节和工艺参数的选定很不规范，因此，不合格的焊接接头和焊接缺陷随之产生，受培学员成绩极不稳定。为克服随意性，使焊工操作技能训练趋于规范化和工程焊接质量稳定，必须进行焊接工艺评定，并以其结论编制焊接工艺指导书指导施焊工作。

（二）制订焊接工艺评定实施方案

进行焊接工艺评定的有关规定在本书第三章已叙述，不再赘述。对焊工培训来讲只涉及应用的问题，尤其焊接工艺评定是培训机构资格审定的一项重要内容，因此，制订焊接工艺评定实施方案是件严肃、必须做且应做好的工作。

1. 制订的基础

（1）开展调研。制订实施方案之前，应对焊接工程基本情况进行调查，一般根据"焊接施工组织设计"工程量统计一览表，以设计中的焊接方法和有关技术条件为准，从工程部件钢材品种和规格入手，理清焊接工作的基本项目，以备编制实施方案时用。

（2）培训项目确定。根据焊接工作基本项目，考委会对培训机构下达培训任务的指令，然后培训机构根据考委会的指令，以原电力部焊工培训教学大纲为基础，按调查统计的基本项目，确定培训的具体内容和焊工技能考核的规定。

（3）评定报告的汇集。具体培训项目确定后，根据焊工培训和考核的需要，查找企业"焊接工艺评定资料汇编册"，将与焊工培训和考核相关的工艺评定项目提出，列出清单，为编制焊接工艺评定实施方案奠定基础。

2. 实施方案的编制

焊接工艺评定进行完毕以后，一般均将其整理、汇集成册，以备工程施焊和焊工培训应用，编制焊接工艺评定实施方案，就是焊接工艺评定在焊工培训活动中的具体应用。

(1) 熟悉焊接工艺评定资料。应用于培训的工艺评定资料，首先必须对其进行学习，在认真分析资料的基础上，审定其“评定结论”与焊接条件、工艺参数的一致性，当确认无误后，则可着手进行实施方案的编制。

(2) 实施方案编制方法。

以确定的培训项目为基础，列出经培训、考试合格后，准予担任的焊接工作范围，再列出应用的焊接工艺评定项目及其编号，三者之间应紧密联系、相互协调，但编制中还应注意下列问题：

1) 在培训机构方面应以确定的培训项目为主体，以引用的工艺评定资料与其相对应，同时兼顾工程实际应用范围。

2) 一个培训项目可能引用多个评定资料，其应用范围可能是多个或一个。

3) 多个培训项目可能共同引用一个评定资料，其应用范围可能是一个或多个。

(3) 实施方案的内容。明确相互关系后，编制培训项目与焊接工艺评定资料相对应的明细表和联系图。

1) 明细表。理清培训项目、列出清单，并说明引用工艺评定资料和工程实际应用范围，列出的项目应齐全，不得遗漏或混淆。

2) 联系图。为直观地、清晰地表述它们之间的关系，以图标形式反映最为理想，它是明细表的补充和说明，对明细表起辅助作用。图中可用“箭头”引线形式标明，便于应用。

3. 方案的补充与完善

当工程施工中出现设计变更、材料代用或焊接工艺需调整时，这一信息必将反馈到培训机构，编制的实施方案满足不了实际需要，为此，对方案要进行补充和完善。一般做法是：

(1) 查阅企业“焊接工艺评定资料汇编册”，提出相关资料，补充培训项目，并开展该项培训。

(2) 如无相关资料引用，则应补做该项的焊接工艺评定，重新确定培训项目。

(3) 在查阅资料中，应按《焊接工艺评定规程》和《焊工技术考核规程》的“代用”原则和规定，理顺其关系，核对有否代用的可能，如可能则以代用方式解决，如不可能再考虑重新评定。

(三) 编制焊接工艺指导书

焊接工艺指导书，又叫作业指导书或工艺卡。它是在经过焊接工艺评定后，依据有关数据和条件制定的，是施焊过程的技术文件，是指导焊接工作的依据，焊工培训应认真制定和遵照执行。

(1) 焊接工艺指导书是克服焊接过程随意性，严格贯彻工艺过程要求的重要手段，是提高焊接质量的可靠保证。

(2) 焊接工艺指导书应以焊接工艺评定为依据，以工程实际和培训项目为准，分项进行编制。

(3) 编制中可依据一份评定报告编制多份工艺指导书，也可以根据多份评定报告编制一份工艺指导书，视具体需要而定。

（4）工艺指导书格式应清晰，文字简练，以便于使用。

（5）考委会下属部门可以使用统一的焊接工艺评定报告，但应分别编制焊接工艺指导书。

（6）编制工艺指导书，必须由部门焊接专业工程师主持进行。

（7）焊接工艺评定报告和工艺指导书，只限于评定单位使用，其他单位如需引用参考，应进行必要的复核。

（8）工艺指导书应在工程施焊或培训、考试之前，发给焊工或以技术交底方式向焊工讲解清楚，以利于执行。

四、编制教学计划

教学计划是有组织、有步骤地组织教学，克服教学过程中的随意性，实现规范性教学管理的指导书，是实现培训目标、完成培训任务的保证。教学计划有年度培训计划和期次教学计划两种。

年度培训计划是根据培训机构规模、接收学员能力而制定的全年任务目标；期次教学计划则是培训工作的每期教学安排。

1. 编制依据

（1）考试规程和部颁统一教学大纲。

（2）被培训单位需用各类焊接人员数量计划和需要时间。

（3）培训机构的接收能力。

2. 编制原则

（1）在熟悉考试规程和充分理解教学大纲编制原则的基础上，结合培训机构条件编制教学计划。

（2）教学计划要体现教学大纲指导教学的作用和完整地贯彻教学大纲的有关规定。

（3）教学大纲规定的内容和要求、确定的教学时间是指导性的，编制教学计划时，应尽量与其吻合。如按培训内容、师资能力及管理水平做适当调整时，必须在保证教学质量的前提下再作变动。

（4）编制期次教学计划必须切实可行，一经批准就应努力实现，除特殊情况外，一般不应有较大变化。

3. 编制内容

（1）年度培训计划：全年培训期次、全年及期次接收学员人数、计划培训的类别和项目以及期次培训周期等，参见表 4-2。

（2）期次教学计划：根据全年度培训安排，详细制定期次计划。内容有：接收学员人数、培训类别及项目和教学进度、方案等，参见表 4-3。

表 4-2

年度焊工培训计划表

培训机构名称：　　　　　　　　　　编制日期：　　　　　　　　年　　月　　日

序号	培训内容			培训周期	总人数（%）	各类培训人数(名)																							
	类别	项目	焊接位置			基础	Ⅲ类		Ⅱ类									Ⅰ类											
							Ⅲ-1	Ⅲ-2	Ⅱ-1	Ⅱ-2	Ⅱ-3	Ⅱ-3	Ⅱ-5	Ⅱ-6	Ⅱ-7	Ⅱ-8	Ⅱ-9	Ⅰ-1	Ⅰ-2	Ⅰ-3	Ⅰ-3	Ⅰ-5	Ⅰ-6	Ⅰ-7	Ⅰ-8	Ⅰ-9	Ⅰ-11	Ⅰ-11	Ⅰ-12
全年总计																													

批准（考委会主任）：　　　　　　　审核（培训主任）：　　　　　　　编制（专责师）：

表 4-3　　焊接培训教学计划表

培训机构名称：　　　　编制日期：　　　　年　　月　　日

<table>
<tr><td>期　次</td><td colspan="3"></td><td>总期次</td><td></td><td>班别</td><td colspan="3"></td><td>总人数</td><td></td><td>计划起止日期</td></tr>
<tr><td rowspan="3">培训概况</td><td colspan="4">培　训　内　容</td><td rowspan="2">申办合格证类别</td><td rowspan="2">人　数（名）</td><td colspan="3">授课时间(天)</td><td rowspan="2">各类培训起止日　期</td><td rowspan="2">责任教师</td><td rowspan="2">补充及说明</td></tr>
<tr><td>培训类号</td><td>类　别</td><td>项　目</td><td>焊接位置</td><td>理论</td><td>技能</td><td>合计</td></tr>
<tr><td></td><td></td><td></td><td></td><td></td><td></td><td></td><td></td><td></td><td></td><td></td><td></td></tr>
<tr><td>教
育
方
案</td><td colspan="7"></td><td>教
学
措
施</td><td colspan="4"></td></tr>
</table>

批准：　　　　审核：　　　　制定：

第三节　教　学　管　理

焊工培训是有目标、有系统和有层次的培训，一般分为准备、教学、考试和签证等四个阶段。教学阶段是培训整体管理工作的重要阶段，关系到培训机构生存与发展，因此对教学全过程进行严格有效地管理，全力、认真地组织好教学工作是每个培训机构的首要职责。而以提高焊工技术素质为核心、注重实效的、有系统和层次的规范化教学，是保证培训质量最可靠的管理方法。

根据 DL/T 679《焊工技术考核规程》要求，以培训统一教学大纲和教材为依据，按照焊工培训规律组织教学活动应该是：教学有管理、训练有标准、质量有保证、教学方法不断提高和改进的科学管理方式。

一、建立以教学为核心的管理系统

培训机构首先应明确：教学是核心，逐步改进教学管理是关键，不断引入先进的管理机制是培训质量的保证。

1. 以教学为核心的主要标志

（1）上级主管部门要经常关心培训工作，培训机构自身把教学工作放在所有工作的首位，真正把主要精力投入到改进教学和提高教学质量上去。

（2）培训机构的各个部门都应以教学管理工作为其出发点和落脚点，围绕教学密切配合，做好各项工作。

（3）齐心努力创建一个稳定、和谐、结构合理、具有良好素质的培训机构。

（4）教师应有足够的精力抓教学研究，在完善教学方法、改进教学工作和提高教学质量上狠下工夫。

（5）上级部门对培训机构在物质上要有足够的投入，逐步改善教学环境和条件，使教学活动的开展有可靠的经济保证。

2. 以教学为核心需坚持的原则

（1）不搞“急功近利”的培训。培训是为焊接工作需要而进行的，要以提高焊工技术素质为基点组织培训工作，杜绝单纯“应付”考试取证的做法。

（2）实行目标明确、有序培训。按制定的目标组织有层次的培训，使培训工作期期有进步、期期有改变，克服千篇一律、循环往复和一成不变的弊病，加强培训的总结工作，期期制定改进目标，实现有序的培训管理。

（3）实行教、考分离管理。在培训机构统一领导下，教学工作形成教与考两个“独立”的管理系统。教的方面要认真传授，让学员打下扎实的基本功力，经得起严格的考试和实际工作考验。考的方面不单是考核学员，也是考核教学质量、教师教学业绩，是与教对应的监督系统，在考的方面进行严格管理。

（4）为教师创建良好的传授技术环境。尽力为教师创造良好的便于传授技艺的条件，使其充分发挥聪明才智。

3. 对教师应严格要求和注重素质的提高

（1）培训教学是教与学的双边活动，在努力改善教学条件的同时，注重调动教师的积极性，通过教师的努力将平淡反复的教学，发展成为生动活泼、激发学员自觉学习积极性的场所。

（2）焊工培训重点是放在传授知识、训练技艺上，教师要具有简捷传授的方法和能力，使学员在较短的时间里从模仿、吸取到掌握，尽快转化为自己的技术能力。

（3）教师要有驾驭教学过程的能力，将完整的教学思路通过得当的方法，运用到教学中去，使学员成绩有明显的提高。

（4）教师要经常不断地学习，注重自身素质的提高，经常研讨和改进教学方法，使教学过程形成具有自己特色的模式。

（5）教师不但要实际表演和耐心解答学员提出的各种问题，而且在教学过程中不断地给学员出题目，让学员表演和解答，锻炼学员思考和解决问题的能力，以增强学习记忆和效果。

二、教学管理的内容和程序

教学管理阶段是培训主体，是培训的命脉，是培训生存的保证。

准确地贯彻规程标准，是教学管理的最基本要求。参与教学工作的人员必须掌握规程的标准，必须清楚管理工作的内容和程序，才能集中精力投入到教学工作中去。

教学管理是由学员入学审查、测试开始，其中包括：理论教学、技能教学、学习过程成绩的评定和研讨，直至学员具备考试条件。由于该阶段具有举足轻重的意义，每个环节都应按照培训机构制定的管理制度认真组织和进行，并详细做好工作记录。教学管理的程序，见图4-7。

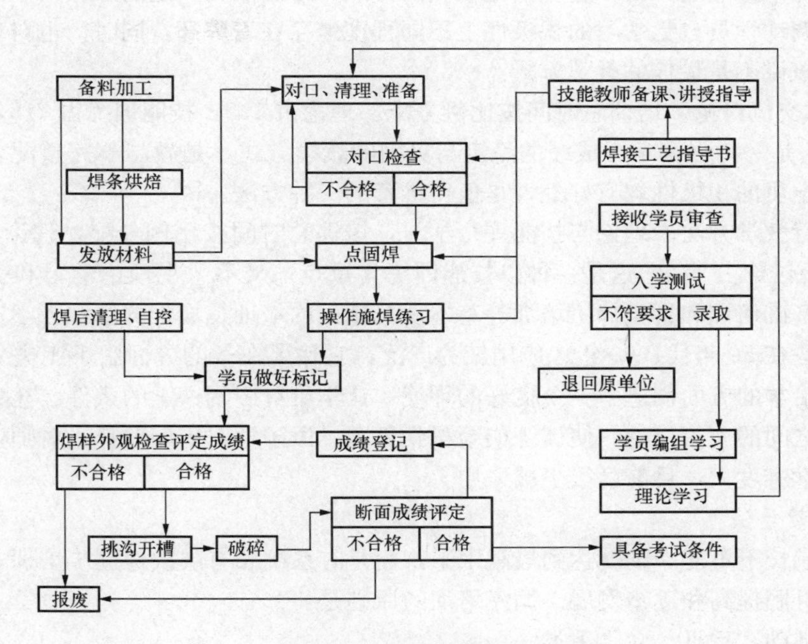

图4-7　教学管理程序

三、教学的组织

焊接培训教学不是讲学，它是教与学、理论与实际密切结合的完整过程，在培训中必须认真、细致地抓住每个环节。

（一）组织教学的原则

（1）重视能力培训与知识传授，在加大技能训练力度的同时，增强系统理论知识的传授。

（2）制定明确的标准，严格掌握标准，严格训练，不得寻找其他“捷径”。

（3）按部颁发的教学大纲规定组织教学，合理地调整技能训练和理论学习时间，使其紧密配合、比例协调，不可偏废其一。

（4）组织教学必须包括：理论学习、技能训练、焊样检查与评定和交流讨论等四个方面内容。只进行技能训练的培训，是不完整的培训，是不能全面完成培训任务的。

（5）重视和经常进行培训阶段的总结，不断提高教学水平。

（6）在技能训练中应强调遵守工艺纪律的习惯，并作为重要内容认真灌输。

（二）组织教学的总体安排

根据学习内容（项目）合理地安排教学顺序和按比例安排教学时间，提出下列意见供参考：

1. 教学方法

（1）顺序教学法。这种方法是先集中一段时间组织理论学习，然后考试，再进行技能训练。组织教学时有两种情况。

1）不安排交流讨论。培训总时间按比例分配，理论占1/5～1/4，技能训练占3/4～4/5，没有交流讨论时间。基本上是一种以教为主，且侧重技能训练的教学方式。

这种单纯依靠灌输，而不进行消化吸收的方式，尽管取得一定的效果，但是，对启发学员的思维和调动学员自觉学习的积极性上不同程度地存在着弊病，同时，也对教学成绩的巩固不利，应该说不是最佳的教学方式。

2）安排交流讨论。培训总时间按比例分配，理论占1/5，技能训练占3/5，交流讨论时间占1/5。这是一种强调学习成绩的稳定与巩固的教学方式，是教与学完整配合的方法，对调动教师和学员的积极性均有好处，是值得推荐的一种方法。

（2）并行教学方法。理论与技能并行学习，培训总时间按比例分配，理论占1/4，技能占2/4，交流讨论占1/4。这是一种以技能训练为重点，又不忽视理论学习和交流的整体教学方式。对基础培训和Ⅲ类焊工培训等基本功打基础的培训是最佳的组织教学方式。

这种方法在50年代、60年代应用较为广泛，它除了在教的方面狠下工夫外，特别注重学的方面，给学的方面创造了一个良好的环境，让学员有广阔探索的条件。充分利用教师和学员、学员之间的交流讨论，使训练成绩得到巩固。由于学习周期较长，对师资能力要求严格，组织教学难度大，目前已很少被采用。

2. 循序教学法

焊工的成长不可能一步就达到最高水平，而是有系统和有层次地逐步培训，这样有利于焊工技术的巩固提高和逐步发展。循序培训的原则是：

（1）先基础，后Ⅲ、Ⅱ、Ⅰ类。

（2）先板状试件，后管状试件。

（3）先中径管，后小、大径管（视焊工技术特长而定）。

（4）先碳钢，后合金钢。

（5）先手弧焊，后氩弧焊。

（三）开展规范化教学

1. 应具备的条件

（1）树立教与学统一的观念，把重点放在学员的“学”字上，增强知识与技能的结合，改变焊接专业所特有的重能力轻知识倾向，全面发展。

(2) 注重教与学的同步协调，引导学员自我教育意识，养成自觉认真学习的习惯和科学思维、顽强探索的精神。

(3) 提倡踏实、朴素、不摆花架子的学风。

(4) 充分发挥培训机构整体力量，经常分析、研究学员学习状况，摸清存在的问题，找出产生原因和提出切实解决的方法。

2. 规范化教学的标志

(1) 严格按部颁统一教学大纲进行施教，不任意颠倒培训顺序，坚持循序渐进的学习规律，制定好教学计划，控制好教学进度。

(2) 教学中克服任学员自然发展的随意性和盲目性，强调有计划、有目的的教学。

(3) 以焊接工艺指导书为指导教学的依据，制定的工艺参数、操作方法不轻易更改或变动。

(4) 以焊制标准焊件为样板组织教学，让学员自始至终看得见、摸得着、目标明确，严格把握标准。

(5) 把教学看成是多边活动的过程，教学中不单强调教师的教，而且更强调学员的参与，强调教师与学员的沟通，要发挥学员的想象力、激发创造力，变教师一人主宰学习为学员参与共同主宰学习。

四、培训教学标准

1. 制定依据

(1) DL/T 869《火力发电厂焊接技术规程》。

(2) DL/T 679《焊工技术考核规程》。

(3) DL/T 5210.7《电力建设施工质量验收及评价规程　第7部分：焊接》。

(4) 有关部委的焊工考试规程。

2. 制定原则

(1) 以考试规程的“质量标准”为依据，参照有关规定制定标准。

(2) 为充分体现培训从难要求的原则，训练成绩评定标准制定时应稍高于规程的质量标准。

(3) 评定标准按焊工类别、不同焊接方法、接头型式和不同规格的试件分别制定。

(4) 制定标准应以一个焊接接头为单位，分成外表面和内部两个部分，分别评定，并评出综合成绩。

(5) 标准按甲、乙、丙、丁四个级别制定，甲、乙为无缺陷或缺陷较少者；丙级为缺陷未超过规程规定达到合格标准者；丁级为超过规程标准者。

(6) 学员训练中不能以1～2个甲、乙成绩判定其技术能力，应考虑稳定性，合理地确定优良成绩的连续数量。

(7) 制定的标准必须经过主管部门考委会批准方可生效。

3. 各类技能培训稳定成绩的标准数量

(1) 基础培训。

堆焊：甲、乙成绩连续达到6个者；

丁字角焊：甲、乙成绩连续达到8个者；

无坡口对接焊：甲、乙成绩连续达到10个者。

（2）Ⅲ类焊工培训。钢板坡口对接焊：甲、乙成绩连续达到6个者。

（3）Ⅱ类焊工培训。

小径管电弧焊：甲、乙成绩连续达到8个者（包括小径管全氩弧焊）；

大、中径管电弧焊：甲、乙成绩连续达到4个者；

钢板氩弧焊打底对接焊：甲、乙成绩连续达到8个者；

小径管氩弧焊打底电焊盖面焊：甲、乙成绩连续达到8个者；

大、中径管氩弧焊打底电焊盖面焊：甲、乙成绩连续达到4个者；

小径管气焊：甲、乙成绩连续达到10个者；

管板电弧焊：甲、乙成绩连续达到8个者。

（4）Ⅰ类焊工培训。

小径管电弧焊：甲、乙成绩连续达到10个者；

大、中径管电弧焊：甲、乙成绩连续达到6个者；

小径管氩弧焊打底电焊盖面焊：甲、乙成绩连续达到12个者（包括小径管全氩弧焊）；

管板焊接：甲、乙成绩连续达到8个者。

4. 各类焊工培训（技能训练）评定标准

（1）基础培训（只进行外表面检查）。

1）焊缝外形尺寸评定标准，见表4-4。

表4-4　基础培训外观评定标准

接头类型	检查内容		标准（mm）			
			甲	乙	丙	丁
对接	均匀度	高度差	≤1.5		≤2.0	超过丙级标准
		宽度差	≤2.0		≤3.0	
	焊缝尺寸	高度	≤3.0		≤4.0	
		宽度	12～14		≤16	
	咬边		无	深度≤0.5，长度≤30		
	根部		无焊穿			
	变形		无	角度≤3°		
角接	焊脚尺寸		δ+（3−5）			超过丙级标准
	焊缝凹凸度		≤1.5	≤2.0		
	两焊脚尺寸差		≤2.0	≤3.0		

2）外表缺陷。无裂纹、未熔合、气孔和夹渣。

（2）Ⅲ类焊工培训（承重钢结构）。

1）外表面评定标准，见表4-5。

2）内部评定标准，见表4-6。

（3）Ⅱ类焊培训（中低压管子）。

1）外表面评定标准，见表4-7。

表 4-5 **钢板培训外观评定标准**

检查内容		标准（mm）			
		甲	乙	丙	丁
均匀度	高度差	≤2.0		≤3.0	超过丙级标准
	宽度差	≤3.0		≤4.0	
焊缝尺寸	高度	≤3.0		≤4.0	
	宽度	16～18		≤20	
表面裂纹、未熔合、夹渣		不允许			
咬边		无	深度≤0.5，长度≤15%		
根部凸出		≤1.5	≤2.0	≤3.0	
变形		无	≤3°		

表 4-6 **钢板培训内部评定标准**

检查内容	标准（mm）			
	甲	乙	丙	丁
裂纹、未熔合	不允许			超过丙级标准
气孔、夹渣	无	0.8～1.0	≤1.5	
群孔	无		$1cm^2$ 内 $\phi 0.8$ 的气孔不超过 5 个，且面积≤$3mm^2$	
未焊透、凹陷	无	深度≤1.0，长度≤25		
相邻缺陷尺寸	无	沿焊缝方向 50 范围内气孔、夹渣的累计长度≤10		
厚度同一直线缺陷总和	无	长度≤3		

表 4-7 **中低压管子外观评定标准**

检查内容			标准（mm）			
			甲	乙	丙	丁
表面裂纹、未熔合、气孔、夹渣			不允许			超过丙级标准
均匀度	$\phi \leq 60$	高度差	≤1.5	≤2.0	≤3.0	
		宽度差	≤2.0	≤3.0	≤4.0	
	$\phi > 60$	高度差	≤2.5	≤3.0	≤4.0	
		宽度差	≤3.0	≤3.5	≤4.0	
焊缝尺寸		高宽度	不超过标准值的 20%，最大不超过 3.0		不超过标准值的 30%，最大不超过 3.0	
咬边			无	深度≤0.5，总长度不超过焊缝全长 20%		
根部凸出			≤1.5	≤2.0	≤3.0	
变形			无	$\phi \leq 100$，弯折 $\alpha \ngtr 1/100$ $\phi > 100$，弯折 $\alpha \ngtr 3/200$		

2）内部评定标准，见表4-8。

表4-8　　中低压管子内部评定标准

检查内容	标准（mm）			
	甲	乙	丙	丁
裂纹、未熔合	不允许			超过丙级标准
未焊缝	无	深度不超过15%δ，且≤15，总长度≤焊缝全长的10%，氩弧焊不允许		
凹陷	无	深度不超过15%δ，且≤15，总长度≤焊缝全长的10%		
气孔夹渣	无	0.8～1.0	≤1.5	
群孔	无		1cm^{2}内ϕ0.8的气孔不超过5个，且面积≤3mm^2	
相邻缺陷尺寸	无	沿焊缝方向10δ范围内气孔、夹渣的累计长度≤δ		
在同一厚度直线缺陷总和	无		≤0.5δ，且≤1.5	

（4）Ⅰ类焊工培训（高压管子）。

1）外表面评定标准，见表4-9。

表4-9　　高压管子外观评定标准

检查内容			标准（mm）			
			甲	乙	丙	丁
裂纹、未熔合			不允许			超过丙级标准
均匀度	ϕ≤60	高度差	≤1.5	≤2.0	≤3.0	
		宽度差	≤2.0	≤3.0	≤4.0	
	ϕ>60	高度差	≤2.5	≤3.0	≤4.0	
		宽度差	≤3.0	≤3.5	≤4.0	
焊缝尺寸		高宽度	不超过标准值的20%，最大不超过3.0		不超过标准值的30%，最大不超过3.0	
咬边			无	深度≤0.5，总长度不超过焊缝全长20%		
根部凸出			≤1.5	≤2.0	≤3.0	
弯折			无	ϕ≤100，弯折α≯1/100 ϕ>100，弯折α≯3/200		

2）内部评定标准，见表4-10。

表4-10　　高压管子内部评定标准

检查内容	标准（mm）			
	甲	乙	丙	丁
裂纹、未熔合	不允许			
未焊缝	无	深度不超过15%δ，且≤15，总长度≤焊缝全长的10%，氩弧焊打底不允许		
凹陷	无	深度不超过15%δ，且≤15，总长度≤焊缝全长的10%		
气孔夹渣	无	0.8～1.0	≤1.5	超过丙级标准
群孔	无		1cm^{2}内ϕ0.8的气孔不超过5个，且面积≤3mm^2	
相邻缺陷尺寸	无	沿焊缝方向10δ范围内孔渣的累计长度≤δ		
在同一厚度直线缺陷总和	无		≤0.3δ，且≤1.5	

（5）Ⅰ、Ⅱ类焊工管板焊接培训。

1）Ⅰ类焊工管板外表面评定标准，见表4-11。

表4-11　　高压管板外观评定标准

检查内容	标准（mm）			
	甲	乙	丙	丁
裂纹、未熔合、气孔夹渣	不允许			
咬边	无	深度≤0.5长度不超过焊缝全长的10%，且≤40		超过丙级标准
焊脚尺寸	δ+（2—4）			
焊缝凹凸度	≤1.0			
焊脚尺寸差	≤1.5		≤2	

2）Ⅱ类焊工管板外表面评定标准，见表4-12。

表4-12　　中压管板外观评定标准

检查内容	标准（mm）			
	甲	乙	丙	丁
裂纹、未熔合、气孔夹渣	不允许			
咬边	无	深度≤0.5，总长度不超过焊缝全长的20%		超过丙级标准
焊脚尺寸	δ+（3—5）			
焊缝凹凸度	≤1.5			
焊脚尺寸差	≤2.0		≤3.0	

五、入学审查及技术测试

1. 入学审查

（1）基本条件。

1）年龄及工龄应符合考试规程规定。

2）身体健康无心脏、肺部、癫痫病及传染性疾病。

3）眼睛无色盲或弱视，裸视力应在 5.0 以上（新标准）。

4）初中文化程度或同等学力。

（2）技术条件。

1）基础培训：以基本条件符合要求为准，不进行技术资格审查。

2）Ⅲ类焊工：经过基础培训取得资格证书或从事实际焊接操作一年以上者。

3）Ⅱ类焊工：具有Ⅲ类焊工资格证书者。

4）Ⅰ类焊工：具有Ⅱ类焊工资格证书者。

在接收学员时必须考虑技术条件，一般不应越类录取。

2. 入学测试

无论何类焊工在接收之前，应进行技术摸底测试，以了解该学员入学前的技术状况，并在教学中制定有针对性的教学方案，采取有效的措施，利于学员技术进步。

3. 入学测试的方法

（1）培训Ⅲ类焊工可试焊一副坡口对接平焊位钢板。

（2）培训Ⅱ类焊工可试焊一副坡口对接立焊位钢板。

（3）培训Ⅰ类焊工可试焊一副坡口对接仰焊位钢板。

（4）接收同类增项培训时，可不进行测试。

如接收外单位代培学员，测试方法可根据具体情况另定。

4. 测试鉴定内容

（1）验证学员焊接规范选定是否恰当。

（2）观察操作过程是否规范，熟练程度状况。

（3）焊接工艺过程是否认真对待。

（4）焊后试件清理状况。

（5）检查试件焊缝表面成型状况及存在的问题。

5. 测试记录及总结

（1）随着测试过程进行，做好详细记录，见表 4 - 13。

（2）分析测试状况，确定是否录取。

（3）将记录建档保存。

（4）对确定已接收的学员，根据其技术状况及培训内容制定教学指导方案。

6. 测试结果的判定

（1）测试中操作过程熟练、规范选定合理、基础较好、经过培训能达到标准要求者，应接收学习。

（2）操作过程和规范选定不甚熟练，基础尚可，经教、学双方努力可达到标准要求者，可接收学习。

（3）操作过程表现较差，如接收学习，在教学上需下一番工夫，才能达到标准要求者，

表 4-13

学员入学测试登记表

第　　期　　　　　　　　　　　　　　　　测试日期：

序号	姓名	申请学习项目	测试项目		测试材料		对口			规范			操作				评语	
			基本知识	实际技能	规格	编号	符合标准	尚可	差	弧长	电流	层数	运行法	标准	尚可	差	基本知识	实际技能

测定人：

注　1. 凡参加取证培训的焊工，必须经过测试后，方可录取。

2. 按其实际技术水平与申请培训项目核对是否符合，否则应调整申请的培训项目。

可暂时接收，先经短期试训（大约一周时间），再根据情况处理。

（4）基础较差，在教学规定时间内达到标准要求难度较大，如接收，应考虑降类培训。

7. 测试工作的组织

测试工作应在有领导、有组织的状态下进行。

测试小组组成人员应包括专责工程师、技能教师和理论教师，由专责工程师主持，一般不应少于三人。测试小组人员要分工明确、责任清楚。

六、理论培训

1. 基本要求

（1）理论教学要为技能训练奠定基础，学员必须听懂记牢。按初中文化程度备课和讲解。

（2）以教学大纲为依据，制定详细、具体的计划，按教学计划组织教学。

（3）采用部统一培训教材，准备课程时要包括规程中的“十个方面”内容，根据培训需要，补充有关资料，注意焊接知识的更新。

（4）教学课时按培训类别严格控制，确定的课时数量必须保证，不可任意减少。

（5）教师按教材认真编写教案，按教案进行讲解，教学效果要经常检查。

（6）教学过程中注意理论与实际的结合，不可分割、脱节，密切联系，学以致用。

2. 教学安排

（1）授课时间的安排。前已叙述，理论授课与技术训练的安排有两种形式，即培训初期集中讲授理论课，然后进行技能训练和理论与技能训练并行教授，这两种方法各有所长，按目前焊工文化素质和接受能力看，以采取集中授课再进行技能训练为宜。

这种方法组织教学难度较小，学习周期短，易于记忆和复习，但存在与技能训练教学不同步的现象，因此，在技能训练过程中有必要对焊接专业课程做些补充，以利于学员接受。

（2）授课教师的选定。理论教师的选定应根据培训机构的组成状况和教师的特长担任课程讲授，教师采取聘任的方法为宜。如基础理论和焊接设备等，聘请理论教师担任；金属材料和焊接检验等，聘请检验工程师担任；而焊接工艺、材料和安全等聘请技能教师担任。

教师聘任承担专业课程应发给聘任书以资确认，同时提出授课要求，聘任的授课教师应认真备课编写教案，保证质量地完成授课任务。

每门课程应分别聘请二人担任，即每位教师至少承担二至三个章节，并可重复聘任，避免因故缺课时以备后补，凡出现授课效果欠佳情况时，应由主任或专工终止其讲课资格，待其状态恢复后再重新研究聘任。

讲课过程中实行“听课制度”，方式可由培训机构领导、专工听课，并对授课教师给予评语，或由教师互相听课，互补长短，以提高讲课效果。

3. 编写教案

（1）编写教案的目的。教案是任课教师在认定课程后，于授课前准备的教学方案。它是教学目的性和计划性的具体体现，是顺利地完成教学任务和提高理论教学质量不可缺少的步骤。

（2）编写教案应注意的问题。授课教师应以承担的课程为主，先写出教课纲要，送交专责工程师审查，再编写授课教案，编写教案应注意下列问题：

1）不应该杂乱无章。编写教案要有层次，内容要完整，段落要清楚，授课重点要突出，编写中要不断的修改、充实，使其清楚完整，定稿时要誊清。

2）不应过繁或过略。教案编写的详与略，要从实际需要出发，不要过于简略，以免讲课时忽略了必要的内容。但也不应过繁，应简洁明了、突出重点，并给授课时临场发挥留有余地。

3）不要连写。应分章节段落和课时编写，这样有利于合理地安排教学内容，准确地按教学大纲和教学计划掌握教学进度，保证讲授知识的段落层次、内容顺序的完整性。

4）不要边讲边编。教案必须于授课前编写完毕，不应在讲课过程中一边讲一边继续编写。

4. 教学方法

在教学过程中，大多仍以上课讲授的方式进行，今后除大力利用电化教学设施提高直观教学程度外，以上课方式传授知识时应包括以下几个环节：

(1) 课堂讲课时应采取“先写后讲”。授课人按编写的教案，将课程主要内容和应掌握的知识，以精炼的文字（或图表）段落写在黑板上。然后围绕主题进行充分地讲解，切忌只写不讲、写多讲少或边写边讲的方式，因为一般学员仅为初中文化程度，授受能力较差，这样做是不会取得好效果的。

(2) 按章节主题归纳小结。一章一节或一个主题讲解完毕后，以简练的语言归纳小结，使讲的内容让学员有理解、回忆的机会，便于学员记牢，并有完整的概念。

(3) 每个章、节讲解后应写出复习提纲。复习提纲由授课教师在编写教案备课的同时列出，要突出必须掌握的知识和课程的主题，能帮助学员系统地复习所学的知识。

(4) 组织学员讨论。每个段落、章节讲解后，教师要组织学员进行认真讨论。题目由教师拟定，学员相互问答或补充，达到弄清弄懂。

通过讨论可把知识从纵横向上联系起来，更容易记牢或加深理解，并可与实践联系，指导实践的提高。

七、技能训练

焊工是技艺性很强的专业工种，技能训练是焊工培训的核心，按照规程标准进行技能培训，使焊工操作技能迅速提高，夯下坚实的基本功力，才能具有确保焊接工程质量的基础。

规范化教学管理已被大多数培训机构重视，摸索出很多行之有效的管理方法。

（一）技能训练的基础

(1) 加强对规程严肃性的认识，真正弄清、学懂各种规程标准的内容和含义，在技能训练中一丝不苟地贯彻执行。

(2) 贯彻“百年大计，质量第一”和“预防为主”的质量思想，引导学员自觉学好焊接技术，严格按标准进行施焊。

(3) 教育学员养成讲究工艺的优良作风。

(4) 紧密结合培训需要，研究、吸取新技术、新工艺和采取新的管理方法，改进、提高教学水平。

(5) 针对培训存在的各类焊接缺陷提出课目，组织有关人员研究解决。

(6) 有分析、有比较地引进技术，选取可行的方案，为我所用，经常改进操作方法，使其日臻完善。

（二）技能教学的要求

1. 耐心引导

学员的基础或素质不同，接受能力也不同，进步有快有慢，教师应采取循循善诱的方法，提高学员的学习热情，激发学员认真、刻苦学习，引导学员深入钻研焊接技术，这是教师的基本职责，也是促使学员完成培训课目和掌握操作技术的保证。

2. 讲练结合

讲授的内容应与实际练习课目和存在的问题密切结合，讲解与示范表演要兼备。讲要有准备，目的性要强，讲与表演应一致。表演是直观教学的最好方法，与讲结合起来，使学员理解更深刻，记的更牢固。

3. 突出重点

讲解、表演或辅导都要突出核心内容，指明要领，使学员记忆方便，容易领会，技能得到巩固。

4. 点面兼顾

实际教学中，要有系统、有层次地详细介绍、精心辅导，要贯彻从“广度入手、逐步加深”的方法进行。对学员教授方面，应让学员的大多数能掌握基本技术，对个别进度慢、理解能力差的学员，应重点帮助，尽量使其赶上，齐步前进。

5. 讲求实效

在技能训练中，要经常不断地总结教学状况，认真解决存在的问题，指导方法要简练，不摆花架子，注重实用性和准确性。

6. 沟通感情

教学人员应主动与学员接近，做知心朋友，将学员的进步看成是自己应尽的责任。把教师、学员、技能三者紧密地联结在一起，学员是主体，技能（训练题目）是载体，教师是必要条件。教师要充分了解学员、研究学员和关心学员，促使师生之间感情融洽，教学双方共同努力，完成学习任务。

（三）日常训练管理

1. 学员编组

接收学员后，按其入学测试状况进行编组，编组中注意将培训项目相近、技术程度差距大者编在一起，以利于互助。编组时，每个操作间（工位）以安排 2～3 人为宜，既从安全因素考虑，也可互教互学。

学员编组后，教师可按分组学员数量进行合理地分工。根据多年培训经验，对于钢板和小径管（包括管板），每个教师指导量以 8～10 人为宜；大径管则不宜超过 6 人。在培训项目的分工上亦应考虑尽量集中，并注意发挥教师的专长。

2. 日练习数量

在教学大纲中对各类培训教学进度均有明确规定，每日练习数量的多少与按期完成培训任务有很大关系，因此，每日练习数量必须与教学进度要求合理地匹配。每日练习数量不宜过多或过少，练习量太少学员实际摸索的少，技术进展慢，效果不明显。练习量过大会增加学员的负担，效果反而不佳，一般说强化训练不单体现在量的增加上而是强调加大训练指导力度。根据经验，日练习数量推荐如下：

（1）基础培训。

1）堆焊8组；

2）丁字焊（或角接焊）8条焊缝；

3）无坡口对接焊12条焊缝。

（2）Ⅲ类焊工培训。开坡口对接焊4条焊缝。

（3）Ⅱ类焊工培训。

1）气焊。

——堆焊8条焊缝；

——开坡口对接焊6条焊缝；

——ϕ38管子对接焊12个焊口。

2）电弧焊。

——小径管对接焊4～6个焊口；

——中径管对接焊2个焊口；

——大径管对接焊1个焊口（双人对焊/每人量）。

3）氩弧焊打底、电焊盖面。

i）小径管对接焊。

——开坡口钢板8条焊缝；

——管子对接焊6个焊口。

ii）中径管对接焊。

——开坡口钢板8条焊缝；

——管子对接焊1个焊口（双人对焊/每人量）。

注：上面三项钢板练习有一项即可，不必重复。

4）全氩弧焊。

——开坡口钢板对接焊8条焊缝；

——小径管对接焊8个焊口。

5）电弧焊管板焊接8个焊口。

（4）Ⅰ类焊工培训。

1）氩弧焊打底、电焊盖面。

——小径管对接焊6个焊口；

——中径管对接焊2个焊口；

——大径管对接焊1个焊口（双人对焊/每人量）。

2）全氩弧焊。小径管对接焊8个焊口。

3）管板焊接8个焊口。

3. 施焊条件要求

（1）练习直径小于或等于60mm管子时。

1）Ⅰ类焊工：在焊件四周设置与焊件直径相同的障碍管，并呈十字形排列（梅花形），其各间距为小于或等于焊件直径，以增加技术难度。必要时，亦可采用与实际焊接位置相同的“模拟障碍”。设置方式：水平固定，45°固定焊位障碍管设置应上下、左右排列（梅花形）；垂直固定焊位则不做规定（但应保持十字形障碍）。

2）Ⅱ类焊工：在焊件两侧设置与其直径相同的障碍管，其间距应等于或小于30mm。

设置方式：水平固定，45°固定焊位为并排位置；垂直固定焊位则不限。

（2）中、大径管和钢板对接焊均不设置障碍物。

（3）管板焊接原则不设障碍物。

（4）焊接姿势应从基本功着手。从基础培训开始就要注重姿势和握持焊把等问题。一般说钢板焊接平、横焊位以采取站位为好，而立、仰焊位以蹲位为宜。管子焊接水平固定采取蹲位，垂直固定和45°固定应以站位焊接。管板焊接蹲位与站位均不限定。

无论何类焊工，试件和焊位均不允许采用坐位焊接，并严禁以倚、靠等不规范姿势进行焊接。

（四）教学指导的四个环节

1. 详细讲解

各类项目、焊位练习前，指导教师应按工艺指导书的规定，从对口要求、操作要领到质量标准，逐一向学员详细讲解，同时，采取焊制的标准样板和辅以播放录像资料等直观教学手段，增强学员记忆和提高学员接受能力。

2. 示范表演

每个项目练习前，指导教师先行示范表演，边焊边讲，使学员进一步增强感性认识，深刻领会操作要领，记住注意事项，为提高实际操作技能水平奠定良好基础。

3. 巡视指导

学员进入正常练习时，指导教师要坚持在练习场内巡视，做到有学员练习就有教师指导，以了解学员施焊状况，观察焊接规范的选用和操作方法运用，发现问题及时纠正，必要时帮助学员进行归纳、总结。

4. 照顾重点

练习过程中学员的进度有快有慢，尤其是基础稍差的学员，指导教师除按常规指导外，还要采取特殊手段，如“局部表演”、“重点指明”等，必要时“把手”教授，促使学员尽快进入稳定状态，掌握焊接技术。

（五）焊样检查和评定

焊样检查和评定工作是技能训练中不可缺少的重要工作，必须认真、切实的去做，没有焊样检查和评定的训练，是盲目的训练，是不允许的。

1. 焊样检查评定的方法和程序

（1）为培养学员重视质量和树立良好的工艺作风，无论其所焊焊样优劣，每天（或半天）均应按标准严格要求，判定成绩。检查、评定中，不得以降低评定标准而提高合格成绩数量。

（2）检查评定焊样，按外表面和内部（断面）两部分分别进行。

（3）如规定需要进行内部（断面）检查者，必须在外表面检查符合要求后，方可进行。

（4）凡甲、乙成绩达到规定稳定数量后，方可准予转项或考试，丙不计成绩，但也不影响原来积累的成绩，如出现丁级时，无论原来积累成绩多少，一律作废，从头练习，重新计算成绩。

（5）外表面和内部均应按项评出甲、乙、丙、丁成绩，最后以外表面或内部（断面）成绩低的为准作出总评。

2. 焊样检查评定的组织形式

（1）技能教师单独进行检查和评定。

（2）技能教师和理论教师配合进行检查和评定。

（3）设立专职焊样检查评定人。

上述三种组成方式对焊样检查评定都可顺利进行，但是技能教师单独检查很容易出现“不公正”现象，致使检查结果的真实性受到影响。设立专职检查评定人，由于对学员训练情况不了解，在检查评定中很难对存在的问题作出确切的说明，更谈不上有针对性的指导。上面两种方法都有不足之处。技能教师和理论教师配合共同检查和评定是一种比较好的方法，但必须注意做到以下两点：一是检查和评定工作由培训机构专责工程师主持，对检查、评定结果进行复核和解决疑难问题；二是以技能教师为主、以理论教师为辅，密切配合，避免出现偏差。

3. 焊样检查评定应注意的问题

（1）评定要客观公正、一视同仁，以学员焊样实际状况为据，认真检查评定。

（2）评定单位是：钢板类以一条焊缝为评定成绩单位；管子和管板类以每道焊口为评定成绩单位。

（3）以探伤方法检查焊缝内部质量判定成绩时，应按探伤标准评定，其稳定成绩的数量不得降低。

（4）检查评定中对焊样存在的问题必须指明，说明缺陷类型，询问和分析产生的原因，提出克服的方法。

（5）焊样检查评定时，学员必须参加，直接接受教师的指导。

（6）检查评定中一般不能只用肉眼观察，应充分利用检测器具根据标准进行。

（7）检查评定中存在的缺陷和测定结果，必须如实、认真地进行记录，要清楚、准确。焊样检查记录应作为培训技术资料的一部分长期保留、归档。基础焊工培训焊样检查记录表，见表 4-14，其余各类焊工培训焊样检查记录表，见表 4-15。

（8）参与焊样检查和评定的人员，应取得焊接质检员资格证书。

（六）组织交流讨论

1. 交流讨论意义

交流讨论活动是培训管理工作的重要一环，对加强培训管理、提高焊工技术素质、提高学员学习成绩、降低培训成本是极为有效的做法。

交流讨论活动可以锻炼和提高学员的分析能力，加深学习过程理解程度，启发学员思维能力，自觉寻求克服缺陷的方法，对提高和巩固学习成绩，拓宽学员知识面，充分发挥教师的教学才能，促进学员间相互帮助和增进交流都是有益的。

2. 交流讨论的组织和程序

（1）交流讨论的组织。以技能教师负责指导的组为单位，在技能教师的主持和理论教师协助下，召集全组学员参加交流活动。

交流讨论每天都应进行，时间一般为 0.5～1h 为宜，最佳讨论时间应安排在焊样检查评定完毕之后进行。必要时，也可由技能教师根据需要确定讨论时间。

讨论中选定一名学员为记录员，认真做好记录，讨论后交技能教师保管。培训机构的专责工程师应经常检查交流讨论活动，并给予指导。

表 4-14　　　　基础培训检查记录

姓名　　　　焊接种类　　　　焊接位置　　　　接口形式　　　　焊接材料牌号和规格

日　期	焊缝均匀度		砂　眼	咬　边	弧　坑	其　他	成　绩	评判人	备　注
	高度差（mm）	宽度差（mm）							

表 4-15 **焊样检查评定表**

姓名　　钢印代号　　培训项目　　指导老师

试件规格　　钢号　　焊条类别　　规格　　接头及坡口形式

日期	焊接位置	外观检查							断口检查							总评
		焊缝高度	焊缝宽度	均整度	表面缺陷	咬边	焊瘤	成绩	裂纹	未熔合	气孔	夹渣	未焊缝	凹陷	成绩	

评定人：

注 1. 先经外观检查合格后再做断口检查，外观及断口检查均应注明缺陷个数及尺寸。

2. 按标准严格评定并记入甲、乙、丙、丁四级成绩，总成绩应以外观或断口检查成绩低的为准评定。

3. 甲、乙成绩连续符合规定数量后方可转项或考试，丙不计成绩但也不影响原积累成绩，评定中出现丁级时其前面成绩一律作废。

4. 利用无损探伤检验内部质量时，应以底片评级为准进行登记。

（2）讨论的程序。

1）学员个人做简单的小结。

2）学员间各抒己见，互相帮助查找问题原因和克服方法。

3）讨论后，技能教师归纳总结，指出普遍性问题，进一步突出重点，强调解决问题关键，加深学员的认识，然后按每个学员存在的问题，提出克服的方法和注意事宜。

4）技能教师对个别人存在的问题，要从发展趋势分析，提出防止方法，做到防患于未然。

3. 组织“交流讨论”应注意的问题

（1）在焊样检查评定中注意存在的问题，随检查、随记载，理出头绪来，分轻重缓急列出题目，作为讨论重点。

（2）讨论中教师要做好启发引导，使讨论气氛热烈、协调，由浅入深的进行。

（3）讨论中点、面都要照顾，不能有空白存在，焊接状态较好者，也应总结和鼓励。

（4）讨论时精力集中，有重点和有针对性地讨论。切忌毫无目的、没有重点或漫无边际的闲谈乱扯，这样不但没有收获，反而起副作用。

（5）讨论结束前，教师要将讨论情况进行总结，使学员真正体会到讨论是解决问题、有意义的活动。

八、电化教学

随着电子工业迅速发展，电化教学设备已逐步进入到焊工培训工作中，目前电力系统的绝大多数焊工培训机构都配置了录放像机、幻灯机、模拟机等，作为辅助教学的工具，不同程度地促进了培训教学工作的发展。

1. 幻灯机的应用

利用幻灯机播放焊接基础知识、辅助理论课程的讲解，当前应用的比较广泛，使理论学习和管理工作踏入了新的阶段。由于以标准图形和简练的说明播放在屏幕上，比教师画在黑板上的草图更规范，使受培学员的第一印象加深，记得牢固，对知识的深入学习起到了积极的作用。

现在不少培训机构在技能教学中以图形讲解和演练，结合本单位技术特长进行教学，使学员对具有特色的操作方法得到继承，如将挂图演变成幻灯片将是件更有益的事情。

2. 模拟机的应用

模拟机种类繁多，但仅是焊接基本操作方法，是焊工入门基础前期培训使用的。这些模拟机限定了焊条运动的轨迹，了解焊条运动规律，由于仅限于模仿，限制了其广泛应用。

3. 录放像设施的应用

电视教学设施已被电力系统培训机构广泛利用，标准的焊接技能培训录像资料已大量引进，使培训直观教学得到进一步发展，增强了学员对焊接技术认识的深度。

播放录像带的同时加上技能教师的进一步辅导，是比较普遍的做法，基本是采取以技能教师为主，以录像资料为辅的教学方式。

应该强调的是现在的培训机构在技能教学上仍然是“师带徒”的传统模式，传授具有本单位技术特色的操作方法和技巧。如以录像带的方式组织教学，首先让技能教师先学，然后再去传授给学员，这显然是不合适的，故此，以录像资料为辅的教学方式是正确的。

如果培训机构将本单位的焊接技术进行系统的整理和录制成资料，为本单位教学使用是更为妥当的。

4. 电视教学的发展

工业电视和监测器已被广泛地应用在各个领域，如实现“电视跟踪教学”将会对焊工培训教学产生历史性的突破。摄像机时刻伴随着学员训练而转动，全面地反映操作过程，教师在指导、查寻和纠正练习过程中的问题，效果会更佳，同时教师劳动强度也相应的降低。“电视跟踪教学”的实现，将标志着焊工培训工作朝着科学化方向发展。

第四节 考试及合格证管理

DL/T 679《焊工技术考核规程》对各类焊工应该具备的技术能力和考核项目以及相应要求均作了明确的规定，达到标准即发给相应的资格证书——焊工合格证。这从“法律”角度对焊工上岗工作给予资质的认证，确立焊工在电力系统中从事焊接工作应有的责任，为焊工在合格证有效期内承担焊接工作提供可靠的质量保证。

考试是检验培训效果，衡量培训机构管理水平，考验师资技术能力，验证培训机构总体实力的手段，必须认真、严肃地按规程规定组织考试。考试是如实地反映焊工培训技术水平的关键，必须严格管理。

一、焊工考试种类和基本规定

（一）考试种类

根据DL/T 679《焊工技术考核规程》的规定，以考试形式、内容、时间和条件区分，种类有：考试、增项考试、复试、补考、重新考试和免试等类型。

1. 考试

利用不同的焊接方法，选用不同的焊接材料，在不同的条件下（如坡口型式、焊缝空间位置、焊接难易程度等），焊接不同的材质，并以各种检验手段验证质量状况的焊工技术考核；或是首次遇到的材质、焊接方法、焊接材料、焊接环境等不同条件的焊工技术考核，都叫焊工考试。

增项考试是指，以同一焊接方法、焊接同类级别钢种，考试项目有多种，以其中一项为基本考试项目，其余均叫增项考试。

焊工考试必须从理论和技能两个部分进行。

2. 复试

焊工从事焊接工作，其考试合格项目的有效期已满，再进行原合格项目的考试，叫复试。

由于主要条件没有变化，故复试时，理论考试可免去。

3. 补考

当理论或技能考试不合格时，经短期（不少于一周）复习，在一个月内再次进行的考试，叫补考，亦叫补充考试。

经补考合格者仍认为考试有效。

4. 重新考试

有两种情况：

（1）当补考仍不合格时，再次进行的考试叫重新考试。时间必须间隔三个月以上，同时，亦应再次进行理论考试。

(2) 合格焊工中断受监部件焊接工作6个月以上者，原合格证有效期废止，如再从事该项焊接工作时，必须进行理论和技能两部分的考试，这也叫重新考试。

凡参加重新考试者，必须经过再次培训后进行。

5. 免试

焊工在其合格证有效期内从未间断受监部件焊接工作，当合格证有效期满后，可办理合格证延长签证，这种签证叫免试签证，简称免试。

免试签证必须具有下列两个条件：

(1) 焊接质量一贯优良，检验合格率保持在95%以上，水压试验和试运中焊口无泄漏。

(2) 在受监部件焊接工作中没有发生过同一部位焊口返修超过两次或大面积返工的质量事故。

(二) 考试的基本规定

(1) 按规程规定焊工考试应逐类进行，一般不得越类考试。

(2) 参加各类焊工考试应向考委会申请，经审批后方准参加相应的考试。

(3) 焊工考试理论部分应按该类焊工应知要求确定考试内容，技能考试主要以钢材（钢板、钢管）为主确定考试项目。

(4) 根据考试钢材分类、分级方法，考试应从材质成分含量低的逐步向含量高进展。

1) 首次参加考试的焊工，只准考试板材。板材考试必须先经AⅠ合格后，再考试AⅡ，然后再考试AⅢ。

2) 管材。

i) 以板材AⅠ考试合格为基础，方可进行Ⅱ类焊工管材考试，Ⅱ类焊工考试合格后，方准进行Ⅰ类焊工考试。

ii) 在焊接位置和条件不变的情况下，同类钢中凡Ⅲ级材料考试合格，可免考Ⅱ、Ⅰ级，Ⅱ级材料考试合格可免考Ⅰ级。

iii) 经B类Ⅰ级或Ⅱ级材料考试合格，可免考A类Ⅰ、Ⅱ级材料考试（AⅢ材料另行考试）。

iv) 经B类Ⅰ级材料考试合格后，可免AⅠ、Ⅱ材料考试；经BⅡ级考试合格后，可免考BⅠ、AⅡ、AⅠ级材料考试。经BⅢ级材料考试合格后，可免考AⅢ级材料考试。

v) C类钢单独考试。

(5) 焊条电弧焊考试时，由于焊条药皮类型不同，操作工艺过程有很大的区别，故酸、碱性焊条应分别进行考试，不得相互代替。复试时，如碱性焊条考核合格者，可免去酸性焊条考核。

(6) 管径的划分与考试范围的确定。为简化考试，根据火力发电厂管道情况和经验，把管径划分为三类。

1) $\phi \leqslant 60$mm：基本上包括了锅炉受热面管子和各类小径管道，叫小径管，考试规程代号为①。

2) $\phi > 60 \sim 168$mm：包括锅炉联通管、分配降水管、蒸发管等中等类型的管道，叫中径管，考试规程代号为②。

3) $\phi > 168$mm包括锅炉集中降水、主蒸汽管道、主给水管道和再热冷、热段等管道叫大径管，考试规程代号为③。

由于三种管径中以中径管难度较小，故首次考试的焊工应从中径管开始，然后向小、大径管发展。因此，规程规定①可代②、③可代②，考试②只能适用中径管道的焊接。

（7）考试适用厚度。工程实际用厚度为（0.5～2）倍考试试件厚度，是在参照国内外有关规程，并以 20 万 kW 以上机组的厚壁件为准而确定的。三种管径所以统一为一个尺度，是基本上包括了各类管道考试所需的厚度。考试中除特厚部件按专门要求确定试件厚度外，一般考试试件厚度的选取必须遵照此规定进行。

二、考试的组织

1. 考试应遵循的原则

（1）实行教、考分离管理。在考委会的领导下，教学和考试分成两个系统管理，并规定各自职责，坚决摒弃自培自考助长随意性的作法，使考试管理充分体现出严肃性和严格性。

（2）定期考试集中进行。焊工考试应采取定期、集中的方式，每次考试的人数和项目应有一定的数量，如数量多，可分批组织，但考试周期要限定一个范围不宜过长，以利于考试的管理和有效监督。

（3）实行考试申报制度。组织考试由培训机构向考委会及上级机关进行申报，每次考试前 10～15 天以书面形式（填写正式申报表）申报，经考委会审核，报请上级机关批准后方可进行。

（4）每次考试设主考人一名，主要负责考试准备及实施，一般由考委会指定或由培训机构的专责工程师担任。

（5）监考人员除考委会成员（不少于 2 人）外，其他人员可由考委会指派，从事培训教学工作的人员不得单独执行监考工作。

2. 组织考试应具备的条件

（1）制定焊工考试管理办法，试卷、试件管理制度和考场规律。

（2）焊工培训质量保证管理体系运行良好，培训过程是在有序的状态下进行。

（3）培训过程应按焊接工艺指导书参数和操作方法训练，管理严格。

（4）考试所需材料（包括材质证明单）、机具设备（包括测量表计）齐全完好。

（5）有满足考试所需要的长期、固定且符合要求的教室和技能训练场所。

（6）有考试需要的加工和检验（或可靠的合作单位）设施以及焊缝专用检测工具。

3. 组织考试的基本要求

（1）理论和技能考试顺序是：先理论合格后再进行技能考试，理论不合格不得进行技能考试。理论考试的内容应与实际技能紧密结合，采取闭卷笔试形式，题型应多样化。操作技能考试应严格把握规程的分类要求，严禁采取“跳跃”方式。

（2）理论和技能考试都应制定出考试的限定时间。理论知识一般规定为两小时；操作技能应按试件类别、形式、材质、规格、焊接方法和焊接位置等具体情况分别确定考试时间。

（3）组织考试时，严格按规程规定的试件数量进行，严禁自行增加或减少，坚决杜绝多焊优选的严重违纪现象。

（4）如仅单纯组织考试，考试前被考焊工应按其参加考试的项目先行预测，衡量其技术水平，符合要求后，方准考试。

三、考试过程管理

（一）考试管理流程图（见图4-8）

（二）理论考试管理

1. 理论考试应包括的内容

（1）焊接条件和设备方面。

1）焊接部件的特点和工况条件，焊接接头型式、焊缝代号和图纸识别等基础知识。

2）焊接设备、机具和测量仪表的种类、使用和维护的基础知识。

（2）材料方面。

1）金属材料的基础知识。

2）焊接材料（焊条、焊丝和气体等）及其使用的基础知识。

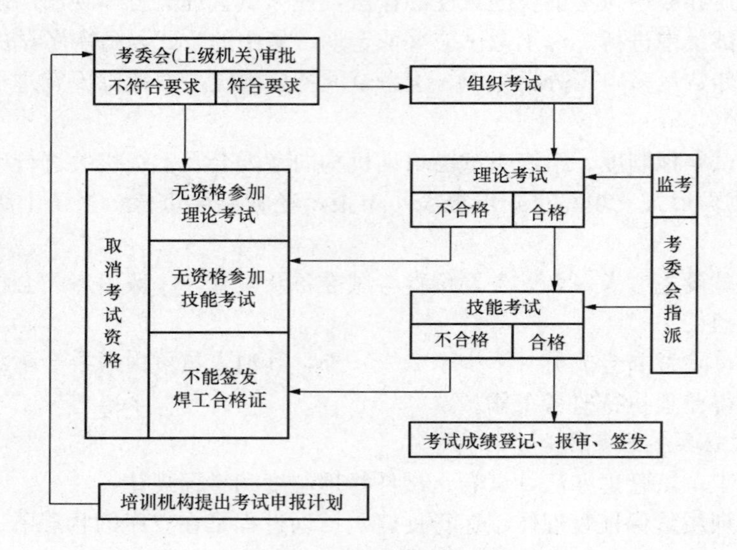

图4-8 考试管理流程图

（3）工艺方面。

1）焊接工艺（方法特点、规范参数、预热、层间温度等）的基础知识。

2）焊接缺陷产生的原因、危害、预防的方法和控制标准以及处理措施的知识。

3）焊接接头性能及其影响因素的基础知识。

4）焊接应力与变形的产生原因、防止方法的基础知识。

5）焊后热处理的基础知识。

（4）检验方面。有关检验的一般规定。

（5）安全方面。焊接安全技术的基础知识及安全规定。

2. 试卷的拟题及组成

电力系统已按焊工考试类别建立了较为规范的“试题库”，试卷的组成由试题库中选取。

（1）非特殊需要，一般以焊工应掌握的基本知识为准，命题、组合试卷。

（2）命题的内容应尽量与考核的技能项目相吻合，避免相互脱节。

（3）组卷按是非、填空、选择和问答等四种题型组合，总题量不超过40个，题型不同、题意相近的题量不超过20%，过多的重复将影响焊工知识面的广度，不利于全面考核焊工理论知识水平。

（4）试卷由考委会委托培训机构专责工程师拟定，其他人员命题均视无效，以避免按课程讲授内容组卷的弊病。

（5）试卷拟定后于考试之日前报至考委会进行综合审定。

3. 试卷的审定

（1）试卷初稿送交考委会后，由主持工作的常务副主任（焊接专业工程师）根据培训项目要求对试题进行审定。

（2）审定中对内容不符合要求或词不达意的试题，要进行调整或更换，以使试卷适应当次考试的需要。

（3）试卷审定后，由审定人签章加封，并及时转至考试单位（培训机构）。

（4）考试单位（培训机构）专责工程师审定后的试卷，在保密良好的情况下责成专人，按审定卷印制试卷。

（5）印制好的试卷，由考试单位（培训机构）专责工程师签章密封，以备考试需用。严防试题泄漏。

4. 理论考试考试纪律

（1）自备考试用笔。

（2）考场严禁携带与考试有关的书籍和资料。

（3）参加考试人员进入考场后，按指定的座位就坐，考生间不得任意调换。

（4）如实行准考证制度，应将准考证摆放在课桌的指定位置。

（5）试卷右上角为考生统一填写姓名处。

（6）试题经宣读后，不解答考生所提出的各类与答卷有关问题，仅提供字迹不清的说明。

（7）考试时应尽量保持试卷的整洁，字迹清楚，对不会写的字应向监考人员询问，考生间禁止"交流"。

（8）答卷时不得左顾右盼，交头接耳，经警告不听劝阻者，免去其继续考试资格。

（9）对传递字条、挟带答案、暗翻书籍或资料者，发现后立即停止其考试，令其退出考场，试卷作废。

（10）考试完毕，应将试卷交给监考人员，立即退出考场，不准在考场逗留。

（三）技能考试管理

1. 技能考试内容

以统一教学大纲考试项目类别为准，技能考试内容见表4-16。

表4-16　　技能考试内容

类　别	考试项目类号	焊　接　位　置	最低合格限度（不少于）
基　础	基-0-3～ 基-0-8	2F　3F　4F 1G　2G　3G	2F　3F　4F 1G　2G　3G
Ⅲ类	Ⅲ-1	1G　2G　3G　4G	1G　2G　3G
	Ⅲ-2	1G　2G　3G　4G	1G　2G　3G

续表

类　别	考试项目类号	焊 接 位 置	最低合格限度（不少于）
Ⅱ 类	Ⅱ-1	1G 2G 5G 6G	1G 5G 6G
	Ⅱ-2	2G 5G 6G	2G 5G
	Ⅱ-3	2G 5G	2G 5G
	Ⅱ-4	2G 5G	2G 5G
	Ⅱ-5	2F 5F 6G	2F 5F
	Ⅱ-6	2G 5G 6G	2G 5G
	Ⅱ-7	2G 5G 6G	2G 5G
	Ⅱ-8	2G 5G	2G 5G
	Ⅱ-9	2G 5G 6G	2G 5G
Ⅰ 类	Ⅰ-1	2G 5G 6G	2G 5G 6G
	Ⅰ-2	2G 5G 6G	2G 5G 6G
	Ⅰ-3	2G 5G 6G	2G 5G 6G
	Ⅰ-4	2G 5G 6G	2G 5G 6G
	Ⅰ-5	2G 5G	2G 5G
	Ⅰ-6	2G 5G	2G 5G
	Ⅰ-7	2G 5G	2G 5G
	Ⅰ-8	2G 5G	2G 5G
	Ⅰ-9	2G 5G 6G	2G 5G 6G
	Ⅰ-10	2G 5G 6G	2G 5G 6G
	Ⅰ-11	2F 5F 6F	2F 5F 6F
	Ⅰ-12	2F 5F 6F	2F 5F 6F

注 1. 考试过程中，施焊条件难度必须与考试规程相符，否则考试成绩无效。

2. DL/T 869 中对承压管道焊接方法有明确规定，故对Ⅱ类焊工进行氩弧焊工艺的培训与考试。

2. 试件管理

为区分试件未焊前和焊接后的不同，未焊前称为试件，焊接后称为考件。

(1) 试件入库和保管。

1) 试件加工后应按规程或加工图纸要求进行验收，符合要求方准入库。

2) 验收中应对材质钢号确认清楚，在每件上均应注明区分钢号的标记。

3) 试件存放时，应按品种、钢号、规格分类码放，要求整齐，不得混淆。

4) 入库试件应建立台账，出库时应详细登记，以明了使用和库存情况。

5) 试件保管以摆放在专用架子上为宜。

(2) 试件发放。

1) 试件发放应有专人按考试内容签发领料单，考试焊工持单领料。

2) 发料人员必须以领料单为依据，按材质、规格和数量进行发放，不准自行变动，发料后将领料单收回。

3) 发放出库的试件，考试焊工应立即检查，发现问题应及时更换，一经点固焊后无重大问题一律不得更换。

(3) 施焊前试件管理。

1) 考试焊工领取试件后，应自行清理，按照焊接工艺指导书规定进行点固焊。

2）点固焊后的试件，由考试焊工送交监考人员检验，并在考试试件的指定部位敲打上特殊钢印标记，方可正式施焊。

3）考试焊工在考试过程中，必须注意保持特殊钢印标记，损坏特殊钢印标记者，试件一律作废，视该项考试无效。

（4）施焊后考试试件管理。

1）施焊后，监考人员核对考件的特殊钢印标记，相符合，交给被考试焊工，按钢印标示方法的规定，在考件上敲打上该焊工的钢印代号，交给监考人员集中收回。

2）考件的各项检验程序，见图4-9。

3）考件的外观检查一般由监考人员按规程标准进行评定，评定中的各类情况如实登记，给予结论，并填写“焊样外观检查报告”。

4）外观评定合格的考件，监考人员交给主持考试的人员，按检验程序和项目进行各类检验及加工的委托工作。

5）严格按规程规定和检验程序逐项进行检验，各项检验工作的交接责任要明确，不得丢失或混乱。

6）检验、试验后剩余的考件、试片和探伤底片等，均应保存至合格证签发后，方可按上级规定处理。

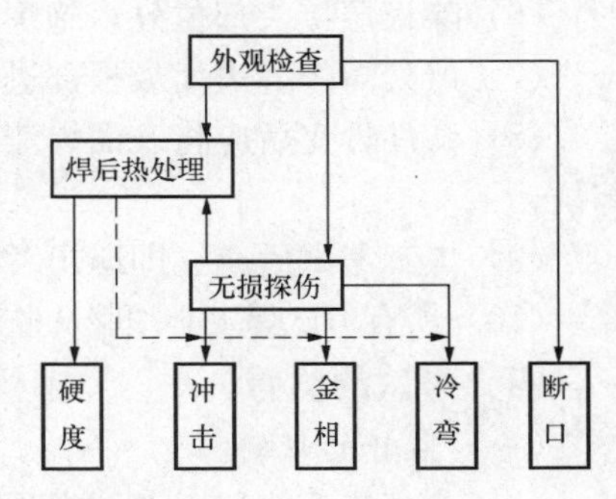

注：厚度大于16mm的B类钢做冲击试验

图4-9 检验程序图

3. 钢印代号的管理

钢印代号包括焊工钢印代号和焊接位置代号。其编制方法规定如下：

（1）钢印代号的编制。

1）焊工钢印代号。首次参加焊工考试者，焊工钢印代号应由考委会以正式“命名”的形式进行编制，在任何情况下，任何人不得变动。

企业焊工数量较多时一般多以英文字母和阿拉伯数字共同组成；焊工数量较少时可以其中一种进行编制。编制时切忌容易混淆的字母、数字必须分清，避免遇有偶然情况时不易分辨。如接收外委培训、考试任务时，其焊工钢印代号应另行编制，切不可与本单位的混淆。复试和增项考试的焊工应沿用原编钢印代号，不可重新更换。

2）焊接位置代号。考试试件经加工后，焊缝外形已有变化，不易辨认和区分焊接位置，因此，必须采取区分、辨认原焊接位置的方法予以确定，否则将容易使考件混淆，一般可参考下列方法编制。①钢板试件：平焊“1”、横焊“2”、立焊“3”、仰焊“4”。②管子试件：可直接敲打焊工钢印代号，区分方法是：水平固定焊位仅敲打在管件的一个端头上；垂直固定焊位敲打在管件的两个端头上；45°固定焊位敲打在管件的一个端头的表皮上。③管板试件：由于其焊缝外表面在检验中不被破坏，故只将焊工钢印代号敲打在管子的端头上。

（2）敲打钢印代号应注意的问题。

1）各类试件敲打钢印代号时应保证紧密、连贯和清楚，以免切取试片时出现无标记现象。

2）敲打钢印代号必须打在指定的部位上，不可任意变动。

3）对于四周面均需加工的试件（如冲击试片）或两端头需截短的试件（如金相试片）应有专人负责补打钢印。

4. 技能考试考场纪律

（1）考试焊工应按考试日期和指定的工位依次就位，如实行准考证，应将其悬挂在工位处。工位不得自行更换，无关人员不得随意进入。

（2）准备时间为60min，包括坡口清理、机具检查、试验电流、对口和点固焊等，到规定时间便可正式施焊。

（3）考试者应独立进行，他人不得在旁指导，更不允许他人代考。

（4）试件一经施焊不得任意变更或变动焊位

（5）考试过程中如机具发生故障，应立即停止施焊，并向监考人员报告，经鉴定认可后可延长考试时间。

（6）除根层接头部位外，施焊时不允许修整各层焊道。

（7）严禁对焊缝表面或根部进行修补。

（8）试件焊完后应将表面焊渣、飞溅等物清理干净，并将本人钢印代号敲打在试件指定部位。

（9）焊工考试后应立即退出考场，不得在场内逗留，以免影响他人考试。

（10）所有考试焊工必须服从监考人员指挥，违反考场纪律者令其退出考场，取消考试资格。

四、考试的监督

（一）监督的目的

（1）考察是否按焊工考试规程规定组织考试，以验证考试组织的正规性。

（2）按监督内容检查考试必须具备的条件和资料，确立考试的合法性。

（3）监督考试过程、核实考试成绩是否与考试规程要求相符，确认考试的有效性。

（二）监督人员的资质

（1）焊工考试委员会成员。

（2）焊接工程师和技师。

（3）焊接质检和检验人员。

除考委会成员外，其他人员均由考委会特聘方可担任。

（三）监督形式

考试监督必须由考委会主持，培训机构辅以工作。考试必须采取当场监督，无监督的考试均视无效。

为充分体现教、考分离管理的原则，监督人员可按下列两种方式组成。

（1）按考试规程规定，由两名考委会成员参加监督工作，实行以考委会成员为主、培训机构人员为辅的监督机制。

（2）由考委会聘请有一定资历，且与焊接专业有关的熟悉焊接专业工作的人员组成监考组，在考委会的主持下，考委会授权专门履行焊工考试监督工作。

监督工作是一件严肃的工作，尽量组织严密，考试条件准备充分，使考试过程顺利进行。

（四）监督内容

1. 考试条件审定

（1）审查焊工考试计划的内容，试卷、试件准备的是否与实际考试要求相符。

（2）复核被考试焊工的资格。

（3）检查培训机构有无下列制度和资料。

1）焊工培训、考试质量保证体系及管理流程图。

2）焊接工艺评定和相应的工艺指导书。

3）试卷和试件管理办法。

4）理论和操作技能考试的考场纪律。

（4）检查组织考试的程序是否符合要求。

（5）核实日常培训“焊样检查评定表”，了解焊工日常学习状况和稳定程度。

2. 考试中的监督工作

（1）试件验证。

（2）材质核对（原材和焊材）。

（3）对口检查。

（4）点固焊及试件摆放时障碍物状况。

（5）规范参数选定。

（6）操作过程。

（7）层间清理。

（8）施焊时间记录，见表 4-17。

表 4-17　　考试记录表

<table>
<tr><td>考试人姓名</td><td></td><td>钢印代号</td><td></td><td>考试项目</td><td></td></tr>
<tr><td>焊接位置</td><td></td><td>试件规格钢号</td><td></td><td>试件数量</td><td>件</td></tr>
<tr><td rowspan="2">焊接材料</td><td>打　底</td><td>牌　号</td><td></td><td>规　格</td><td></td></tr>
<tr><td>盖面（包括层间）</td><td>牌　号</td><td></td><td>规　格</td><td></td></tr>
<tr><td>考试日期</td><td colspan="2">年　月　日　午</td><td>机具工位号</td><td colspan="2"></td></tr>
<tr><td>对口标准</td><td colspan="5">α　b　p　β　α　b
标准：α：β：
b：p：
实际：α：β：
b：p：</td></tr>
<tr><td rowspan="4">焊接工艺</td><td>焊接电源或气源类型</td><td colspan="2"></td><td>极性或火焰种类</td><td></td></tr>
<tr><td>焊接电流或焊嘴号数</td><td>打　底</td><td></td><td>填　充</td><td>盖　面</td></tr>
<tr><td>焊接层数及排列</td><td>层　数</td><td></td><td>焊道排列</td><td></td></tr>
<tr><td>操作方法</td><td>打　底</td><td></td><td>盖　面</td><td></td></tr>
<tr><td rowspan="2">考试时间</td><td>给定时间（分）</td><td>每　件</td><td></td><td>合　计</td><td></td></tr>
<tr><td>实际时间（分）</td><td>每　件</td><td></td><td>合　计</td><td></td></tr>
<tr><td>违纪记载</td><td colspan="2"></td><td>处理
意见</td><td colspan="2"></td></tr>
<tr><td>监考人意见</td><td colspan="5">监考人</td></tr>
</table>

（9）焊后清理。

（10）敲打焊工钢印代号。

（11）纪律状况检查。

（12）考试件的外观检查及评定，见表 4-18。

表 4-18　　考试试件外观评定表

<table>
<tr><td>焊工姓名</td><td></td><td>钢印代号</td><td></td><td>检查日期</td><td colspan="2"></td></tr>
<tr><td>考试项目</td><td></td><td>试件规格</td><td></td><td>试件钢号</td><td colspan="2"></td></tr>
<tr><td>焊接材料</td><td>根层牌号及规格</td><td></td><td colspan="2">填充盖面牌号及规格</td><td colspan="2"></td></tr>
<tr><td>试件数量</td><td>件</td><td>检查方法</td><td colspan="4"></td></tr>
<tr><td rowspan="12">外观检查结果</td><td colspan="2">检查项目</td><td>第一件</td><td>第二件</td><td colspan="2">第三件</td></tr>
<tr><td colspan="2">焊缝余高</td><td></td><td></td><td colspan="2"></td></tr>
<tr><td colspan="2">焊缝宽度</td><td></td><td></td><td colspan="2"></td></tr>
<tr><td colspan="2">均整度</td><td></td><td></td><td colspan="2"></td></tr>
<tr><td colspan="2">咬边</td><td></td><td></td><td colspan="2"></td></tr>
<tr><td colspan="2">表面气孔夹渣</td><td></td><td></td><td colspan="2"></td></tr>
<tr><td colspan="2">表面裂纹、未熔合</td><td></td><td></td><td colspan="2"></td></tr>
<tr><td colspan="2">未焊透</td><td></td><td></td><td colspan="2"></td></tr>
<tr><td colspan="2">根部凸出</td><td></td><td></td><td colspan="2"></td></tr>
<tr><td colspan="2">凹陷</td><td></td><td></td><td colspan="2"></td></tr>
<tr><td colspan="2">弯折</td><td></td><td></td><td colspan="2"></td></tr>
<tr><td colspan="2">结论</td><td></td><td></td><td colspan="2"></td></tr>
<tr><td>备注</td><td colspan="6"></td></tr>
</table>

评定单位：　　　　　　　　　　　　审核：　　　　　　　　　　评定人：

（五）考试监督出现下列情况之一时，视考试无效

（1）考试焊工的资格与要求不符。

（2）没有下列主要管理制度和资料：焊工培训考试质量保证体系、焊接工艺评定及其相应的焊接工艺指导书、试卷和试件管理办法、考场纪律。

（3）施焊过程中违反考场纪律。

（4）施焊中焊接工艺规范参数选定与焊接工艺指导书规定差距太大。

（5）试件未按规程规定程序进行检验，或检验结果不符合要求仍继续进行。

上述情况如出现其中之一者除判定该次考试结果全部无效外，考委会应对组织考试的培训机构进行整顿，直至符合要求，方可恢复其组织考试工作的资格。

五、考试成绩的评定

（一）考件检查要求

（1）试件考试完毕，外观检查符合要求后，对有无损探伤考核项目者，须经探伤检验合格后，方准进行其他项目试验。

（2）如需进行焊后热处理的考件，应在外观检查合格后，按下列方法进行：

1）小径管（$\phi \leqslant 60$mm）经热处理后再做各项检验。

2）大径管（ϕ>60mm）及板件，可先进行无损探伤检验。合格后再切取试片毛坯进行热处理，最后再加工进行其他项目试验。

3）所有考件的断口检查，可不经焊后热处理直接进行破碎折断检查。

4）合金管板考件应先经热处理后，以机械方法进行试片的切取，再作金相检验。

（3）各项检验、试验的报告、试验后的试片和无损探伤底片均应妥善保管，以备查阅。试片保管期不应低于一个月。检验、试验报告和无损探伤底片，应在焊工合格证有效期内妥为保存。

（二）试片加工应注意的问题

考件的检验项目、数量及试样加工规格应遵照考试规程的有关规定进行。在试片制备中注意下列问题：

（1）各类考件的试样制备应按规定的部位切取和加工，不得任意变更。

（2）冷弯试片加工时，对“受拉面”和“受压面”的加工，可参照下列方法处理：

1）面弯试样。“受拉面”至少应保留原材一侧的表皮，并加工至要求的粗糙度。

2）根弯试样。

①小径管的试片可将其根部弧度加工至齐平，然后再按规定“倒棱”。

②板件及大径管如有凹陷缺陷，超过标准者，试件判废，不准继续加工，如未超过标准，仍应保持原材内表皮，不应人为地将凹陷缺陷消除。

③冲击试样，如无特殊要求，一般可不按试件的面、根、中等分层切取，加工时除符合规定尺寸和粗糙度外，尤其应注意“缺口”开槽部位，其尺寸和粗糙度必须符合标准要求。

（3）断口试样小径管为整管，板件及中、大径管为切片，开槽深度及试样宽度必须符合标准，不得任意减少受检查断面面积。

（4）金相试样是检查焊接接头断面缺陷的一种手段，除试片切取部位必须按规定选取外，试样宽度一般为15～20mm，其长度必须包括焊缝区、热影响区和原材区三个部分，选取长度：中、小径管为40～50mm，大径管为70mm。

（5）直径大于168mm的厚壁管，考试时允许双人同时对称焊接，焊后按规定部位共取一组试样（冷弯试样为两个接头处），试验成绩代表两人考试结果。

（三）考试成绩评定

1. 技能成绩评定

（1）评定应遵循的原则。

1）每次检验应坚决贯彻客观、公正的原则，严格按标准进行评定。

2）检查或检验必须使用专用设备和测量工具，以数据为准，得出真实结果。

3）各项检查、检验和试验均应出具正式报告（其中必须包括外观检查、断口检查报告等）并应有两名或以上持有资格证书的检验人员（其中必须有一名Ⅱ级或以上检验员资格证书）签章方能生效。

（2）技能成绩评定注意事项。

1）外观检查不只是工艺问题，也是质量问题，焊接接头的尺寸和均整度优劣，不但造成应力集中，也会降低耐疲劳性能，因此，检查时应按各类焊工不同的标准要求，严格检查，不得漏项，标准应掌握准确。

2）允许存在的未焊透缺陷，可根据试件的具体情况在外观或无损伤底片中评定，一般应尽量在外观检查时进行评定。

3）冷弯、断口、金相和冲击等项试验除应按标准评定外，对冷弯试验其“受拉面”出现裂纹的判定，无论纵向或横向裂缝的开裂程度，必须符合《焊工技术考核规程》的规定。

4）考试项目为多项时，其中如有平焊位钢板试件时，必须在其合格的基础上才能判定其他项目，平焊位不合格者，其他考试项目均认为不合格。

2. 理论成绩评定

(1) 试卷必须由培训机构专责工程师判卷评分。

(2) 评卷前根据试题库由专责工程师写出“标准”答案，作为评卷依据。

(3) 试卷评定以百分制为准，60 分及以上为合格。

(4) 将理论成绩登记造表，试卷应整理装订成册，以备办理焊工合格证后与其他有关资料一起归档保存。

（四）补片、补考和重新考试的规定

1. 补片的范围和要求

(1) 在技能考试试件检验中，凡力学性能试验项目如冷弯、冲击，或断口检验不合格时允许在原试件上取双倍试样补做该项检验，但是金相宏观检验试片不允许补片。

(2) 取双倍试件补作试验的含义是，如有一片不合格时，可补做二片试验，但还应注意下列情况：

1）冷弯试验中包括面弯和根弯，如在同一考件中面弯或根弯有一项不合格时允许补作二片试样，但同时出现面、根弯均不合格时则不允许补片，认为冷弯试验不合格。

2）断口检验在 $\phi \leqslant 60$mm 中有两件，如其中一件不合格时允许补做两件，如两件均不合格，则不允许补焊试件，认为断口检验不合格。

3）如在试验过程中同时出现两个或以上试验项目不合格时，如冷弯和冲击、冷弯和断口、冲击和断口，则不允许补片，判定该考试项目不合格。

(3) 补作试验的试片，如原件不够切取时，允许另焊试件。

(4) 补片试验仍不合格者，则确认该项考试不合格。

2. 补考

(1) 当外观检查、无损探伤和各项试验（补片为不合格）按检验顺序有不合格时，以规程规定的时间和要求为准，允许进行补考。

(2) 补考仅允许一次，如仍不合格，该焊工必须重新培训，待具备该类焊工技术能力时，再进行重新考试。

3. 重新考试

(1) 此处的重新考试，专指补考后仍不合格的考试，重新考试的组织和管理应与正式考试相同，不可简化。

(2) 重新考试仍不合格者，不可连续再次考试，时间必须间隔一年以上，经过重新培训后再行考试。

（五）考试成绩的汇总及审定

1. 考试检验报告的细目

(1) 外观检查评定表。

(2) 无损探伤检验报告及底片。

（3）力学性能试验报告（冷弯、冲击等）。

（4）断口检查报告。

（5）金相检验报告。

（6）硬度测定报告。

2. 各种报告审定要求

（1）以 DL/T 679《焊工技术考核规程》为依据，按其质量标准对全部试验报告逐项审定。

（2）审定中对不合格项目最后结果要查明原因，尤其是补片、补考等特殊情况，必须查清其处理过程是否符合规程要求。

（3）各项检验、试验报告必须是合格的，否则不得向考委会申报签证。

（4）审定中应注意各类检验人员的资质是否符合规定。

3. 考试成绩审定程序

（1）各项考试成绩报告，先由理论老师进行整理和初步审定，齐全无误后，送交专责工程师复审。

（2）专责工程师复审前，应先听取理论老师对考试资料汇总介绍，无疑问后再行审定。

（3）专责工程师复审时，首先查清资料是否齐全，成绩是否全部合格，然后按表 4-19 要求填写“焊工技术考核登记表”并附上各项考试成绩报告（包括无损探伤底片）和理论试卷，整理装订成册。

（4）由专责工程师以上述资料为依据，填写焊工合格证，字迹要清楚，不得出现涂改、污染等损坏证面的现象。

（5）专责工程师或委派专人，将全部资料报送考委会审定。

六、焊工合格证

1. 签发合格证时，必须具备的资料

（1）焊工考试计划表（申报表）。

（2）焊工技术考核登记表（表 4 - 19）。

（3）培训过程（复试练习）、考试前预测的技能练习检查成绩的原始记录（焊样检查评定表）。

（4）理论知识考试成绩和试卷。

（5）考试记录表。

（6）试件外观检查评定表。

（7）焊后热处理资料（包括硬度测定报告）。

（8）无损探伤检验报告及底片。

（9）力学性能试验报告。

（10）断口检验报告。

（11）金相检验报告。

（12）补考记录。

2. 合格证签发原则

（1）除新入厂徒工基础培训，签发基础培训合格证外，其余各类焊工一律签发电力系统统一颁发的焊工合格证。

（2）签发合格证时必须按焊工分类和考规要求进行。

表 4-19　　**焊工技术考核登记表**

序号	考核日期	焊工姓名	钢印代号	试件			焊接材料		种类	位置	型式	预热温度（℃）	焊后热处理		考核结果								理论成绩	准予担任的焊接工作	有效期年月日	负责人签字	备注
				类型	钢号	规格	牌号	规格					加热温度（℃）	恒温时间（分）	外观检查	无损探伤	断口检查	金相分析		冷弯试验		冲击功（J）					
																		宏观	微观	面弯	根弯						

注　符号意义：1. 焊接种类：D（手工电弧焊）、Q（气焊）、W_s（钨板氩弧焊）。

2. 项目：G（管材）、B（板材）、GB（管材）。
3. 钢材类别：A、B、C；级别：Ⅰ、Ⅱ、Ⅲ。
4. 焊缝形式：V（V）、⇓（双V形）、U（U形）。
5. 管子分类①、②、③。
6. 焊条类型：J（碱性）、S（酸性）。
7. 焊接位置板材：1G（平焊）、3G（立焊）、2G（横焊）、4G（仰焊）；管材：2G（管横）、5G（管吊）、6G（管斜）、管板 TY（斜仰焊）。
8. 理论知识考核成绩：优良、合格（或分数）

3. 合格证签发程序及要求

（1）培训机构呈报的考试资料及焊工合格证经考委会审定签字或盖章，报请上级机关签发。

（2）焊工合格证只有经上级机关签证后方能生效。

（3）合格证各项填写必须清楚，不得涂改，印章必须齐全，否则合格证无效。

（4）签发合格证有效期限应从技能考试日期计算，有效期为三年。

（5）考试后应及时办理签证，一般从考试日期起至签证完毕不得超过1个月，逾期未签证者，考试成绩作废。

4. 凡有下列情况之一者不予签证

（1）签证所需资料不齐全。

（2）考试前未进行申报或未经考委会审批。

（3）严重违反考场纪律被免除考试资格。

（4）未按规定间隔时间补考、重新考试，自行决定连续考试者。

（5）超过签证规定期限。

5. 焊工合格证的管理

（1）合格证签发后，应由各单位负责焊工管理的部门专人统一管理，不得发给焊工本人，以便核实验证。

（2）合格证到达有效期限时即行废止，需复试者，必须在有效期到达前一个月，由各单位负责合格证管理部门向考委会提出复试申请计划，由培训机构定期组织焊工复试工作，未经复试超越合格证有效期工作的焊工，一律视为无证操作。

（3）凡进行增项考试者，如焊接方法和基本工艺不变时，可只考技能，必要时应重考理论知识。

（4）凡不按考试规程组织和管理焊工考试工作行为，考委会或上级机关一经发现查实后，除吊销该期次所有焊工合格证外，对考试单位提出严重警告，对主持考试工作人员调离岗位，出现两次以上者取消考试单位组织考试的资格。

6. 免试签证

办理免试签证的基本要求。

（1）负责管理持证焊工的部门对持证焊工焊接质量状况应经常检查，做好记录，建立焊工业绩档案。至少每季度上报至考委会备案。

（2）申请免试签证的焊工必须符合规程所列条件的规定。

（3）免试签证应在合格证有效期满前两个月，提出正式申请报告，交送考委会。

（4）外单位代培、代考的焊工，一般不办理免试签证。

7. 焊工合格证的吊销

（1）焊接质量一贯低劣或出现严重质量事故者。

（2）违反焊接技术规程规定，造成返工事故，经教育不思改过而再次造成返工事故者。

（3）中断受监部件焊接工作超过半年以上又不进行复试者。

（4）脱离焊接专业岗位，调入其他部门从事非焊接专业工作者。

（5）被吊销焊工合格证的焊工，不允许担任受监部件焊接工作，如再次申请取证考试时，必须经过有关部门提出，考委会审批，经过重新培训、考试后，方可办理新合格证。

七、持证焊工管理

1. 一般管理

（1）各单位对持证焊工应建立技术档案，掌握焊工培训考试、施焊质量、技术状况和合格证有效期限。

（2）对持证焊工应创造条件让其经常参与受监部件的焊接工作。

（3）如条件允许应组织不定期的技术练习，以使持证焊工保持最佳技术状态。

（4）管理焊工的部门不可强制持证焊工参与超越其考试合格项目的焊接工作。

2. 组织抽查复考

（1）考委会每年应对持证焊工按不同类型、不同项目和一定比例组织抽查复考（尤其是受监部件焊接量少的单位更应组织）。

（2）抽查复考的鉴定方式，可按规程要求进行，如作正规检验、试验，成绩可填入焊工合格证内，亦可采取“焊前练习”的折断面考试方法进行。

（3）合格者应给予奖励，对不合格者应查清原因并采取对策使其技术保持稳定。

（4）抽查结果存在问题严重者，应停止其施焊工作，送交培训机构重新进行培训。

3. 持证焊工的调动

（1）持证焊工内部或系统内调动，其合格证应由调出单位及时转交给（不通过本人）调入单位；调出系统外者，其合格证应收回作废。

（2）临时借出的持证焊工，应携带合格证的复印件，以备借人单位核对资格，合理安排工作。

第五节　技术档案及质量回访

一、焊工技术档案

（一）技术档案的作用

焊工档案是焊接技术管理工作重要内容之一，全面、完整的技术档案可使从事焊工管理工作的人员对焊工技术状况、焊接业绩有个全面、系统的了解，为加强焊接工作的管理奠定坚实的基础。

（1）焊工技术档案不但对焊工技术进步、能力状况、焊接实绩有较为详细的记载，同时，也是显示企业焊接整体力量、技术能力的准确、可靠的数据库。

（2）技术档案能及时、准确地为上级和有关部门提供焊接方面的信息，对提高焊接队伍整体管理水平和发展，具有指导作用。

（二）技术档案的内容

1. 焊工基本状况

焊工自入厂起就应建立技术档案，以便系统的了解焊工状况。随着焊工工作年限的增加，其技术能力会不断提高，按阶段地补充新的内容，使技术档案逐步完善。

按目前实际情况，焊工个人技术档案采用两种格式进行统计为宜。

（1）初入厂的焊工，以表 4 - 20 要求的内容，从三个方面进行统计。

1）本人自然状况。

2）身体健康状况。

3）入厂生产安全知识。

表 4-20　　　　焊 工 登 记 表

编号　　　字第　　　号

姓　　名		性　　别		出生年月		相片
籍　　贯		民　　族		文化程度		
专业工种		入 厂 日 期				
个人简历						
身体状况	视　　力					
	病　　史					
学习安全知识及成绩						

（2）从事焊接工作一年以上的焊工，以表 4-21 要求的内容，主要反映：

1）焊接专业技术进展状况。

2）焊接工作实践的主要成绩。

表 4-21　　　　焊工技术档案登记表

编号　　　字第　　　号

姓　　名		性　别		籍　　贯				相片
出生年月		民　族		文化程度		技术等级		
入厂日期		原工种		现工种				
变动日期		职　务		技术水平				
工作经历和成就	工作单位调动情况							
	带徒工人数、日期及情况							
	担任培训教师的时间及地点、次数							
	工艺改进及建议							
	技术改革							
	创造发明							
	编写书籍或专题文章							
	立功、表彰情况							
	其　　他							

注　1. 此表每年登记一次，每次陆续加页。

2. 相片只第一次登记使用。

2. 焊工整体状况

除了建立焊工个人技术档案外，为反映焊接队伍状况和管理工作水平，必须建立焊接工作整体方面的档案资料。主要包括：

（1）企业焊工数量及分布状况。

1）焊工总数及分布。

2）各类合格焊工（包括合格项目）及分布。

（2）焊工钢印代号的编制及统计。

（3）有特殊技能专长和贡献的焊工业绩记载资料。

3. 培训资料

（1）焊工培训、考试状况登记。焊工每次培训、考试无论成绩如何都应按表 4-22 要求登记建档，充分地反映焊工技术成长过程和具备的技术能力，为合理地使用焊工和各类焊工的配比提供可靠的依据。

表 4-22　　焊工培训考试统计表

编号　　字第　　号

<table>
<tr><td>姓　名</td><td></td><td>性　别</td><td></td><td>出生年月</td><td></td><td>籍　贯</td><td></td></tr>
<tr><td>文化程度</td><td></td><td colspan="2">专业起始时间</td><td colspan="2"></td><td>钢印代号</td><td></td></tr>
<tr><td rowspan="2">培训
考试时间</td><td rowspan="2">地　点</td><td colspan="4">考 试 状 况</td><td rowspan="2">有效期</td><td rowspan="2">复试时间</td></tr>
<tr><td>规　格</td><td>钢　号</td><td colspan="2">合 格 项 目</td></tr>
<tr><td></td><td></td><td></td><td></td><td colspan="2"></td><td></td><td></td></tr>
<tr><td></td><td></td><td></td><td></td><td colspan="2"></td><td></td><td></td></tr>
<tr><td></td><td></td><td></td><td></td><td colspan="2"></td><td></td><td></td></tr>
<tr><td></td><td></td><td></td><td></td><td colspan="2"></td><td></td><td></td></tr>
<tr><td></td><td></td><td></td><td></td><td colspan="2"></td><td></td><td></td></tr>
<tr><td></td><td></td><td></td><td></td><td colspan="2"></td><td></td><td></td></tr>
</table>

审核：　　　　　　　统计人：

（2）培训期次资料汇集。以培训期次为单位，将各期培训、考试的资料汇集装订成册建档。主要包括两个方面的内容：

1）培训过程成绩检查评定记录。

2）全部考试检验、试验报告。

积累这些资料的主要目的是：能充分反映培训质量状况和培训机构管理工作水平。同时，也为上级和有关部门了解、查询培训工作情况提供便利条件，更有利于对培训工作的监督。

4. 焊接质量状况记录

（1）季度质量状况（见表 4-23）。通过季度质量状况的统计，可以分阶段地对培训合格的持证焊工实际工作全面了解，为焊接管理人员改善焊接工程质量和提高焊工技术能力提供分析和归纳意见的依据，同时，也为焊工合格证期满办理免试签证供给可靠的技术资料。

（2）机组台数质量状况（见表 4-24）。以每台机组为单位，统计焊接质量状况，不但可以掌握每个焊工技术状况，系统地考核焊工的业绩，同时，可通过焊接质量技术分析，反映

表 4-23　　焊接质量状况第　　季度统计表

填报日期　　年　　月　　日

工程名称				焊工姓名			钢印代号		合格证编号	劳动部				
										电力部				
被焊部件			本季焊接口数	外观检查			无损检验			抽样试验			水压试验	
项目	材质			应检率（%）	应检口数	一次合格口数	应检率（%）	应检口数	一次合格口数	应检率（%）	应检口数	一次合格口数	泄漏口数	一次合格率(%)
	规格	钢号												
说明														

公司考委会盖章　　公司考委会主任委员　　申报单位盖章　　审核　　填表人

表 4-24　　焊接工程质量状况表

单位性质：　　　　工作单位：　　　　焊工姓名：　　　　钢印代号：　　　　工种：

序号	项　目	部件材料		实焊口数（道）	无损检验			取　样			泄漏口数		质量状况及分析		
		规格	钢号		总口数	不合格数	合格率	口数	不合格数	合格率	水　压	试　运	返工状况	主要原因	处理结果

注　1. 每台机组汇总一次。　　　　审核：　　　　填报人：　　　　填报日期：　　年　　月　　日

2. 单位性质栏填写：生产、基建、修造。

3. 施工部门填写，在考委会（培训机构）备案。

出质量水平，了解存在的问题，为改进工作提出明确目标，寻求解决办法。

焊接质量状况记录列入档案，是焊接技术管理工作的重要部分。单纯从培训角度是做不了的，应以在生产上从事焊接技术管理工作的人员为主，培训机构人员为辅，共同努力建好档案。

（三）技术档案的管理

1. 档案管理的要求

（1）注意原始资料的积累和汇集。档案必须有充实的内容，焊工培训、考试和实际施焊中的原始资料都应妥善保存，焊接工作的每个环节的资料不应遗漏和丢失，逐渐积累，系统地整理，这是建档的基础，必须认真、细致地做好。

（2）档案应齐全、清楚。技术档案是了解焊工和焊接管理工作状况的资料库，完整的技术档案能为指导焊接工作起到积极的作用，档案资料应力求齐全和清楚。

档案齐全、清楚的标志是，首先要做到有系统和有条理，其次是从各个方面反映出焊工和焊接管理工作状况。档案资料必须要认真整理，无论是文字记载或是表格都应注意认真填写、字迹清楚。

（3）分类建档。

1）按个人和整体分别建立。建档时分个人档案和整体档案两类。

以每个焊工为单位建立的个人技术档案是最基础的，它应包括该焊工技术状况、技能特长和实际焊接工作的业绩。以培训期次或单机组建立的整体档案也是基础档案，内容应全面反映出阶段工作概貌和必要的技术记载。

2）按焊工类别建档。焊工分为Ⅰ、Ⅱ、Ⅲ类及一般焊工等四类。技术资料统计、整理完毕后，应按焊工类别建档，这样，可为调档检查时提供便利条件。

（4）编写目录。为了使用方便，编写详细、统一的目录是非常必要的，首先按各类别编制出分项目录，然后，再编制总目录。

分项目录的编制要有层次，并考虑使用时调档的方便，分项目录应力求统一。

2. 档案管理的方式

（1）动态管理。焊工情况不断的变化，技术档案内容也随之变动，因此焊工技术档案应进行相应的补充和及时的调整，使档案资料与焊工实际状况相符。变动内容在档案中应有详细、准确的记载。

（2）利用文字和微机管理。焊工技术档案管理一般分为文字管理和微机管理两部分，以两者相互结合成为统一整体的管理模式为最好。

文字管理是档案管理的基础，必须认真、细致的做好。将培训积累的原始资料全部收集一起，进行系统、准确和完整的清理、汇集，按要求妥为保管。

微机管理除将焊工个人和培训等有关资料按编制的程序输入到微机中，及时、准确地提供各项需用数据和资料外，还能为各有关部门，因各种原因需用各类焊工和培训有关资料时，提供方便条件。

二、跟踪指导教学

跟踪指导教学是指当培训、考核结束后，为适应生产需要在实际从事焊接工作以前，采取的一种“补充教学”的形式。

（一）意义

跟踪指导是巩固教学成果的一种手段。受培焊工培训、考试完毕后，由培训机构组织到与其工作条件和环境相近的部门去实习，由培训机构派专门教师，进行实地指导，使学员在有指导的状况下熟悉工作环境，稳固学习成绩，发展所学、巩固所学，为学员（焊工）尽快进入工作状态奠定基础。

培训机构和有关部门都应大力支持和协调好这项工作，将这项工作有组织、有计划地发展下去。

（二）跟踪指导的重点

1. 基础焊工（一般焊工）

新入厂的焊工学员经基础培训后，对工作环境和所学与用的结合都比较生疏，需要有很长的时间才能适应，单依靠现场的师傅是不够的，而由培训机构的教师带领去适应，则会在较短的时间里取得较大的效果。

2. Ⅲ类焊工（承重钢结构）

考取Ⅲ类资格证书的焊工，由于刚刚取得可以从事承重钢结构焊接资格，极其需要在专人指点下熟悉和发挥其焊接技术才能，故更应着力组织好“跟踪指导”。

这个阶段的指导重点放在深入领会焊接工艺要求，树立坚决按照“焊接工艺指导书”要求进行焊接工作的技术纪律观念，达到符合质量标准要求。

3. Ⅱ类焊工（承压管子）

由于刚刚接触承压管子焊接工作，对基本要求尚处于认识阶段，尤其是对焊接技术规程的有关规定如何准确执行，还是初次。这个阶段跟踪指导的重点是准确地执行规程的质量标准，努力提高焊接工艺水平和采取合理的工艺手段，实现在困难环境下保证质量的要求。

此阶段管子的焊接多为低碳钢材质，焊接技术难度不算太高，但却是管子焊接的基础阶段，是这段跟踪指导教学的主要任务。

4. Ⅰ类焊工

该类焊工是在Ⅱ类焊工的基础上，经过更为严格的训练和考核，焊接技术水平最高的焊工。对管子焊接技术和工艺要求具有较深的基本功力，这阶段的指导重点应放在焊接性难度大的材质和施焊条件更为困难环境的焊接工作上。一般可不进行生产现场的跟踪指导，其指导活动应在培训过程中进行引导和灌输。

（三）跟踪指导教学的组织

跟踪指导必须在有组织、有计划的状态下进行，培训机构依据学员人数的多少，可采取下列两种方式：

（1）学员人数在20人以上者（包括20人）。培训机构应组成专门跟踪指导小组，成员主要为指导教师和理论教师，小组应制定出指导目标和实施步骤，作出统筹安排，要按计划逐步实施，达到预定目标和效果。

（2）学员人数在20人以下者。培训机构可派出技能指导老师实行跟踪指导任务，也应制定出计划和按计划要求去做。

无论哪种方式，培训机构的主任和专工应定期检查和指导跟踪教学工作。

跟踪教学以一个月或一个半月为周期。跟踪指导应在培训、考试结束后立即进行，要衔接好，不要脱节。指导工作结束后，跟踪指导小组应做全面总结，每个学员也应作出个人总结，以了解跟踪指导教学的效果。

三、培训质量回访

培训质量回访是培训机构了解结业学员返回原单位实际从事焊接工作学与用的结合情况而进行的检验培训效果的方法。

1. 质量回访的目的

学员返回单位后技能水平的稳定程度、技术能力的发挥和在实际中质量状况如何，是培训机构最为关心的，也是培训机构提高教学和管理水平采取的重要措施之一。通过质量回访，培训机构真正地实现培训为生产服务的宗旨。

2. 质量回访的主要内容

质量回访应有组织、有计划地进行，回访的内容要根据每期培训项目有针对性地拟定计划，一般可参照下列内容进行：

(1) 培训学习项目在生产实际应用中与实际差距有多大，如何解决的，还存在哪些问题。

(2) 学员对实际生产情况熟悉的如何，遇有特殊情况是否适应。

(3) 通过学与用的结合，学员生产积极性调动的如何。

(4) 与培训相比较，学员在生产实际中对焊接专业工作的体验有何变化。

(5) 通过实践回顾培训阶段尚存在什么问题，应如何解决。

3. 质量回访的形式

培训质量回访分主动和被动两类。主动：即培训机构主动向受培单位征求对培训工作的意见；被动：即受培单位邀请培训机构进行回访。从培训需要出发应采取主动回访为宜。

主动回访有通讯和直接到受培单位两种形式。

(1) 通讯形式。以书信或电话进行回访，此种方式多用在受培单位学员数量极少，了解情况比较方便。

(2) 直接形式。培训机构主动到受培单位回访，此种方式多用于学员数量较多，培训项目繁杂或受培单位焊接工作难度较大时。为了能够对培训质量与实际情况了解的深入，通常采取生产实际观察和开座谈会等两种方式结合的办法进行。

在质量回访中切忌“走过场”、“敷衍了事”的不负责的作法，应力求认真、细致。通过质量回访，使培训管理工作更上一个水平，使教学工作更加严密，促进培训质量的提高。

四、培训总结

搞好培训总结对提高培训管理水平、确保教学质量是一件极其有意义的工作，培训机构的主要领导人必须认真抓好这项工作，并应亲自组织进行。

(一) 总结的类别和内容

培训总结分为技术总结和学员个人总结两类。

1. 技术总结

按培训期次从教学管理角度写出的总结，其主要内容有：

(1) 本期培训概况。

(2) 教学安排及教师岗位分工。

(3) 为保证教学质量所采取的措施。

(4) 本期培训效果和主要经验。

（5）存在哪些问题，今后如何改进。

2. 学员个人总结

（1）本人学习概况。

（2）心得与收获。

（3）不足及努力方向。

（二）编写总结的要求

（1）期次技术总结：由负责教师分学习项目编写，经培训教学人员讨论补充，最后由专责工程师归纳汇总，写出完整的期次培训总结。

（2）学员个人总结：学员个人总结写完后，由其指导教师逐一审阅，写出教师意见，指出存在的问题及努力方向，然后给学员仔细查看，以利于学员巩固学习成绩和改正不足。

（三）总结归档

期次培训技术总结，应作为永久性资料保存。学员个人总结可交给个人保存。

复 习 题

1. 焊工培训的特点是什么？应如何组织培训？
2. 培训管理工作包括哪些内容？
3. 培训前期管理应做哪些工作？前期管理工作在培训中有哪些作用？
4. 教学管理有哪些内容？核心是什么？如何保证教学质量？
5. 规范化教学管理的标志是什么？
6. 入学审查的目的是什么？为什么要进行入学测试？
7. 教学质量标准制定的依据是什么？为什么要制定？
8. 理论教学应注意哪些问题？为什么强调要编写教案？
9. 技能教学的要求是什么？教学中应抓住哪几个环节？
10. 焊样检查评定在技能训练中有何意义？检查评定中应注意哪些问题？
11. 在教学过程中为什么要组织学员交流讨论？交流的内容是什么？注意什么？
12. 焊工考试分哪几种？各有何特点？有哪些基本规定？
13. 组织考试的基本要求是什么？
14. 焊工考试为什么要实行监督制度？
15. 试述考试试件检验程序？有哪些主要要求？
16. 签发焊工合格证应具备哪些资料？
17. 签发焊工合格证的程序和要求是什么？
18. 焊工技术档案的作用是什么？
19. “跟踪指导”的目的是什么？如何组织？
20. 为什么要组织培训质量回访？回访的主要内容是什么？

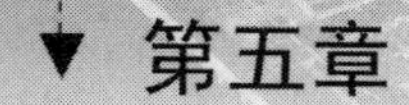

第五章

焊 接 质 量 管 理

焊接质量管理是指从事焊接生产或工程建设的企业，通过开展质量活动发挥企业内部的质量职能，有效地控制产品质量，不准带有焊接规范所不允许的缺陷产品出现的管理过程。为实现这一目标，必须建立一条与之相适应的、完整的焊接质量管理体系，对设计制定或安排过程中的工艺、材料、焊接、热处理、检查、无损检测和理化检验等质量控制系统和影响产品焊接质量的因素进行有效控制。

就企业而言，强化焊接质量管理，不仅有助于预防焊接缺陷、提高产品质量，达到向顾客（用户）提供满足使用需要产品目的，而且还可以推动焊接技术进步，提高企业经济效益，增强企业在市场的竞争能力。

第一节　焊接质量管理的概念

一、焊接质量管理特点

（1）电站建设工程的焊接受工期长、工序多、参与焊接施工的工种、人员及自然环境变化的影响，其质量管理持续的时间长，质量控制比较困难。

（2）焊接工作施工点分散和人员流动性大，质量管理工作相对稳定性差，质量信息传递及反馈较慢。

（3）焊接是特殊工种，受其他工种的牵制，焊接施工高峰期较短，安装交叉作业多，焊件接缝空间位置变化大，作业环境差，因此，焊接质量将受到一定的影响。

（4）电站工程的焊接仍以手工操作为主，操作者技能水平及其发挥程度、精神状态、身体状况等都直接对工程质量发生影响，故对焊接操作者本身的管理工作量大。

（5）焊接施工过程是不可变的，在焊缝中缺陷是隐蔽的，焊接工作一旦完成，就不能再破坏焊件形状和改变性能进行调整和纠正，只能靠对缺陷的预控和利用各种检测仪器帮助发现，在事后定性或定量才能检查出来。

（6）焊接质量检验工作量大。从材料进厂到工程施工，焊接质量检验种类多、数量大，对有些焊件的被检部位，受条件的限制不能被检验内容全数检验。

（7）质量检验的时间性比较强。检验工作大多处于室外露天作业，工序紧密衔接，上道工序的施工效果，如做不到及时检验，将直接影响下道工序的进行，这对检验工作的质量要求较高。

（8）顾客（用户）或监理单位直接参加对焊接质量的监督，使检验数量和部位的不定因素增加。

（9）焊接质量技术资料较多，从母材、焊材质量证明书、焊工资格考核确认记录、施焊记录、质量自检记录、无损检测、理化试验、耐压试验报告、焊接质量等级评定到焊接作业指导书、焊接图等，名目繁多，质量管理的工作量较大。

（10）对从事焊接工作的人员（焊工、热处工、焊接质检员、焊接检验人员）技能素质要求高，经常对他们进行培训、考核，且必须达到合格持证上岗，以其良好的工作质量保证焊接产品质量。

二、质量管理的目的和任务

（一）质量管理的目的

在保证合理工期（合同工期）的条件下，以较低的成本，向顾客（用户）交付符合设计要求及焊接技术标准适用的、满意的优质焊接工程（产品）是焊接质量管理的目的。这里所以把成本、工期作为质量管理的条件，是因为任何制造、安装工程，如不计成本、不讲工期，或只考虑成本、工期而不顾质量，都是无效的管理。

（二）质量管理的任务

现场质量管理的主要任务，可以概括为：质量缺陷的预防、质量维持、质量改进和质量验证等四个方面。

1. 质量缺陷预防

为防止潜在的不合格缺陷或其他不希望的质量问题发生，从产生的原因上采取的措施。

2. 质量维持

利用科学的管理方式和技术措施，维持已达到的质量水平，及时发现并消除造成质量下降或不稳定等异常情况，减少损失，把焊接质量控制在规定的水平线上，并设法把再发生类似问题的可能性降到最低限度。

3. 质量改进

为向顾客提供更多的实惠，在整个机构内经常不断地去发现可改进的问题，使质量合格率从已经达到的水平向更高的水平突破，在质量活动的过程中采取的各种措施。应认识到：

（1）质量改进是通过改进过程来实现的。

（2）质量改进是一项持续性活动。

（3）质量改进的类型要考虑是防守型还是进攻型的。

（4）质量改进措施应包括预防措施和纠正措施。

（5）质量改进的动力来源于不断提高质量意识和使顾客满意。

4. 质量验证

质量验证是指对产品检验、监督、审核等活动的总称。通过检查和提供客观证据，使顾客（用户）对规定要求得到满足。它是质量管理体系的一个重要标志，其目的是确定生产（施工）过程中的产品（工程）是否符合规定的质量要求。

三、质量管理目标

现场施工质量管理目标是生产符合设计要求的产品（工程）或提供符合质量标准的服务，即保证和提高符合性质量（也就是通常所说的制造质量或者是现场服务质量）。

（一）目标制定的基本指导原则

总的指导原则是：

（1）立足于质量第一、坚持为顾客（用户）服务及以竞争求生存的立场。

(2) 在处理企业经济效益问题时，坚持质量第一、利润第二。

(3) 在考虑企业发展问题时，坚持长远第一、眼前第二。

(4) 在处理认识与管理关系时，坚持质量意识第一、管理方法第二。

(5) 在考虑与顾客（用户）关系时，坚持顾客第一、企业第二。

(二) 焊接质量管理目标

按企业质量方针、目标、制定出焊接质量管理工作目标。

(1) 严守合同，贯彻企业质量方针，严格执行焊接技术标准、焊接规范和工艺规律，精心组织精心施工。坚持“四个凡是”，一切工作按程序办事，确保焊接工程（产品）符合设计要求，向顾客（用户）提供一个满意的焊接工程。

(2) 焊接工程（产品）质量目标

1) 全部焊接产品100%合格。

2) 受监督焊接分项工程一次合格率>95%。

3) 建筑工程钢筋坡口对接焊的焊接接头一次合格率>96%。

4) 消除焊接工程施工的质量通病，保证烟、粉、风、灰、水、汽、气、油管道焊缝无泄漏。

5) 锅炉、压力容器和压力管道焊接接头耐压或密封性试验100%合格无渗漏现象。

6) 焊接技术质量证实性记录完善率达100%。

(三) 目标管理工作

质量目标制定后应逐级（公司、分公司或工地、工段或班组）将目标展开、落实，通过对目标展开所采取的对策，将全体焊接工作者组织起来，形成上下结合的质量目标管理体系。为保证体系的正常运行，应做好以下各项工作。

(1) 根据质量目标内容，明确焊接专业各级组织及岗位人员的职、责、权。

(2) 企业各级明确主抓质量目标管理的业务部门。

(3) 建立完善有效的目标管理信息传递、反馈系统（如焊接操作者、班组、专业与公司或工地质量检测和试验部门、公司质量部门）。

(4) 制定相应的规章制度（如管理标准、质量控制标准、质量检验管理程序、质量检验信息传递管理办法，质量考核评价标准和方法、质量奖惩办法等）。

四、建立焊接质量管理制度

为确保焊接质量管理体系的正常运转，应制定如下各项质量管理制度。

(1) 各级人员质量责任制。

(2) 合同管理制度。

(3) 设计图纸审核制度。

(4) 焊接质量管理制度。包括质量计划的编审、焊接工艺评定、焊接工艺编审、焊工资格、焊接材料、焊接设备、工程焊接质量检查通知单、不合格品通知单、质量月报、质量通报、焊接质量见证件、各级质量签证单等文件。

(5) 焊接专业质量管理书（手册）或质量大纲编审制度。

(6) 焊工培训、考核质量管理制度。

(7) 焊接材料质量检验及管理制度。

(8) 焊接设备、仪器、仪表质量检定管理办法。

（9）焊接施工质量控制细则。

（10）焊接工艺纪律实施细则。

（11）焊接标准化管理制度。焊接施工所涉及的焊接技术规范、规程、质量验评标准、验证焊接质保体系符合性和有效性的各类表格均应备齐。

（12）焊接质量检查、检验和试验管理制度。

（13）焊件热处理质量管理办法。

（14）焊接质量信息管理制度。

（15）焊接技术质量资料档案管理制度。

（16）焊接质量考核奖惩管理办法。

第二节　质量责任制

为确保产品（工程）质量符合规定标准及满足用户需要，企业对有关部门、单位、岗位的各类有关人员应履行的质量职能、责任权利和要求，以企业内部法定形式加以明确，规定确立质量责任制度，使工程产品生产者对产品质量负有直接责任（即"谁设计，谁负责；谁施工、谁负责"，实行质量终身负责制）。做到质量工作事事有人管、人人有责任、办事有标准、工作有检查、检查有目标。

一、质量责任制的基本内容

（1）领导关系：需明确直接的隶属关系。

（2）基本任务：需明确本部门（本岗位）通过什么手段和途径达到什么目标。

（3）职务责任［管理者（干部）或岗位责任人（工人）的责任及标准］：需明确本部门（本岗位）所承担的质量职能和责任以及应达到的程度。在标准中能定量的则定量，不能定量的则定性。

（4）相互关系：需明确部门之间，岗位之间的相互协作关系。

（5）工作权限：需明确规定为完成各自承担的质量责任所赋予的权利程度。

二、建立质量责任制的指导原则

质量责任制是技术责任制的组成部分，也是企业建立经济责任制的重要环节。它把质量管理工作从制度上确立和落实。

（1）应以质量责任为中心，做到"质"与"量"相统一，速度与效益相统一。

（2）建立质量责任制首先必须明确质量责任制的实质是责、权、利三者的统一。质量责任制的责权必须适当，同时要通过经济利益起到鼓励和约束作用。责、权、利互相依存，缺一不可。一个经理（或厂长）要对企业质量负责，必须赋予其相应的决定权和指挥权；生产班长要对本班组的质量负责，必须赋予其管理班组工作的权利。同样一个焊接操作工要担负起质量责任，也必须授予以按照规定使用焊接设备和工具、拒绝无作业指导书和上道工序流转下来的不合格部件进行组对焊接的权利。同时，要使责任者获得与其工作绩效相当的经济利益。

（3）质量责任制应该以每个部门和每个岗位为基础，把每个部门和每个岗位在质量方面的任务、责任、要求和权限，作为岗位责任制和工作标准的具体内容规定下来，使质量责任制和岗位责任制融为一体。

(4) 质量责任制，必须做到层次分明，覆盖全面。除建立各部门责任制以外，还应建立各级、各类人员的责任制，从而使企业形成一个职责明确、覆盖全面、纵横衔接、层次分明的质量责任制网络，保证企业产品质量符合规定标准要求，使顾客满意、信任。

(5) 责任制中规定的任务与责任要尽量做到具体化、数量化，切忌言之无物。

(6) 建立责任制的程序。质量责任制包括企业领导、各部门、专业工地（或车间）和个人岗位等质量责任制。各级和个人质量责任制应结合企业质量方针目标的制定、展开和质量职能的分配确定，建立质量责任制的基本程序如下：企业质量方针制定→质量目标制定与展开→查明对质量有影响（直接或间接）的活动→各部门、专业工地（或车间）质量责任→个人岗位质量责任。

(7) 制定质量考核奖惩办法。对质量责任制的考核最终必须落实到对各个部门和各职工质量绩效的奖惩上。这样，才能最终体现质量责任制的严肃性。实施奖惩目的是为了提高企业全体人员的质量意识，调动职工关心产品质量的积极性和主动性，强化全体职工的质量责任心，最终实现企业产品质量和经济效益的不断提高。实行有奖有惩，切忌乱扣乱罚，避免产生副作用。

三、各级人员质量责任制

(一) 企业领导质量责任制

(1) 主要负责人是企业质量保证最高领导者和组织者，对本企业的工程（产品）质量负全面责任。

(2) 贯彻执行国家的质量政策、方针、法令，主持制定企业的质量方针、目标、规划和计划。

(3) 建立健全质量责任制，并首先在领导层落实。

(4) 着重对全体职工开展质量意识教育和掌握工程质量动态及重要质量信息，协调各部门、各单位的质量管理工作关系。

(5) 经常听取质量问题意见，及时组织分析质量状况，正确处理质量与数量、质量与进度的关系。

(6) 认真处理重大质量问题和顾客（用户）对工程质量的意见，不断采取必要措施以保证质量活动经费。

(7) 改进和提高工程质量，创建必要的物质、技术条件使其与工程（产品）质量要求相适应。

(8) 主持召开季、年度质量分析会。

(二) 企业有关部门质量责任制

企业二级机构的有关业务（专业）管理部门，均应制定本部门的质量责任制，以利于在相应管理工作中对工程质量起到保证作用，这里不再一一列举。

(三) 焊接专业工地主任（或队长）质量责任制

(1) 是专业工地施工（生产）的组织者和质量保证工作的直接领导者，对工程质量负有直接责任。

(2) 组织本单位的质量保证活动，认真落实企业“质量保证手册”及技术和质量管理部门下达的各项措施要求。

(3) 组织制定焊接质量目标，并延伸到班组和个人，坚持质量第一的方针，正确处理进度和质量的关系，严格要求职工按程序办事，对施工质量指标的完成负责。

（4）认真执行各项质量制度和质量控制程序，严肃工艺纪律，严格执行“五不准”原则和“三检制”，对焊接人员违反焊接工艺纪律造成的质量问题负领导责任。

（5）组织对全体职工进行质量意识的教育和焊工技术培训与考核工作，并结合生产实况积极开展QC小组活动。

（6）有质量否决权的经济责任制，并认真贯彻执行。

（7）虚心接受质保部门及检验人员的监督和检查，对提出的问题应认真处理和改进，对不合格品的质量应及时组织分析，对质量事故及不合格品按三不放过的原则进行分析，及时向公司（或厂部）质保部和领导反馈各种质量信息。

（8）组织好施工过程的各种原始记录及统计工作，保证各种原始资料的完整性、准确性和可追溯性。

（9）主持召开年、季、月质量分析会。

（四）工程技术人员质量责任制

（1）对工程质量负有技术上的责任。

（2）对质保大纲、作业指导书和施工程序文件的实施，以及对技术状态管理，技术状态更改的设计依据及执行结果负责。

（3）应将上级质量管理的有关规定、技术规程、技术质量标准和设计图纸的要求，变成施工技术方案、技术交底中的具体措施。

（4）应用统计技术，保证工序控制质量。应制定重要部件管理点，关键部位控制点，薄弱工序检查点，并按工作程序进行控制，对关键工序应进行技术指导和监督，并有权对所管辖范围内的质量控制措施作出相应的决定。

（5）结合工程施工的具体情况组织焊工、热处理工、专职质检员、班长、工段长等人员学习上级的有关质量政策、规定、焊接技术规程和质量验评标准，并负责检查焊接工艺的执行情况。

（6）对施工中出现的质量问题或工序中失控环节特别是不合格产品出现，应及时组织有关人员进行分析。找出原因和责任，提出解决办法和纠正措施，使施工质量保持稳定。

（7）协助领导搞好各种技术培训工作，参加并指导QC小组活动，组织统计技术的推广应用。

（8）有权制止不按技术措施、作业指导书要求和技术操作规程施工的违纪行为，必要时应制止其继续施工。已造成质量问题时，应向工地负责人反映，提出返工意见。

（9）协助质量检查员开展质量检验工作，并有权检查焊工、班组自检，工地质量复检情况，以及质量检查记录的正确性及准确性。

（10）参加焊接分项工程的质量评定。掌握工地质量状况，对质量问题和质量事故，应在上级检查处理前，提出详细情况及原因初步分析意见。

（11）保证本岗位编制、保管的各种技术文件、资料的质量，对由文件差错引起的质量事故负责。

（五）专职质量检查员质量责任制

（1）专职质量检查员是遵照技术质量法规和焊接作业工艺规程以及有关质量管理规章制度严把质量关，是工程质量实行全面监督检查的、重要的、特殊岗位的工作人员，应对所管辖范围的质量监督检查工作负全面责任。

(2) 制定本部门(或工地)质量工作计划，并协助领导(或专职技术人员)组织实施。

(3) 必须认真和熟练掌握全面质量管理的基本知识、焊接技术规范、规程、质量管理制度及相关焊接质量的指令性文件，并严格执行技术质量法规。

(4) 必须认真严把焊工资格审核关、材料检验关、焊件组对点焊关、工艺文件中有关质量审核关、工艺文件执行关、工序质量检查关(含热处理)、分项工程质量验收关，凡不负责任的漏审、漏检、误判或明知不符合要求而放行通过或因此造成事故者，均系失职行为，应追究监督检查的责任。

(5) 应按有效的质量计划实施分步放行，使一切质量活动处于受控之中。

(6) 坚持以设计文件为依据，以国家或行业技术规范、标准为准绳，在任何情况下都不得降低质量标准。

(7) 坚持履行在焊工自检、施工队(工地)初检(或复检)的基础上进行三级或四级(业主方)验收原则。在对施工质量文件(施工记录、质检记录、检验报告等)审查时，应符合要求方可放行。

(8) 应重点抓好影响焊接质量的人、机、料、法、测、环、管因素的预控，在进行多项检查时，应坚持随机抽查，以便能及时发现和纠正任何质量的偏差。

(9) 进行焊缝外观检查，应实测实量，以保证焊缝表面工艺质量符合标准要求。

(10) 焊件检查时，应坚持“一票否决权”的原则，不经检查验收合格签证，不准进行下道工序或使用。

(11) 对焊件的停工待检点(HP)和见证点(WP)应实施旁站监督、控制。

(12) 应坚持以焊缝外观实测及无损检测等检验数据为依据，科学、公正地对焊接工程作综合质量评定。

(13) 发现施工中违反操作规程、焊接工艺文件(技术措施)、设计图纸等要求时，应坚持原则当面指出、及时纠正或签发质量问题通知单，要求施工组织部门改正，并同时通知工程技术人员及行政负责人，严重的应报公司质保部及总工程师。

(14) 对不符合的焊接产品及材料，应按规定标识隔离、鉴定处置、实施纠正、跟踪验证的程序进行监督。对质量事故应按三不放过原则参与事故审查，质量分析会，做好记录，及时填报有关文件及信息传递卡。

(15) 认真及时的收集、整理施工过程的质量记录，并保管好质量档案，保证本单位焊接专业质量活动的各种原始记录的完整性、可追溯性，并配合有关人员做好焊接工程竣工资料的移交工作。

(六) 施工班(组)长质量责任制

(1) 班组长是具体施工操作的组织者，是把设计意图、技术措施要求变成现实的直接指挥者，对本班组的施工质量负直接责任。

(2) 认真执行上级各项质量管理规定、技术操作规程和技术措施以及作业指导书的要求，严格按焊接工艺文件和标准进行施工，切实保证工序的施工质量。

(3) 加强班组质量教育，树立“质量第一”的意识，积极开展QC小组活动。

(4) 在接受生产任务时，无作业指导书或技术措施以及施工环境恶劣而未得以解决的情况下，有权拒绝施工。

(5) 进行目标管理，质量指标应落实到个人，对于在施工中设立的质量管理点，进行严格控制。

(6) 加强基本功训练，不断提高专业技术水平；开展业务、全面质量管理知识和基本方法的学习。

(7) 落实质量责任制，开展质量评比。

(8) 发现投入施工的材料（母材或焊材）有异，必须向上级反映。拒绝使用质量不合格的材料，避免用料问题造成质量事故的发生。

(9) 组织班组质量三检（自检、互检、班检），并认真做好检查记录、施工记录和必要的标记工作，施工质量不合格，不得向下道工序移交，保证不合格的焊接产品不出班组，否则应追究班组长的责任。

(10) 接受技术人员、质量检查人员对本班（组）施工过程的监督、检查，并为他们提供必要条件和技术质量数据。

(11) 对出现质量问题或质量事故，应本着实事求是的精神，提供真实情况和数据，以利于事故的分析和处理（质量事故应按“三不放过”的原则处理）。如果隐瞒或谎报，均应追究班（组）长的责任。

(12) 开展技术革新和合理化建议活动，努力提高产品质量和生产效率。

（七）焊接操作者（焊工）

(1) 焊工是直接将设计意图、技术措施付诸实现的人员，在一定程度上，对工程质量起决定作用的责任者。因此，操作者应对工程质量负直接质量责任。

(2) 焊工在上岗前应具有操作技能考试合格证，并在有效期内从事考试合格项目的焊接工作。

(3) 应按规定的焊接作业指导书和焊接技术措施以及焊接操作规程和技术交底要求进行施焊。当遇到工况条件与焊接作业指导书或技术措施要求不符合时，应拒绝施焊。

(4) 按规定把好焊材质量关、焊接设备性能关、焊件坡口质量关、对口质量关、点固焊质量关、装配顺序质量关、预热质量关（需要时）和施焊环境关。当不符合上述质量要求时，应向班长或技术人员反映，直到解决和改进后方可施焊。

(5) 在施焊过程中应以较好的心理状态做到眼准（注意金属熔池的变化）、手稳（眼看到哪里就将焊条准确无误地送到哪里）、心静（施焊过程中专心焊接，别无他想）、气匀（施焊中无论采用哪种姿势，都始终保持呼吸的均匀性）的工作质量来保证焊接产品质量。

(6) 对重要受监督的焊件应按焊接措施规定施焊，焊口应连续完成，不得中途任意停止，更不得将未焊完的焊口过夜，因不可预料的因素（停电、下雨等）被停止焊接时，应及时向班长汇报并按工艺文件规定采取必要的防范措施（保温缓冷），重新焊接前应严格检查，经技术人员或质检人员确认无裂纹等异常情况后，方可按原焊接措施继续施焊。

(7) 对本岗位、本工序操作负责，做到焊接产品不合格不交出（交工），保证个人质量指标的完成。

(8) 认真按规定要求做好质量自检，并做好自检记录和必要的质量责任标记。

(9) 虚心接受质量检查员和技术人员的监督检查。当出现质量问题应及时主动向班长和质检员、技术员反映，提供真实情况，不隐瞒、不谎报，参与原因分析。对不及时自检和不及时反映问题造成批次性不合格品负责。

（10）经常研究操作技能、练习基本功，提高自身水平，以适应质量要求的需要。严格遵守工艺纪律，积极参加QC小组活动，预防和控制焊接质量通病的发生。

第三节 焊接过程质量管理

一、质量管理的阶段和内容

焊接工程质量管理过程主要有三个阶段，即施工准备阶段、工程施工阶段和竣工移交阶段。

（一）施工准备阶段

施工准备工作在整个建设工程中占有十分重要的位置，施工准备的好坏，不但影响是否按时开工，同时在施工中也会影响工程进度、质量和效益。因此，焊接准备必须按照各项工程进度和任务的轻重缓急，全面安排，才能有条不紊地开展质量管理和顺利的组织施工。准备工作的主要内容如下：

（1）计划管理。计划管理包括工期计划、焊接人员装备计划、成本计划和质量计划等。其中成本计划包括质量成本计划；质量计划包括质量目标计划、质量指标计划和质量措施计划等。

（2）技术管理。技术管理包括图纸会审、焊接施工组织设计、技术措施焊接工艺试验及评定和作业指导书、质量管理文件、焊接管理制度、焊接技术及质量标准，各种施工及质量管理记录图表等的编制和审核确认。

（3）焊材管理。焊材管理包括焊材采购计划编制、供货厂家资格审查和质量情况调查，材料入库前的检查确认及不合格处理，焊材的保管及使用，回收和过期或失效焊材的处理办法等。

（4）焊接机具设备管理。它包括焊接设备和工具、热处理设备、焊接检测仪器试验设备，及对这些设备、仪器的周期检定、确认等。

（5）焊接人员的培训与考核。它包括对焊接人员培训与考核计划的编制、培训及考核资格的审查确认及取得资质证书。

（6）质量信息。针对以上内容的信息编号综合分析和反馈的规定。

（二）工程施工阶段

（1）对“四合格”（人员、焊接材料、焊接设备和焊接程序文件）进行复查、确认。

（2）焊接过程中应对焊接工艺参数，预热、后热和热处理，焊接变形与应力，以及焊接缺陷预防和控制规定检查确认。

（3）对影响焊接工程质量的人、机、料、法、测、环、管等因素应作出重点预控与规定，并检查确认。

（4）对焊接技术措施和作业指导书，操作规程和工艺纪律的执行情况进行监督、检查，以便及时发现和纠正任何违章可能造成的质量缺欠（偏差）。

（5）材料的使用。主要是制定焊材使用计划、焊材的代用原则、标记移植、材料退库等的管理办法。

（6）工序质量检查。包括班组质量自检、互检、工序交接检查、隐蔽工程验收检查、无损检测及理化试验、专业质量复查及确认。

（7）阶段或竣工检查。包括试压（试漏）检查、试运前检查、竣工检验质量成本分析等。

（8）质量责任印证（或标记）。包括焊接印记、热处理印记、检验印记、质量检查人员印记，以及其他工种、人员必需的质量责任印记。

（9）施工、质量记录及数据统计。包括焊接施工作业记录图、焊缝外观检查记录、焊接接头无损检测和理化检验数据统计的规定及其检查确认。

（10）不合格品及质量事故。主要包括对不合格品和质量事故的管理规定、质量事故的调查分析、处理及上报。

（11）焊接质量通病的防止。包括防止焊接质量通病和文明施工的规定及其检查确认。

（12）质量成本。包括质量成本的指标计划及管理规定、质量成本统计的考核。

（13）质量信息的管理。对上述各项内容的信息运用微机输入系统综合分析管理，加快信息反馈等，及时向质监部门和领导提供准确、可靠的证据，有利于对质量问题的纠正和处理，使焊接工序、分项工程的质量处于受控状态。

（14）焊接工程质量的评定及竣工技术资料。主要包括质量评定及竣工技术质量资料的编写规定，对焊接工程全部质量检验（焊缝外观检查、无损探伤检验、理化检验、热处理金相、硬度检验，以及耐压和严密性试验）完毕后进行综合质量等级评定，以及竣工技术质量资料的审查、确认。

（三）焊接工程竣工移交阶段

在整个工程竣工投产试运后一个月内，从事焊接技术管理工作的各类人员，按其职责不同，分别将焊接技术、质量等永久性资料整理汇集成册，经企业、质量管理部门审检、总工程师批准签字确认，由质管部门提交给技术档案部门，由其向建设单位（业主方）移交。焊接专业移交的资料一般包括文字部分和图表部分两个方面。

1. 文字部分

主要是资料的编写说明，其内容有：

（1）焊接工程概况。

（2）实际焊接工程量。

（3）实施的重大焊接施工方案。

（4）施工记录图的标志说明。

（5）本工程所涉及的焊接工艺评定报告及作业指导书。

2. 图表部分

（1）焊接工程一览表。

（2）受监部件使用的焊接材料质量证明。

（3）焊工技术考核登记表。

（4）受监督部件（或焊口）焊接、热处理和质量检验的报告和热处理曲线记录图。

（5）主蒸汽、再热蒸汽系统（热段、冷段）、汽轮机导汽管和主给水系统等管道的焊接热处理和检验记录图。

（6）锅炉受热面管子和锅炉一次门内本体管道的焊接、热处理、检验记录图和检验报告。

（7）质监用焊接工程及重要部件质量三级验收单。

二、影响焊接质量的基本要素

在焊接施工（生产）过程中，由于诸多因素对质量的影响，造成不符合设计和技术标准要求的产品而返修或报废，给企业带来一定的经济损失。因此，在施工前焊接人员应考虑人、机、料、法、测、环和管理等因素对焊接质量的影响，做到事先采取措施进行预控来保证焊接产品质量。

1. 人的因素

人的因素是指操作者的质量意识、技能熟练程度和身体素质等。

“人乃质量之本”。任何制造和安装质量形成过程都离不开人去操作和管理，人的技能、质量意识和严谨作风及心理状态是关键因素，也是产生缺陷的主要原因。

造成操作误差的主要原因有：质量意识差；操作时粗心大意；不遵守操作规程；技术不熟练，操作技能低，以及由于工作单一重复而产生的厌烦情绪等。因此，对操作者的质量意识和技能应进行教育和培训，提高其责任心和技术水平，并以质量经济责任制对他们进行考核，将质量效果和经济利益挂钩，诱导和激励操作者精心施工，对质量自我控制，使焊接产品符合规定要求。

2. 设备因素

设备因素是指焊接、热处理的工器具、质量检测和试验设备，以及仪器、仪表的性能精度和维护等设备对焊接质量影响。

上述设备和仪器（表）是焊接工程施工质量保证符合技术要求的重要条件之一。这些设备和仪器（表）随着时间的推移，其性能和精确有变化，可能影响质量，导致出现不合格品。因此，应按照技术上先进、经济上合理、生产上适用、性能上可靠、使用上安全、操作和维修方便等原则选好焊接、热处理和检测设备，并在实施中对设备要用好、管好和维修好，按规定做定期检查和维修，严格执行操作规程，做到专机专人使用和管理，保证施工过程的顺利进行。

3. 材料因素

主要指母材及焊材的化学成分和物理性能等对质量的影响。

材料质量对施焊质量起着主导作用，是整个质保体系和焊接控制系统中最重要的工作之一，是重要因素。当材料不符合规定要求或错用材料，将会导致焊接结构的失效断裂事故。因此，严格对材料质量复核或检验确认和材料入库的保管、焊材的烘焙、发放、回收以及过期或失效的处理等的管理甚为重要，保证无不合格材料在工程上使用。

4. 工艺因素

工艺因素是指加工工艺、组装工艺、焊接工艺、操作规程和检测方法等。它包括工艺流程的安排、工序之间的衔接、施工手段、焊接工艺参数的焊接作业指导性文件及质量检验工艺的适用性等方面。

焊接工艺对焊接工序质量的影响主要来自两方面：一是制定焊接工艺方法、选择工艺参数和工艺装备等的正确性和合理性；二是贯彻执行工艺方法的严肃性。由于不严格执行焊接工艺方法，违反操作规程，致使降低工序管理能力，甚至发生质量事故和人身安全事故。这不仅影响产品质量，影响生产进度，也影响了企业的经济效益。因此，必须加强对工艺装备和计量器具管理，严肃工艺纪律，合理配合使用机具，并对过程进行检查和监督。

5. 检测因素

检测因素是指测量、试验手段和测试方法等。焊接检测是焊接第一关，也是焊后最后一关。为了获得准确、可靠的质量数据和质量信息，准确判断原材料、焊接材料、焊接设备性能和焊接产品是否满足规定要求，是至关重要的一个环节。因此，对检测、试验设备和仪器进行严格控制和对检测工艺文件的审查确认，以及为检测、试验创造良好的工作条件，来保证设备、仪器的性能及精确度的可靠性和检测工作质量的可信性。

6. 环境因素

环境因素是指工作地点的温度、湿度、照明、噪声、振动、空气流通、作业空间位置和清洁条件等影响。

影响工程质量的环境因素较多，有工程技术环境、工程管理环境、劳动环境等。环境因素对工程质量的影响，具有复杂而多变的特点。

工作环境是人的因素和物的因素的综合。这些因素会影响焊接作业人员精神状态和作业能动性，满意程度和工作质量的绩效，同时也对企业业绩的提高具有潜在的影响。因此，组织者应创造条件提高环境质量水平，以保证所有焊接、热处理和检测人员在符合规定要求的环境下工作，来保证作业的质量。

7. 组织管理因素

组织管理因素是指企业各级有关部门及现场施工组织者管理水平的高低，履行质量职能的程度，保证工程质量的管理制度是否正确贯彻执行等。

生产实践表明，如果现场质量管理失控，将会造成施工质量不稳定或事故的发生。因此，组织者应保证质量管理体系的正常运转，确立做到精心组织，凡事有人负责，凡事有章可循，凡事有人监督检查，凡事有据可依，一切工作按程序办事的原则，以确保工程质量、安全和进度，以及其他各方面的工作均达到企业的预期目标。

三、质量控制点的设立与管理

为保证焊接质量，除建立必要的管理制度外，还必须对施焊全过程予以严格控制，为此，在管理过程中应设立质量控制点。

质量控制点的含义是指在它的工序中，某些施工项目、施工部位和环节需要重点控制的关键内容，它是全面质量管理活动，特别是过程质量控制活动中的一项重要措施和方法，焊接人员在施工前必须了解质量控制点的概念和方法。

1. 质量控制点的理解

(1) 质量控制点是一个广泛的实体范畴。对产品而言，它可以是硬件产品的关键部位，也可以是软件产品的环节或程序，还可以是重要工艺过程。

(2) 组织机构中，它们可以是关键部门、关键人员和关键因素。

(3) 质量管理点具有动态特性。在生产中随着过程进行，质量控制点的设置是可变的(有长期和短期之变)。例如某个环节质量稳定因素得到有效控制，处于稳定状态，这时该控制点就可以撤消，而当别的环节、因素可能上升或成为主要矛盾时，还需增设新的质量控制点。

2. 质量控制点的选择及原则

(1) 选择。质量控制点的选择，应根据工程的性质、特点、设计要求，结合焊接施工工艺的难易程度、焊接操作者的技能水平，以及以往工程中易出现的质量通病等，进行全面分析后确定。

（2）选择原则。

1）对产品的适用性（性能、寿命、可靠性和安全性等）有严重影响的关键特性、关键部位或重要影响因素。

2）对工艺上有严格要求，对下道工序的施工质量有重要影响的内容或工序。

3）对质量不稳定或出现不合格品多的项目或工序。

4）在采用新材料、新工艺的情况下，对施工质量没有把握的内容或工序。

5）焊接施工中常出现质量通病的内容或工序。

6）紧缺物资（如焊条、焊丝、焊剂、氧气、乙炔气、氩气等）可能对施工安排有严重影响的关键项目。

7）顾客（用户业主）反馈的重要不良项目。

（3）质量控制点设立数量的原则是：

1）施工工艺复杂、质量要求高和施工难度较大的可多设。

2）施工难度不大的可少设。

3. 质量控制点设立的作用

（1）以预防为手段，消除或降低焊接不允许缺陷的产生，使质量得到有效的控制，保证焊接产品质量符合规定要求。

（2）质量控制点可以收集大量的有用数据、信息，为质量改进提供依据。

4. 焊接质量控制点的设立及管理

（1）质量控制点的设立。以压力容器焊接为例的焊接施工质量控制点的设立，见表5-1。

表5-1　压力容器焊接施工质量控制点

序号	质量控制环节	控制类别	控制内容	控制依据	控制见证
1	焊接工艺会审	控制点	审查焊接工艺可行性，提出焊接工艺评定必要性	焊接工艺评定规程	焊接工艺评定任务书
2	焊接工艺评定	控制点	焊接工艺评定试验提出焊接工艺评定报告并审查入档	焊接工艺评定规程	焊接工艺评定报告
3	制定焊接工艺	控制点	焊接工艺评定执行，产品焊接工艺；焊接试板设置	焊接工艺评定报告等技术标准	焊接工艺指导书（工艺卡）
4	焊工资格	控制点	焊工技能资格考试，焊工安全操作考试；合格项目与生产内容相一致	压力容器焊工考试规程有关规定，焊工考试委员会通知	操作合格证焊接交验单
5	焊材管理	控制点	材料采购、焊材入厂复验、焊材入库保管（焊材一级库）、焊材一级库保管	计划申请单、有关标准进货单、质保书、焊材管理制度	焊材质保书及复验报告，领料记录

续表

序号	质量控制环节	控制类别	控制内容	控制依据	控制见证
6	焊接包括试板	控制点	焊材和焊接参数符合工艺规程要求；焊工钢印代号	工艺	工艺流程卡和交验单
7	焊缝无损探伤	停止点	探伤方法符合规定；探伤结论明确	工艺、探伤标准	委托单，无损探伤报告
8	焊接返修	控制点	一次返修、二次返修、三次返修	探伤报告理化性能报告	返修工艺、无损探伤或理化性能报告
9	焊接热处理	控制点	热处理装炉及规范；焊接试板	工艺及管理制度	交验单流程卡
10	焊接试板理化性能试验	停止点	试验项目符合图样；工艺规程和技术条件规定，试验结果明确	图样、工艺、标准	试验报告
11	耐压试验	停止点	试压场地和试压环境、（温度）试压设备、试压用压力表，试压工艺执行	图样、工艺、标准	试验记录报告

（2）质量控制点的管理。

1）列出质量控制点明细表。

2）质量控制点流程图的编制，可与焊接质量控制流程图结合使用。

3）利用因果分析方法进行工序焊接质量分析。

4）在编制焊接作业指导书时，应突出质量控制点，加以重点控制。

5）质量控制点涉及的有关部门和专业工地，应明确质量控制点的责任，并做好部门和工地之间的衔接和协调工作。

6）质量控制点在实施过程中应明确操作人员、质检人员和检测人员的职责，使他们清楚、准确地掌握工序质量控制点的质量要求和关键性要点。熟悉焊接作业指导书的程序、规定，必要的检测手段和方法，并严格按技术文件要求把关，以及了解本道工序的重要性及对下道工序及全局质量影响程度。

7）发现问题时及时分析原因，并协作操作人员解决处理好质量问题。

四、不符合要求产品的管理

（一）概念

1. 不符合或不合格

不符合或不合格是指“没有满足某个规定要求的产品（技术标准设计图、工艺文件等），以及过程文件、记录等”（如合同要求、质量管理体系文件、相关法律、技术规范要求）任一个要求。

不符合有两种类型：一种是产品不合格；另一种是不符合项（是针对质量管理体系技术，即质量管理体系要素偏离规定或缺少情况，称为不符合项）。

2. 焊接缺欠

焊接缺欠是指焊接接头中存在一切不连续性（如力学特性、冶金特性或物理特性等）、不均匀性等偏离技术要求的欠缺。缺欠是对技术要求的偏离，缺欠就是有新欠缺，缺欠不一定是缺陷，对于焊接接头的合用性构成危险的缺欠即是缺陷。

缺欠可否允许，由具体的技术标准规定，例如焊缝余高，对于静载结构是允许的，但对于动载结构，就可能不符合技术标准要求。不过，这时对此缺欠是否判废，则要根据合用性准则来判断，如果不能满足具体产品的具体使用要求，则应判为“缺陷”，否则不应视作“缺陷”。

3. 缺陷

缺陷是指一种或多种不连续或“缺欠”，没有满足某个预期的使用要求（最低）合理的期望（包括与安全相关的要求）。

4. 焊接缺陷

焊接缺陷是指焊接过程中产生的不符合标准要求的缺陷。

5. 不合格与缺陷

从不合格和缺陷的含义中理解，由于技术标准的规定尽管存在缺陷，但符合标准要求的合格品并不是没有缺陷，因此，不能把缺陷当成不合格品处理。

特别需要提出的，这是关系到产品责任划分问题，一旦被判定为不合格品，供方（施工单位或供货单位）就要承担相应的产品责任。因此，对有缺陷的产品应视具体情况，采取纠正措施或预防措施，以求达到顾客（用户）的期望和使用要求。

（二）产品质量的分级

由于不同缺陷对产品质量的影响程度有很大差别，因此，对产品缺陷应进行分级，这将有利于提高审核的效能及对产品质量的综合评价。以缺陷严重性对产品功能的影响程度，将缺陷分为三级。

（1）致命缺陷。指产品在形成、使用或维护过程中，可能会造成人身伤害或整体功能丧失的缺陷。

（2）严重缺陷。指产品引起故障或显著降低产品预期性能的缺陷。此种缺陷用户一般是不能接受的。

（3）轻微缺陷。指产品不会显著降低预测性能（预定适用性）的缺陷，即不严重违背规定标准。

（三）不符合项分类

不合格项就其性质而言可分为两类：严重不合格项和一般不合格项。分类的原则有两个，其一是不合格情节的严重程度和造成的后果，其二是如果不纠正，会产生何种后果。

1. 严重不合格项

凡出现下列情况之一，即构成严重不合格项：

（1）质量管理体系出现系统性失效。如某个要素、某一关键过程出现失效现象（例如质量问题的“常见病”、“多发病”，即多次重复发生不合格现象），而又未能采取有效的纠正措施加以消除，形成系统性失效。

（2）体系运行出现区域性失效。如某一部门、场所出现金属失效现象，例如焊接材料库焊材出现账、卡、物不符、标识不清，状态不明、库房漏雨，领、发、回收手续混乱等金属失效现象。

（3）影响产品或体系运行，后果严重的不合格现象。

2. 一般不合格项

出现下列情况之一，即构成一般不合格项。

（1）对满足质量体系要素或体系文件的要求而言，只是个别的、偶然的、孤立的、性质轻微的问题。

（2）对保证所审区域的体系有效性而言，是个次要的问题。

（3）焊接质量管理体系在建立和实施中可能出现的不合格项有：

1）体系性不合格。质量体系文件（焊接质保大纲、各种书面程序文件、质量计划、质量记录和作业指导书）与有关质量法规、质量标准、项目合同等的要求不符。例如某建设公司未建立对分供方进行评定其质量保证能力和建立分供方档案的程序，采购焊机时，只考虑价格低且可立即交货，而不顾其性能质量如何，这就是一种体系性的不合格。

2）实施性不合格。例如某公司的采购程序虽规定要定期评定合格的分供方名单，按名单采购，但实际上该公司的合格分供方名单自编制后，多年来从未重新评定和修改过，实际上也不按名单采购，即未按文件规定实施采购，这是一种实施性的不合格。

3）效果性不合格。质量管理体系文件规定焊接施工应符合焊接工艺文件及质量标准要求，但在施工中由于不认真按规定运作或某些偶发性停电等原因而导致焊接接头质量未达到规定要求，这种不合格称为效果性不合格。

（四）不合格管理的基本职能

1. 判别职能

有两类判别，即符合性和通用性判别。

（1）符合性判别。它是判断产品是否合格，即是否符合设计、焊接工艺等各类技术文件中所规定的要求。做好符合性判断应保证以下三个条件：

1）具有足够的合格且训练有素的检验人员。

2）具有必要的检验文件或技术规范。

3）具有必要保证检验精度的检验设备和工具（符合性判别应由检验部门承担）。

（2）适用性判别。它是指对已出现的不合格品，作出是否应该回用、返修（修理）、返工或报废的决定。这类判别是一项技术性很强的工作，通常不由检验部门承担，而是由专门的组织（如不合格评审委员会、企业总工程师审定或工程技术部会同质保部审定）审理决定。

2. 处理职能

它是指当不合格品通过适用性判别后，进行具体的处理工作。应该报废的按一定手续予以报废，该回用的按一定程序予以回用，该返修或返工的按规定制度送交有关责任部门返修或返工。对不同处理方式的不合格品应在产品上作出符合规定要求的标志以示区别，并由专人管理，以免混淆。

3. 控制职能

控制职能包括以下三项内容：

（1）对完工的产品，严格进行把关检查，防止漏检。

（2）对已检查出的不合格品，严格管理，防止错用。

(3) 对不合格品出现的原因，必须及时查清，并采取切实改进措施，防止重复出现。

控制职能最基本的要素是对不合格品，应按标识、隔离、处理和跟踪验证进行监督。

（五）导致焊接产品不合格的原因

导致不合格的原因，从纠正或预防措施看，可能涉及以下几个方面：

(1) 设计和规范问题。

(2) 材料（母材金属和填充金属）问题。

(3) 焊接方法和工艺（含热处理）问题。

(4) 焊接过程控制和检验问题。

(5) 工艺设备和检测设备问题。

(6) 现场管理和环境问题。

第四节 焊接质量控制

一、焊接质量控制概念

1. 控制焊接质量的理由

受监督的焊接工程（产品）必须考虑下列因素：

(1) 焊件母材的不均匀性。

(2) 工艺评定的不完善性。

(3) 组装定位存在着偏差。

(4) 待焊件坡口及近区清洁度的不良性。

(5) 焊接施工过程复杂、不稳定和不可逆性。

(6) 焊接材料的性能存在着波动性。

(7) 焊接接头区域存在着淬硬的可能性。

(8) 焊缝中不可避免会有缺陷。

(9) 焊接接头区域存在着应力集中。

(10) 异种金属性能差异大，使焊接工艺复杂。

(11) 焊件接缝的空间位置多变性（安装或检修）。

(12) 因人的失误（工作不熟练、专业技能不足、个人行为和心理状态不佳）不可避免地造成焊接质量误差。

(13) 焊接质量检验的误差性。

(14) 指导作业的工艺选择欠合理性。

上述这些因素都将直接影响焊接工程（产品）的质量，并将增加成本，使企业受到一定的经济损失，所以，必须对焊接质量进行控制。

2. 焊接质量控制的依据

合同文件（规定的技术文件及要求）；设计图纸及技术文件；现行的国家和行业焊接规程、规范、质量验评标准及质量检验方法和标准；焊接工艺技术文件；焊接质量保证大纲或焊接专业质量手册；焊接规章制度、协议、设计、工艺变更文件。

3. 焊接质量控制标准

根据焊接质量控制的完善程度，可以达到不同的质量标准；将由于焊接质量控制的好坏在产品质量水平上所造成的差别，称之为焊接质量控制标准。

（1）焊接质量控制标准的级别。

1）控制操作标准。控制操作标准是焊接质量控制中能达到的最高标准。它贯彻了严格操作这一精神，能反映出高水平的制造、安装技术和全面质量管理的能力。

2）符合验收标准。符合验收标准是指通过焊接质量控制之后，产品能达到质量验收指标的要求，但低于控制操作标准的水平。

3）合于使用标准。合于使用标准是指满足使用条件的焊接质量水平。显然，焊接质量控制手段在生产（施工）过程中未能很好地发挥作用，使焊接质量有所降低，产品刚刚能满足使用要求。这种焊接质量不能令人满意。

4）可修复标准。可修复标准是指焊接质量失去控制，产品存在着不符合要求的超标缺陷，要通过修补才有可能达到验收标准或合于使用标准，因而会延长生产周期，增加产品成本。如果产品质量低于可修复标准，则产品应报废。

在生产中首先应达到符合验收标准，这是必须保证的水平，然后力求达到控制操作标准。

（2）焊接质量控制标准。

1）对不同动力源型电站的建造和检修的焊接质量控制，应分别按现行的国家和行业有关焊接规程、规范、标准执行。

2）进口设备的安装或检修焊接工程质量，应按合同规定的技术条件、规范、标准执行。

二、质量控制的基本要求

1. 一般要求

（1）电站建造或检修焊接的承建（制）单位，必须建立与所承担任务相适应的焊接质量管理体系，以保证焊接质量全过程处于长期稳定的受控状态。

1）应明确焊接系统质量控制流程及负责和配合部门。焊接工程实行焊接责任工程师（焊接技术负责人）负责制和接受焊接质量保证工程师（或焊接质检师）监督、检查。

2）应配备与焊接工程施工相适应的、合格的焊接技术人员、焊接质检人员、焊工、热处理工和焊接质量检验试验人员，以满足工程施工需要。

3）建立、健全焊接质量保证体系文件（如焊接专业质量分册、程序文件、质量计划、质量记录）及有关的焊接规章制度，以保证焊接工作始终处于受控之中。

（2）承建（制）单位必须根据国家有关规定，具备有关焊接生产（施工）、检测、计量、试验手段。

（3）电站受监督设备的承建单位，必须取得国家规定的有关资格许可证（核电站核级设备应取得 HAF0400 中有关资格许可证）后，方可从事相应的受监督设备（或核电站核级设备）焊接活动。非受监督级（或非核级）设备焊接的承建（制）单位，必须取得《锅炉压力容器安全监察规程》中规定的有关资格许可证后方可从事相应的非核级设备焊接活动。

（4）供、需双方对焊接质量控制另有要求的，按合同规定执行。

（5）在焊接工程开工前应组织参与施工作业的人员和管理人员，根据焊接技术措施进行技术交底，使参与者了解工程全貌、工艺流程、作业程序、技术要求和质量标准等，以利工程顺利进行，达到确保焊接质量的目的。

2. 人员

(1) 焊接技术人员。从事焊接专业技术管理工作的技术人员必须具有焊接专业大专及以上学历或具有同等学力，有1年以上焊接生产实践，且经过系统焊接理论学习，具有焊接专业知识，熟悉与企业产品（工程）相关的焊接标准和法规，并具有组织工艺评定、编制焊接技术文件、指导焊接作业、处理技术和质量问题、整理焊接技术资料和竣工移交文件的能力。保证本岗位编制、保管的各种焊接技术文件资料的质量，对焊接技术措施或作业指导书等文件差错引起的质量事故负责。

(2) 焊工（焊接操作工）。

1) 焊接技术工人必须经过焊接基本知识和实际操作技能的培训，按《焊工技术考核规程》规定考试合格，并持有有资格的焊工技术考核委员会颁发的有效合格证书。

2) 凡担任电力设备承重钢结构、起重设备结构、锅炉受热面管道、工作压力大于0.1MPa的压力容器及管道、储存易燃及易爆介质（气体、液体）的容器及其输送管道、高速转动部件焊接件等的焊接工作，或在受监督承压部件上焊接非承压件的焊工，必须经相应项目技术考试合格。首先应取得DL/T 679《焊工技术考核规程》规定的焊工合格证。

3) 承担核级设备承压元件及其支承件焊接（包括在承压元件上焊接永久性和临时性附件）的焊工，应按照国家核安全局颁发的《民用核承压设备焊工及焊接操作工培训考试和取证管理方法》（HAF0903）的规定进行考核。承担非核级设备焊接的焊工按照国家技术监督总局颁发的《锅炉压力容器焊工考试规程》进行考试。

4) 焊工考核委员会应将合格焊工进行编号，并发给相应的代号钢印，以便在有要求的焊接产品上使用。

5) 焊工应按规定的焊接作业指导书或焊接技术措施进行施焊，当遇到工况条件与焊接作业指导书或焊接技术措施的要求不符时，应拒绝施焊。

6) 焊工在施工作业中应严格执行焊接工艺、工艺纪律，把好焊件清洁关、对口关、定位点焊关、焊缝层间清理关和焊后自检关，坚决消除质量通病，对所焊焊缝质量负责。

(3) 焊接质检人员。焊接质检人员在进行工程项目质量监控和检查验收工作过程中应遵循的基本准则。

1) 受监督及核级设备焊接质量检查人员应具有高中或同等学力，必须有连续5年以上焊接工作经验和一定的焊接技术水平，经过焊接质量检验基础知识培训并考试合格取得资格证书。

2) 焊接质检人员应对现场焊接作业过程、焊接工艺的执行情况进行全面检查和监督，负责焊接质量验收项目的编制，确定焊缝检测部位，质量验收和评定，签发检查文件，参与焊接技术措施的审定工作。

3) 注重质量监督资料的积累和总结，配合有关人员做好工程竣工资料的移交工作。对所管辖范围的质量检查、监督和评定工作负全面责任。

(4) 无损检测人员。

1) 无损检测人员应经专业技术培训，并应由国家授权的专业考核机构考核合格的人员担任，并应按考核合格项目及极限，从事焊接检测和审核工作。

2) 无损检测结果的评定工作，必须由Ⅱ级及以上人员担任。

3) 应熟悉和掌握无损检测的方法、规程和标准；在对试件检测中应按无损检测作业指导书所规定的工作程序进行操作、记录，对缺陷的位置、尺寸和性质作出正确的判断，结论要明确。

4）必须严格执行国家有关政策、法令，工作中以检测数据为依据，实事求是，坚持原则，认真负责，忠于职守，对所出具的检验报告以及数据、结论的正确性负责。

（5）焊接热处理人员。

1）焊接热处理人员应具有初中以上文化程度，必须经过专业培训并经考核取得资格证书。

2）焊接热处理人员应按规程、焊接作业指导书中有关热处理部分及设计文件中有关规定进行焊接热处理工作，并应做到操作无误、记录准确。

3. 焊接设备及工艺装备

（1）焊接设备及工艺装备必须与其承担的焊接任务相适应。

（2）焊接设备必须符合相应标准的规定（具有参数稳定、调节灵活和安全可靠等），并配套齐全。新增设备及工艺装备应经验收、调试、鉴定合格后，方可使用。

（3）当工艺要求控制焊接参数时，焊条电弧焊接用焊机必须配备电压表、电流表，机械化焊机必须配备焊接电流、电弧电压、焊接速度等测量装置。必要时，应配备电参数记录仪。气体保护焊时，还应有气体流量计。测量仪表必须按规定经计量部门检查和标定。

（4）承建（制）单位必须建立焊接设备及工艺装备的使用、维护管理规程和管理岗位责任制，建立设备档案，并应按时对设备进行周期检验，对不合格的设备应悬挂“禁用”标牌，严禁使用。

4. 焊件材料

（1）焊接前必须查明所焊材料的钢号是否与设计图纸要求相符，以便正确选用相应的焊接材料和确定合适的焊接工艺和热处理工艺。

（2）钢材必须符合现行国家标准（或行业标准、专业技术条件），进口钢材必须符合该国家标准或合同规定的技术条件。

5. 焊接材料

（1）焊接材料的采购。

1）焊接材料的采购应遵照承建单位质量保证大纲（或质量手册）的有关规定进行。

2）对用于受监督设备（或核级设备）的焊接材料，应对供应单位进行质量管理体系考查，择优选定供货单位。供应部门只能在经批准合格的单位进行采购。

（2）焊接材料的验证。

1）焊材到货后，按材质分类和编号存放在待检区。

2）焊材检验人员按规定的标准或技术条件对所到焊材进行常规验证，其内容包括：检查包装有无破损及焊材的原始标记；核对和检查供货单位的质量证明书（焊条电弧焊的焊条和药芯焊丝质量证明书应包括熔敷金属的化学成分、力学性能、扩散氢含量等各项指标）和材料表面质量、尺寸及其偏差是否符合标准或技术条件（协议、合同）的要求并核实数量。

3）当技术规范要求对焊接材料进行理化验证时，应按规定进行。

4）无标记、标记不清或无质量证明的焊接材料，应予拒绝。

5）经验证的焊接材料，应在实物明显处作出相应标记。焊材合格后方可入库。

（3）焊接材料的保管。

1）焊材保管人员应具备有关焊接材料保管基本知识，熟悉本岗位各项管理程序和制度，对材料的入库、保管、发放、使用、处理等能严格按管理制度执行。

2）验收合格的焊接材料，必须存放在专用的库房内。库房内应保持一定的温度与湿度，室内温度应在5℃以上，相对湿度不得大于60%。存放焊条、焊剂的货架必须离开墙壁和地面300mm以上。

3）不同牌号、规格和批号的焊接材料应分开放置，并应有明显的标记。尤其是不锈钢焊条（丝）不得与铁和钢焊条（丝）及钢铁货架接触，以免对不锈钢焊条（丝）造成污染。

4）库存焊条应做到先进先出，定期进行检查。如发现有受潮、污损以及超过保存期的焊材，应重新进行各项性能的试验，符合要求者方准使用。对于不合格的焊接材料，应按规定标识及时隔离处理，以防用于工程上。

（4）焊接材料的使用。

1）焊材管理人员必须严格按管理制度，对材料的领用、烘干、清理、发放、回收等进行跟踪管理。

2）焊条、焊剂在使用前必须严格按规定烘干，烘干后的焊条应保存在100～150℃的恒温箱内。药皮应无脱落和明显的裂纹。埋弧焊焊剂中如有杂物混入，应对焊剂进行清理，或全部更换，并做好记录。

3）非镀铜的碳钢及低合金钢焊丝，焊前应彻底除油、除锈。不锈钢焊丝焊前应采用丙酮擦洗。各种有色金属焊丝的焊前清洗或处理应符合有关规定。

4）焊前所使用的气体，其质量必须符合相应的标准要求。

5）各类焊接材料在使用过程中，应保持其识别标志。

（5）焊接材料的监督。焊接质量检查人员，应根据现行的JB/T 3223《焊接材料质量管理》对焊材的使用情况进行监督，防止焊材用错。对重要焊接分项工程（如压力容器、压力管道、核级设备等）要按设计图焊缝编号领用焊材，焊材使用情况必须有见证资料。

6. 焊接工艺评定

焊接工艺评定是按照拟定的焊接工艺，根据标准来焊接试件，并对试件进行检测、试验，以此确定此焊接工艺是否能保证焊接接头具有要求的使用性能。

（1）在焊工考试和工程施焊前，施工单位应具有相应项目的焊接工艺评定。

（2）焊接工艺评定应以可靠的钢材焊接性试验为依据，并在产品焊接之前完成。

（3）焊接工艺评定过程是：拟定焊接工艺方案，并按其规定施焊试件、检验试件（试样）、测定焊接接头是否具有要求的使用性能，提出焊接工艺评定报告，验证拟定的焊接工艺的正确性。

（4）焊接工艺评定所用的设备、仪表应处于正常的工作状态，钢材、焊材必须符合相应标准，应由持有合格证书、技术熟练的焊接人员焊接试件。

（5）凡首次使用的新钢种，改变焊接方法和焊接材料（包括改变气体种类和混合保护气体比例，或减少原定流量10%以上时）以及焊接工艺参数，均应进行工艺评定。对焊接性能尚未充分掌握的材料，应在焊接性能试验的基础上再进行焊接工艺评定。当原评定合格的焊接工艺已不能保证焊接接头的力学性能时，需重新评定焊接工艺。

（6）重要受监督或核设施工程中的各项焊接工作，在焊接前应以焊接工艺评定结果为依据，结合焊件结构特点、使用条件、设计要求、施工环境要求等，编制焊接作业指导书。它是焊接过程的技术性文件，是指导焊接施工的依据。指导书的编制、修改必须按规定的程序审批。

（7）焊接工艺评定应遵照电力行业或国家颁发的有关“焊接工艺评定规程”进行。

（8）系统内的焊接工艺评定资料，凡属同一质保体系者，可以应用，但应以进行验证为宜。允许将工艺评定中诸如试样加工、理化试验等工作委托其他有资格的单位进行。

三、焊接工序控制

在施工过程中应以工序质量为中心制定焊接工序质量控制文件，对关键工序、关键部位设立质量控制点（HP—停工待检点、WP—见证点、RP—记录确认），实行严格的预控和检查。

工序质量监控主要是对工序活动条件（如施工准备）和工序活动效果（如焊接接头性能的特征指标）的监控。前者是使工序活动能在良好的条件下进行；后者是对工序质量采取一定的检测手段，以判断该工序活动的效果（质量），从而实现对工序质量的控制。

现场使用的焊接技术文件必须是现行、有效的。

1. 焊前准备

（1）焊接现场环境，包括温度、湿度、风速等必须符合有关技术规范的规定。焊件潮湿或表面结水或积雪时，禁止焊接。

（2）坡口加工应以机械加工为主，如果采用火焰切削加工，应先征得用户（业主）同意。对奥氏体不锈钢的坡口应按相关的技术规范要求进行。坡口加工尺寸及精度均应符合图样及工艺文件要求，并经质量检验员签字确认。

（3）焊件坡口及其附近区域焊前必须按规定进行表面清理，且应呈现金属光泽，检查确认无缺陷后在规定时间内焊接，严防重新污染。

（4）焊件的装配对口是焊前一道重要工序，其质量必须符合有关标准、图样和工艺文件的要求。尤其是压力容器、压力管道的错边量和棱角度应控制在标准允许范围内，否则，此类缺陷会影响焊件的受力状况，产生应力集中并提高局部应力水平，影响焊件的安全使用。焊件的对口质量经焊接质量检验员签字确认后才可施焊。

（5）焊件装配的点固焊是焊接质量最薄弱的环节。为了防止裂纹、气孔、未焊透等缺陷，点固焊所用焊接材料和焊接工艺应与正式焊接相同，其质量应加以控制。应遵循谁担任正式焊接谁点焊的原则。对于马氏体合金钢大径厚壁管，当采用“定位块”点固在坡口内时，应选用同类钢或用含碳量小于0.25%的钢材。

（6）在组对不锈钢焊件时，严禁使用普通钢铁工具（包括吊具），如砂轮机、碳钢钢丝刷等，因这些工具上有残留铁，会使不锈钢污染。

（7）焊材的使用应符合规定，焊工应领用经过烘干的焊条，必须盛装在符合产品标准的保温筒内。焊条在空气中暴露时间不应超过4h，如超过4h，应按原烘干温度重新干燥，焊条重复烘干次数不应超过2次。

（8）同一工位只允许摆放一种牌号的焊接材料。如焊件需要一种以上牌号的焊接材料，应采取严格措施，防止混料和错用。

2. 焊接过程

（1）焊件有预热要求时，每一层（道）焊前的温度均不得低于最低预热温度，但不得高于最高层间温度。当环境温度低于0℃时，无预热规定的焊件也应在始焊处100mm范围内，加热到15～20℃（手触感觉温暖）。

（2）焊接过程中，应能保证被焊区域达到要求的温度（必要时可采取预热、中间加热、缓冷等手段）和焊工操作技术不受影响。

（3）对于中、高合金钢、不锈钢和马氏体异种钢管的打底焊，应采用背面氩气或混合气体保护，以避免根部焊缝氧化或过烧。打底后应清理焊道表面，并确认焊道无氧化等缺陷，方可进行下层焊道的焊接。

（4）施焊过程中除工艺和检验有特殊要求外，每条焊缝应连续焊完。当因故被迫中断焊接时，应根据工艺要求采取保温缓冷或后热等防止产生裂纹的措施。再次焊接前，应仔细检查焊缝表面并经质检员签字确认无裂纹等缺陷后，方可按照原工艺要求继续施焊。

（5）异种钢焊接接头的焊后热处理工艺应经工艺评定确定。在拟定工艺评定方案时，应按两侧钢材的性能及所用的焊条（焊丝）综合考虑。热处理温度一般以不超过合金成分低侧钢材的下临界点A_{c1}为宜。

（6）受监督的压力管道环焊焊缝，除图样有规定者外，应逐条焊接，不得跳越，不得强行组装；管壁上不得随意焊接临时支撑或脚踏板等构件，不得在混凝土浇灌后再焊接环缝。

（7）焊接全过程中焊工必须严格按工艺文件进行操作，焊后如实记录和签字，并经焊接质量检验员鉴定确认。

（8）对受监督、重要部位的马氏体合金钢（如F12、P91）、奥氏体不锈钢（如316L、Z2CND18.2、Z3CND20.09）和超厚壁大口径管道以及低合金钢（如16Mn、15MnTi等）厚壁大型钢闸门的焊接，必须认真按作业指导书规定的焊接工艺进行焊接，并按质量计划对焊接过程进行质量监控。

（9）对于要求焊透且无法进行体积性探伤的焊缝，焊接工作的每一步骤均应经焊接质量检验员的检查确认。

3. 焊接以后

（1）当有后热或焊后处理要求时，热处理设备和测量仪表应保持良好，测温仪、热电偶及记录仪应在检验的有效周期内。热处理必须在规定时间内按有关技术规范的规定进行。热处理的各项工艺参数应按热处理作业指导书的规定进行控制，其记录应由质检员签字确认。

（2）焊接后焊接接头必须按规定清理。当有要求时，焊工应按规定打自己的代号钢印（不允许打钢印的合金调质结构钢，应有跟踪记录），并经质量检查员鉴定确认。焊接质量检查员还应将焊工代号标注在焊接施工作业图上，以明确每个焊工的责任。

4. 焊接见证件

（1）当技术规范或工艺技术文件有要求时，应按规定制作焊接见证件，以证明产品焊缝的质量及其均匀性。焊接见证件可以是焊接试板或焊接见证环。

（2）产品或结构、系统的纵缝焊接试板应在筒体纵缝或拼板缝的延长部位与产品同时施焊。

（3）产品或结构、系统的环缝焊接试板或焊接见证环的焊接工艺、焊接材料应与产品焊缝相同，焊接操作者应是焊接产品焊缝的操作者之一。

（4）见证件的实施应在质检人员监督下完成。

（5）当有焊后热处理要求时，产品焊接见证件应与产品同炉热处理。在技术上不可能实现同炉而采用与产品等效的热处理时应得到设计单位的同意。合同产品还应征得用户的同意。

（6）用于制备见证的母材，原则上必须从制造该设备所提供的材料中选取。

（7）见证件必须经受与产品焊缝相同的无损检验和验收准则。

（8）见证件必须在焊接和热处理后的2周内进行检验，以便达到要求的焊缝质量，及时发现和纠正质量偏差。

5. 不符合控制

不符合和不合格是指“没有满足某个规定要求的产品，以及过程文件、记录等”。如合同要求、质量管理体系标准或体系文件、相关法律、技术规范要求中任一个要求。

不符合是指两种类型的不符合：一种是产品的不合格，即一个或多个质量特性偏离或缺少规定要求，称为不合格品；另一种是不符合项，是针对质量管理体系要求，即质量管理体系要素偏离规定或缺少规定，称为不符合项。

承建（制）单位应建立并实施对不合格品控制的文件化程序，以确保防止误用不合格焊接材料或装不合格产品（焊接组件等）。

（1）焊接质量不符合的范围。在焊接质量检验中，凡发现下列情况之一者，均视为不符合。

1）错用焊接材料。

2）焊缝质量不符合质量标准要求。

3）违反焊接工艺规程（或焊接作业指导书）。

4）无资格证书上岗的焊工施焊的焊缝。

5）按不符合要求或已作废的焊接工艺文件施焊的焊接工程。

（2）不合格的评审。

1）应由指定的人员按技术要求和质量标准对不合格进行评审以确定缺陷的性质，包括是否有继续发展的趋势或是否重复发生早期的不合格。

2）进行评审的人员应有能力评价不合格产生的影响（危害性），并有权限和资格确定纠正措施。

（3）不符合管理的原则。

1）三不放过原则。不找出不合格原因的不放过；不查清不合格责任的不放过；不落实防止重复出现不合格措施的不放过。

2）三不准原则。不合格的原材料及焊接材料不准替代合格的材料投用；不合格的部件不准替代合格的部件投入组装焊接；不合格的焊接产品不准冒充合格的产品出厂或移交给用户（或业主）。

3）经济原则。坚持经济性原则的关键，在于做好“适用性”的判断。也就是做到：该报废的报废、该回用的回用，该返工处理的则返工处理。但这些判断的前提是科学制度和程序。

（4）不合格品的控制。发现不合格品要及时作出标识；做好不合格记录，确定不合格范围；应由指定人员对不合格品进行评价；不合格与合格品应隔离存放；对不合格品应有处理措施，并监督实施；通知与不合格品有关的职能部门，必要时还应通知业主（用户）。

（5）不合格焊缝的处理方法。

1）返工。对那些性能已无法满足要求或焊接缺陷过于严重，以致局部修理不经济或不能保证质量的焊缝，应予以报废、返工，重新焊接使其满足规定要求。

2）返修。局部焊缝存在超标缺陷时，可返修，使其满足规定或预期的使用要求。但在焊缝上同一部位多次返修，要考虑热循环对接头性能，特别是冲击韧性的影响。返修应按不合格品处理程序和管理职责进行审查、批准、实施。对重大不合格品，在返修前应通知业主方到现场监督实施。返修记录纳入工程质量档案。

3）回用。对某些焊接缺陷不符合标准要求，但又不影响使用及安全，且用户对此没有提出一定要返修，并作出书面认可的焊缝，可作回用处理。但必须按规定的程序办理必要的回用审批手续。

4）降级使用。在返修可能造成产品报废或较大经济损失的情况下，可以根据焊接检验的结果，并经用户同意，降低焊接产品的使用条件。但从维护企业信誉的角度考虑，一般不宜采用这种处理方法。

6. 焊缝返修

焊缝返修特点：不同钢材受焊接热循环影响，其性能变化是不一样的。由于焊缝返修是在产品刚性拘束较大的情况下进行局部小区域的封闭槽内焊接，应力大、冷缩快，易产生焊接缺陷。返修次数增加，会使返修部件产生过大的应力及粗大的金相组织，导致接头力学性能的下降。

(1) 当发现焊接接头存在不允许缺陷时，应进行分析，找出原因，制定措施后方可返修。

(2) 返修所采用的焊接工艺必须经过评定合格。

(3) 焊缝返修工艺文件必须按规定程序审批，返修过程及结果应有书面记录。

(4) 焊缝同一部位允许返修的次数，应按技术规程规定（原则上不宜超过 2 次）。对于超过规定返修次数的，应由焊接技术人员会同检查人员、焊工共同分析查明缺陷产生的原因，制定可靠的技术措施，经焊接责任工程师审核，单位技术总负责人（或质保工程师）批准后方可实施超次返修。

(5) 对于焊缝危害性缺陷的返修，应由与部件技术条件要求相符的合格焊工担任。焊工在返修前应进行模拟练习并检验合格，返修应在焊接技术人员或专职焊接质检员的监督下进行。

(6) 对于自动焊完成的焊缝，若补焊范围超过焊缝长度的 1/5 或厚度的 1/2，则应将焊缝全部除去，并重新焊接。

(7) 返修后的焊缝其外形应与原焊缝一致，并按规定对返修区进行外观和无损检测，且符合质量要求。

7. 焊接质量检验

检验的目的：一是对用户（包括对下道工序）实行质量保证；二是判断工序或生产过程是否正常；三是考验承建单位对该项产品（或工程）是否具有制造或安装的手段。

(1) 应配备足够数量的合格无损检测及理化试验人员和相适应的检测、试验设备（仪器）。

(2) 焊接质量检验的依据是设计图样及焊接工艺文件中有关焊接施工及验收规范。

(3) 焊接接头必须 100％地进行目视检查，必要时可用 5～10 倍放大镜观察，检查结果应符合相应技术规范要求，并作出记录。

（4）焊接接头的无损探伤（包括中间探伤和最终探伤）的类别、方法、数量、执行标准及级别应由设计文件规定。无损探伤工作应执行国家或行业相应的规程。

（5）对有延迟裂纹倾向的钢材，无损探伤应在焊接完成后24h内进行。

（6）对受监督的马氏体高合金钢（如P91）、奥氏体不锈钢（如316L）、超厚壁大口径压力管道和低合金钢（如16Mn、15MnTi）厚壁大型钢闸门的焊接，必须严格按焊接作业指导书和质量计划程序对焊接缺陷及收缩量进行检测。

（7）无损探伤不合格的焊缝，除应在缺陷清除并修补后，对焊缝修补部位按原检测方法重新检查直至合格外，尚应从该焊工当日所焊的同一批焊接接头中增作不合格数的加倍检验。加倍抽检仍有不合格品时，则该批焊接接头评为不合格，并对该焊工当日所焊同一批的其他焊接接头全部进行检测。

四、质量管理

1. 焊接工程质量的评定

在一个项目工程中，焊接工程质量验评工作一般是按分项工程的一道工序与其他专业联评或单独评定，明确分项工程以各专业项目为主。

（1）焊接分项工程的质量评定。分项工程质量是经全部质量检验后通过保证项目、基本项目和允许项目综合评定的。

1）保证项目。保证项目是必须达到的要求，是保证工程安全或主要使用功能的重要检验项目。保证项目是评定合格或优良都必须达到的质量目标。

2）基本项目。基本项目是保证工程安全或使用性能的基本要求。其指标分为“合格”、“优良”两个等级。

3）允许偏差项目。允许偏差项目是分项工程检验项目中，规定有允许偏差范围的项目。

（2）分项工程的质量等级标准。不同动力源型电站建造焊接质量标准是不同的，在建造中应分别按有关焊接规程、质量验评标准执行。

1）返修、返工焊缝质量等级评定：凡经返修的焊缝经检验合格，只能评为合格等级。

2）返工重新焊接的焊缝或分项工程，可重新评定其质量等级。

（3）质量验收评定程序。在焊接操作人员自评的基础上，工地（二级检验项目）初评（复查）之后送交公司质检部门（三级检验项目）进行最终验收评定，评定后由质检部门焊接专职质检师（或质检员）办理焊接工序（或分项工程）验收手续和签发质量等级通知单。如属于四级（业主方）检验的，应经业主代表或监理单位监理工程师检查、核定。

2. 文件档案

（1）应建立、健全焊接文件档案管理制度，一切涉及焊接质量及其过程控制的文件，必须由有关部门按技术文件归档。

（2）归档范围包括：焊接质量保证手册（焊接质量保证大纲）；焊工技术培训考试记录和焊工资格证书及焊工代号记录；母材、焊材质量证明书及复检报告；母材、焊材代用审批文件；焊接工艺评定报告；焊接工艺规程（焊接作业指导书）；焊接工程一览表；焊接生产（施工）记录；焊接技术交底记录；焊接质量计划；焊接变更通知单；焊接工程竣工图（包括受监督设备、管道、结构焊接及热处理和检验记录图）；焊缝无损探伤记录及射线照相底片；焊接接头力学性能及金相试验报告；焊接不符合处理报告；焊缝返修记录；焊后热处理记录；各种检查、试验记录；焊接见证件性能测试报告；焊接质量事故处理结果报告；焊接工程质量三级验收签证记录；焊缝酸洗记录及结果报告；其他必须归档的文件。

（3）各类文件应划分为永久性（全寿命期）保存和非永久性保存两大类。永久性记录的保存应不短于电站（厂）设施的使用寿命；非永久性记录的保存期可以是3～10年，由承建（制）单位根据合同有关规定确定。

第五节　工程质量事故的管理

工程建设中，原则上讲是不允许出现质量事故的，但由于各种异常因素及原因的影响，事故是很难完全避免的。通过承建（施工）单位质量保证活动和业主或业主委托授权的第三方监理工程部门的质量监控，通常可对质量事故的产生起到预防作用，控制事故后果的进一步恶化，将危害降到最低限度。

一、工程质量事故的概念

1. 事故的内涵

电站在建设过程中或竣工后，由于设计、施工、材料、设备等原因造成工程质量不符合规程、规范规定的质量标准，影响设备使用寿命或正常运行，一般需作返工或采取补救措施处理，统称为质量事故。

2. 工程质量事故的特点

由于工程项目建设不同于一般的工业生产活动，其特征是：实施过程为一次性，生产组织具有流动性、综合性、劳动密集性及协作关系的复杂性等。这些均造成工程质量事故具有复杂性、严重性、可变性及多发性的特点。

二、质量事故的分类

1. 按事故性质及程度划分

在电站工程建设中，按质量事故对工程的耐久性、可靠性和正常使用的程度、检查处理质量事故对工期影响时间的长短及直接经济损失的大小等，将质量事故分为一般质量事故和重大质量事故两类。

（1）一般质量事故。凡具有下列情况之一者为一般质量事故。

1）工程质量不符合设计、规程和合同规定的质量标准，返工、修补处理，处理后仍能满足要求者。

2）质量事故检查处理所需物质、器材和设备、人工等直接费用损失总金额在5000元～10万元之间的质量事故。

对工程建设中发生的一些质量问题，可以不作处理或稍作处理即能达到规程、规范和合同要求的质量标准，检查处理费不足一般质量事故标准者可定为质量缺欠。

（2）重大质量事故。凡具有下列情况之一者，为重大质量事故。

1）质量事故发生在主体工程、重要设备，但经返工修补后，基本能达到设计要求，即工程的安全性、可靠性余度降低或影响工程使用年限，但仍可正常运行和发挥设备效益者。

2）由于质量事故检查处理打乱了原来的施工部署，影响工期达1个月至3个月者。

3）造成人身伤亡或质量事故处理所需物质、器材和设备、人力等直接费用损失金额在10万元以上的事故。

（3）返工损失金额及返工损失率计算方法：

返工损失金额＝返工损失的材料费、人工费和机械使用费＋规定的管理费－返工工程拆下后可重复利用的材料价值

质量事故返修后，如仍不符合设计要求或施工标准、技术验收规范要求，一般不应重复计算质量事故次数，但应累计其经济损失。

返工损失率＝［自年初累计返工损失额（万元）］/自年初累计完成施工产值×100％

2. 按事故造成的后果区分

（1）未遂事故：发现了质量问题，经及时采取措施，未造成经济损失、延误工期或其他不良后果者，均属未遂事故。

（2）已遂事故：凡出现不符合质量标准或设计要求，造成经济损失、延误工期或其他不良后果者，均构成已遂事故。

3. 按事故责任区分

（1）指导性责任事故：由于在工程实施中，指导或领导失误而造成的质量事故。

（2）操作性责任事故：在施工过程中，由于实施操作者不按规程或标准实施操作而造成的质量事故。

4. 按质量事故产生的原因区分

（1）管理原因引发的质量事故：主要是由于管理上的不完善或失误而引发的质量事故。

（2）社会、经济原因引发的质量事故：主要是指由于社会、经济因素及社会上存在的弊病和不正之风引起建设中的错误行为，而导致出现质量事故。

（3）技术原因引发的质量事故：是指在工程项目实施中，由于设计、施工在技术上的失误而造成的质量事故。

三、焊接工程质量事故的原因

造成工程质量事故的原因是多种多样的，但从整体上考虑，一般原因大致有以下几个方面。

1. 质量事故原因要素

事故的发生是由多种因素构成，其中最基本的因素有：人、材料、焊接设备、焊接工艺及环境。

（1）人的最基本问题之一，是人与人之间的差异，例如知识、技能、经验和质量意识及行为特点等差异。

（2）材料和设备的因素，更为复杂和繁多。

（3）事故发生和焊接工艺及环境紧密相关，如自然环境、施焊工艺、施工条件和管理情况等。

2. 引起事故有直接与间接原因

（1）直接原因主要有人的行为不规范和材料、焊接设备不符合规定状态。如技术人员不按国家或行业技术规范编写焊接工艺文件和施工人员违反规程作业等，都属于人的行为不规范；又如焊材质量指标不符合技术标准要求等，属于材料不符合规定状态。

（2）不遵守施工规程规定。这方面的问题较多，常见的表现在：

1）违反材料（焊件和焊接材料）使用的有关规定。

2）不按规定校验焊接计量器具。

3）违反检查验收规范及规定。

4）违反焊接工艺纪律。

（3）施工方案和技术措施不当的原因。主要表现在：

1）施工方案考虑不周。

2）技术措施或作业指导书不当。

3）缺少可行的季节性施工措施。

4）不认真贯彻执行焊接施工组织设计。

（4）施工技术管理制度不完善的原因。表现在：

1）没有建立完善的各级技术、质量责任制。

2）主要技术工作没有明确应遵循的管理制度。

3）技术交底不认真，未作记录或交底不清。

4）预防质量通病措施虽有，但不认真执行。

（5）施工人员的原因。表现在：

1）施工技术人员和质检员配备不足、技术业务素质不高或使用不当。

2）焊接操作人员培训不够、素质不高。

3）对持证上岗的岗位控制不严，违章作业。

3. 质量事故分析的重要性

（1）防止事故的恶化。

（2）创造正常的施工条件。

（3）排除隐患。

（4）总结经验教训，预防事故的再发生。

（5）减少损失，保证工程质量。

四、工程质量事故的处理

1. 事故处理所需的资料

处理工程质量事故，必须分析原因、作出正确的处理决策，并以充分、准确的有关资料作为决策的依据。一般的质量事故处理，必须具备以下资料：

（1）与工程质量有关的施工图、施工技术规范等。

（2）与施工有关的资料、记录，例如材料的质量证明书或复检报告、各种中间产品检验记录和试验报告以及施工记录等。

（3）事故调查分析报告，一般应包括以下内容：

1）质量事故的情况：包括事故发生的时间、地点、事故情况，有关的观测记录，事故的发展趋势，是否已趋稳定等。

2）事故性质：应区分是结构性问题，还是一般性问题；是内在实质性问题，还是表面属性问题；是否需要及时处理，是否需要采取保护性措施。

3）事故原因：阐明造成质量事故的主要原因，并应附有说服力的资料、数据的说明。

4）事故评估：应阐明该质量事故对于建筑物、设备功能、使用要求、结构受力性能及施工安全有何影响，并应附有实测、验算数据和试验资料。

5）事故涉及的人员与主要责任者的情况等。

（4）设计、使用和施工单位对事故处理的意见和要求。

2. 质量事故处理的原则

质量事故发生后，应坚持“三不放过”的原则，即事故原因未查清不放过，事故主要责任人和职工未受到教育不放过，补救措施不落实不放过。

(1) 按事故严重程度，分别由施工组织者召集有关施工队长（或工地主任）、班组长和施工人员，共同分析发生事故的原因。查明事故责任，研究防范措施，对责任者按规定进行教育或处罚，并以具体事例向有关人员进行宣传教育，防止事故的重复发生。

(2) 施工过程中发现的质量事故，不分事故大小，施工人员应立即上报，并进行逐步检查。如属一般事故由检验组写出事故报告，经专职质检员核实签字后，报送施工的行政和技术负责人，以及监理代表。如属重大事故，施工的组织者应立即向顾客（业主）和质量监督部门提出书面报告，并通知设计单位。同时按规定向上级报告和及时填报重大事故报告。

(3) 由质量事故而造成的损失费用，坚持该谁承担事故责任，由谁负责的原则。质量事故的责任者大致为：施工组织者（承包方）、设计单位、监理单位和业主。

3. 工程质量事故处理程序

工程质量事故发生后，一般可按以下程序进行处理，如图 5-1 所示。

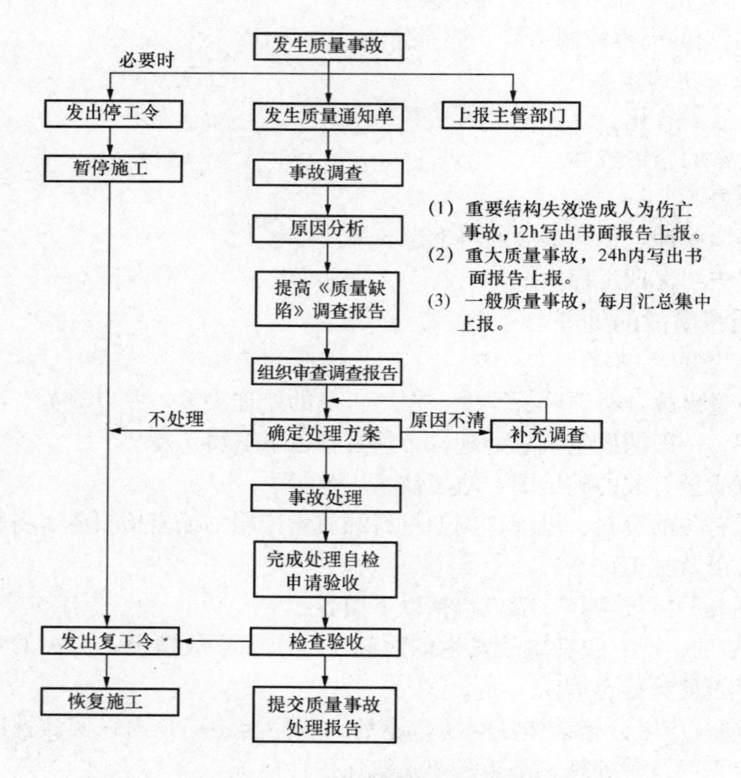

图 5-1 工程质量事故处理程序图

4. 质量事故处理方法

(1) 对工程施工中出现的质量事故，根据严重性和对工程影响大小，可有两类处理方法。

1) 修补。即通过修补的办法予以补救，这种方法适于通过修补可以不影响工程的外观和正常运行的质量事故。这一类质量事故在工程施工中是大量和经常发生的。

2）返工。对于严重未达规范或标准，影响到工程使用安全，且又无法通过修补的方法予以纠正的工程质量事故，必须采取返工措施。

（2）有的工程质量问题，虽严重超出国家标准及规范规定，已具有质量事故的性质，但可针对工程的具体情况，通过分析论证，不需专门处理。不需作处理的事故，常有以下几种情况：

1）不影响结构的安全、生产、工艺和使用要求。如有的建筑物在施工中发生错位事故，若要纠正，困难较大，或将要造成重大经济损失。经分析和科学的论证，只要不影响工艺和使用要求，可以不作处理。

2）有些轻微的质量缺陷，通过及时或后续工序可以弥补的亦可不作处理。

3）对出现的事故，经复核验算，仍能满足设计要求者，可不作处理。

5. 事故处理结论

（1）事故处理的质量检查鉴定，应严格按施工验收规范及有关标准规定进行，必要时还应通过实际测量、试验和仪表检测等方法获取必要的数据，才能对事故处理结果作出确切的结论。检查和鉴定的结论可能有以下几种：

1）事故已消除，可继续施工。

2）隐患已排除，结构安全有保证。

3）经修补、处理后，完全能够满足使用要求。

4）基本上满足使用要求，但使用时应有附加的限制条件，例如限制荷载等。

（2）对耐久性的结论。

（3）对建筑物外观影响的结论等。

（4）对短期难以作出结论者，可提出进一步观测检验的意见。

（5）对于处理后符合规定要求和能满足使用要求的，施工组织部门的质监部门或监理工程师可以予以验收、确认。

复　习　题

1. 试述焊接质量管理的特点、目的和任务？
2. 什么叫质量管理目标？制定的原则是什么？
3. 焊接质量管理包括哪些内容？
4. 质量责任制的基本内容是什么？
5. 建立质量责任制的指导原则是什么？
6. 质量管理有几个阶段？内容是什么？
7. 影响焊接质量的基本因素有哪些？简述其内容？
8. 什么叫质量控制点？为什么要设立？有何作用？
9. 如何确定质量控制点？如何管理控制点？
10. 产品质量是如何分级的？
11. 如何区分“不合格与缺陷”？不合格项又如何分类？

12. 工程质量事故有几类？划分标准是什么？
13. 质量事故产生原因是什么？有几方面？
14. 为什么要进行质量事故分析？
15. 工程质量事故处理原则是什么？按什么程序进行？
16. 为什么要进行焊接质量控制？依据是什么？标准是什么？
17. 焊接质量控制的基本要求有几方面？主要内容是什么？
18. 焊接质量工序控制应从哪些方面进行？要求是什么？
19. 应如何进行焊接质量评定？按何规定进行？
20. 焊接质量文件档案应包括哪些内容？

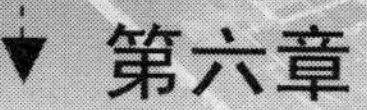

第六章

焊接工程验评管理

近年来，大容量火力发电机组的建设逐年增加，300MW 火力发电机组已替代 200MW 机组，成为我国主力发电机组。同时，数座国产和进口的 600MW 火力发电机组已建成，900MW、1000MW 机组正在建设中。在这些高参数、大容量发电机组的建设中，承压管道焊接接头数量一般可在两万道以上，还有大量承重钢结构、压力容器、凝汽器钛管及铝母线等的焊接，焊接无疑是电力建设中一项至为重要的工作。

影响焊接质量的因素很多，如金属材料的焊接性、焊前准备的程度、焊接工艺规范的合理性、焊接设备的状态和焊工技术水平等，都贯穿在整个焊接施工过程中。焊接质量是焊出来的而不是检验出来的，不能将保证焊接质量的全部功能寄托在焊后检验的单一环节，“毕其功于一役”是不可能的。无论是对制造企业，还是对施工企业，均将焊接质量体系作为一个独立考核的重要环节，焊接质量的量化指标已是施工企业质量管理中的一个必要目标。规程强调在焊接前、焊接中和焊接后对焊接工作的每一环节进行周到、细致的检查，作各种方式的检验和性能试验，确定焊接质量是否达到规范或技术标准的量化要求。只有通过对焊接工程施工中的一系列工序质量控制、检验和监督，才能对焊接质量的优劣最终作出综合评价。

焊接质量验评工作是一项严肃、认真、求实的工作，是对焊接质量进行把关的关键工作。从事该项工作的人员，始终应把工程质量放在第一位，除增强质量意识外，还应注重自身素质的全面提高，努力学习焊接基本理论和操作技能，熟悉焊接施工管理，掌握必要的焊接检测知识和技能，从基础抓起，做好施工过程的质量监督管理，及早发现问题、解决问题，在焊接工程施工管理中发挥作用。

第一节　焊接工程分类

火电安装施工中，焊接工作覆盖了炉、机、电、热控等各个专业的各个分项工程。如何正确地评价焊接质量，目前以两种方式进行：一种是将焊接作为独立专业工程；一种是把焊接作为分项工程的一项考核指标（按工序管理）。前者有利于焊接专业体制的管理，而后者适应现场专业相互配合的需要。从现场工程实践情况看，以分项工程（按工序管理）对焊接质量进行评价为多数。

一、焊接工程类别

火电安装施工的焊接对象有管子、管道、结构、容器、母线等，同一类焊接对象又因运行介质、运行参数（温度、压力等）、规格和承载情况等不同，对焊接接头质量要求有所区别，一般把焊接工程按焊接对象、质量要求分为四个方面、六大类。

1. 承压管道方面

承压管道分 A、B、C 三大类。

（1）A 类：视运行工况、管道规格及应用场合又分为五小类。

A_1：工作压力大于或等于 9.81MPa 的锅炉受热面管子。例如锅炉水冷壁、省煤器、过热器、再热器等管子的焊接接头。

A_2：外径大于 159mm 或壁厚大于 20mm，工作压力大于 9.81MPa 的锅炉本体范围内的管子及管道。一般指炉顶的汽水联络管、导汽管、分降水管等焊接接头。

A_3：外径大于 159mm、工作温度高于 450℃的蒸汽管道。一般指主蒸汽管道、再热段管道及锅炉的大口径联络管的焊接接头。

A_4：工作压力大于 8MPa 的汽、水、油、气管道。一般指机、炉的附属管道的焊接接头。

A_5：工作温度大于 300℃，且不大于 450℃的汽水管道及附件。一般指给水管道、再热冷段管道、主降水管道等的焊接接头。

（2）B 类：分为四小类。

B_1：工作压力小于 9.81MPa 的锅炉受热面管子。一般指 25MW 以下火力发电机组锅炉的受热面管子的焊接接头。

B_2：工作温度大于 150℃，且不大于 300℃的蒸汽管道及附件。

B_3：工作压力为 4～8MPa 的汽、水、油、气管道。

B_4：工作压力大于 1.6MPa，且小于 4MPa 的汽、水、油、气管道。

（3）C 类：分为两小类。

C_1：工作压力为 0.1～1.6MPa 的汽、水、油、气管道。

C_2：外径小于 76mm 的锅炉水压范围外的疏水、放水、排污、取样管子。

对于 C_2 类管子焊接接头一般较为分散，数量不多但繁杂，电站安装施工中通常称之为“杂项管道”，焊接质量管理中往往容易忽视，疏于检查，结果在水压试验和热态试运中经常由于该类管子的焊接接头泄漏而造成停炉、停机，故在焊接质量管理中应对该类工程制定专门的管理办法，必要时增强一定比例的无损探伤。

2. 压力容器方面

D 类：根据工作压力分为两小类。

D_1 类：工作压力为 0.1～1.6MPa 的压力容器。一般指需在现场制造、拼装的压力容器焊接接头，如除氧器水箱、除氧头与水箱的焊接接头等。

D_2 类：工作压力小于 0.1MPa 的压力容器。

3. 钢结构方面

E 类：根据承重情况、严密性要求等分为四小类。

E_1：承重钢结构。如锅炉钢架、起重设备结构、主厂房屋架、支吊架等重要结构件。

E_2：烟、风、煤、粉、灰等管道及附件。该类附件一般有严密性要求。

E_3：一般支撑钢结构。如设备支撑、梯子、平台、步道、拉杆等非主要承重钢结构。

E_4：密封结构。如受热面管子鳍片及炉顶密封焊接接头。

4. 铝母线及凝汽器管板方面

F 类：根据结构性质分为两小类。

F_1：发电机出口至主变压器、厂用变压器及升压站。

F_2：凝汽器的钛管及管板的焊接接头。

5. 其他

在火电施工中，还有一些未能包容在上列各类之中，而在工程质量验收中又常有工程项目焊接检验要求的。

设备焊接接头的鉴定就是其中一项重要内容。为了提高火力发电机组投产后安全运行可靠性，要求对制造厂的焊接接头进行抽检，特别是进口发电机组要按照进口锅炉及压力容器设备鉴定大纲进行大量的检验工作，其中有很大比重为焊接接头的检验鉴定工作，主要有：

(1) 锅炉汽包筒体焊接接头及集中降水管角焊接接头的抽检。

(2) 受热面管制造焊接接头的抽检。

(3) 锅炉承重钢结构制造焊接接头抽检，如大板梁、主柱等。

(4) 主蒸汽、再热蒸汽、给水等主要管道制造焊接接头的抽检。

若施工单位承接设备鉴定工作，应按有关设备鉴定的规定文件或合同，确定检验项目、比例、方法和鉴定标准。

二、焊接接头类别

从焊接质量管理角度出发，通常将焊接接头按质量标准不同进行分类。分类是按照焊接接头的运行介质、运行工况、承载情况等确定其重要程度，其分类虽不涉及焊接接头所在的焊接对象，但均以此确定施焊者的资格、检验项目和数量。

焊接接头一般分为Ⅰ、Ⅱ、Ⅲ等三类。Ⅰ类焊接接头重要程度及质量要求最高，Ⅱ类次之，Ⅲ类为最低。

1. Ⅰ类焊接接头

Ⅰ类焊接接头包括A类焊接工程的所有五小类及 D_1 类焊接工程的焊接接头。

A类焊接工程是大容量机组主要承压管道的焊接接头，这些焊接接头的运行多在高温（温度＞300℃）、高压（工作压力≥9.81MPa）的工况下，或者是运行在高温或高压工况下的大直径、大壁厚的承压管道焊接接头。

D_1 类焊接工程是工作压力为0.1～1.6MPa压力容器的焊接接头，如除氧器水箱、排污扩容器等，这些压力容器虽然工作压力、温度等参数比A类焊接工程低，但是其运行参数波动较大，故焊接接头承受的交变应力较大。同时，由于我国在20世纪70年代发生了多起由于焊接质量引起的压力容器爆炸事故，国家对压力容器的监察给予了高度的重视，其中重要的项目就是焊接接头的质量监察，故亦将 D_1 类焊接工程的焊接接头列入Ⅰ类焊接接头。

2. Ⅱ类焊接接头

Ⅱ类焊接接头主要包括B类焊接工程的四小类及 E_1 类焊接接头。

B类焊接工程的施焊对象是承压管道，但与A类焊接工程的承压管道相比，其压力、温度等运行参数均低。

E_1 类焊接工程的施焊对象为承静载荷的钢结构，如锅炉钢架，主厂房屋架、支吊架、起重设备结构等。这些承载钢结构的焊接接头如果存在焊接缺陷，将降低焊接接头的截面尺寸，不能满足设计要求，使结构失稳，严重的可能会造成坠落、倒塌等恶性事故，故亦列入Ⅱ类焊接接头，进行必要的焊接检验。

3. Ⅲ类焊接接头

Ⅲ类焊接接头包括C类、D_2类焊接工程和E类焊接工程中的E_2、E_3、E_4类焊接接头。

C类焊接工程的焊接对象主要为工作压力较低（0.1～1.6MPa）的汽、水、油、气管道以及外径小于76mm的锅炉水压范围外的疏水、放水、排污、取样管子的焊接接头。

D_2类焊接工程的焊接对象是工作压力小于0.1MPa的容器，如疏水水箱、燃油油罐等容器。

E_2、E_3、E_4类焊接工程的施焊对象为电站安装施工中大量的一般钢结构和密封结构，还有烟、风、煤、粉、灰等管道及附件，即通常所称“六道”的焊接接头。

Ⅲ类焊接接头的焊接质量主要强调焊接接头外观的规整美观，通常只要求作外观检验，但对“六道”的焊接接头须作100%的渗油检查。

4. 特殊焊接接头

（1）焊接对象是铝或铝合金制作的导电母线的焊接接头。以无损检测作为验评的主要手段，同时，应注重外观质量状况。

（2）焊接对象是凝汽器钛管与管板的焊接接头。钛管的管板连接型式为密封角接焊缝，焊接工程量很大，为保证凝汽器钛管与管板的整体焊接质量，普遍采用专用自动氩弧焊机施焊。焊接接头的检验以外观检查和表面着色渗透检验为主。

第二节　焊接工程质量检查、检验和数量

在电站安装施工中，焊接质量的优劣对电站安全、经济运行关系很大。一个质量优良的焊接工程的实现，依赖于科学合理的施工组织管理，良好的焊接操作工艺和贯穿施工全过程的质量控制和监督。焊接检验是焊接质量控制的重要环节，而验评工作则是对焊接工程质量进行量化评价的手段。

不同类型的焊接工程，由于其施焊对象所处工况有别，对其确定的质量要求不同，故各类焊接工程设置的检验项目也不相同。

一、焊接工程的验评项目

焊接工程的验评项目，通常有两种分类方法，即：按焊接接头验评部位分类和按焊接接头验评方法分类。

1. 按验评部位分类

按焊接接头验评部位分类，有两种。

（1）焊接接头表面质量。通常由焊工本人和专职焊接质检员进行。其项目包括：焊缝成型及尺寸，表露缺陷、错口和弯折等。

（2）焊接接头内在质量和性能。通常委托金属室专职焊接检测人员进行试验。其项目包括：无损探伤、力学性能、金相检验、断口检查、化学分析、光谱分析、硬度测定等。

2. 按验评方法分类

按焊接接头验评方法分类，通常分为非破坏性方法和破坏性方法两大类。

（1）非破坏性。顾名思义，该类检验完全不破坏焊件，如外观检查、严密性试验、无损探伤、光谱分析、硬度检测等方法均属该类检验项目。

（2）破坏性。需要破坏焊接接头，即在焊件上截取焊接接头制作试样进行各种检查和试

验，如断面检验、力学性能试验、金相检验、化学分析等均属该类检验项目。

二、焊接工程验评方法及其确定

1. 各类焊接工程验评方法确定的原则

在质量验收的规程、规范中均做了明确的规定，必须严格执行，不得随心所欲。但是，对于同一项目的验评方法却不是唯一的，选择的原则主要有以下几点：

（1）应视焊接接头的型式、焊接方法，最大限度地发现该类焊接接头中的危险性缺陷。

（2）应观察焊接接头所处的环境、位置，便于检验人员操作。

（3）无论人工、材料，应是最经济的，以降低工程成本。

2. 焊接工程的验评方法及应用

（1）外观检查。外观检查是直接用肉眼或借助于5～10倍的放大镜和专用的焊接接头外观检测工具，对焊缝表面进行质量检查的方法。外观检查的指标如下：

1）焊缝成形：采用目测法，要求焊缝过渡圆滑，均匀平直，接头良好。

2）焊缝余高：采用专用检查尺，检查范围内的焊缝余高，最低处不能低于母材，最高处视焊件厚度有不同的要求。

3）焊缝宽窄差：采用专用检查尺，实测检查范围内焊缝最宽处和最窄处之差不能超过规范的要求。

4）错口：采用专用检查尺，实测错口最大尺寸和累计长度。

5）弯折：采用专用检查尺，实测在100mm处弯折不超过1mm或在200mm处弯折不超过3mm（视工件直径定）。

6）焊缝咬边：采用专用检查尺，分别实测咬边量深处尺寸和咬边累加长度。

7）焊缝的表露缺陷：即裂纹、弧坑、气孔、夹渣等，采用目测或放大镜检查，焊缝表面不允许存在以上表露缺陷。

外观检查是焊接工程检验的基本项目，适用于验评标准中A、B、C、D、E、F六类焊接工程。

（2）无损探伤。电站安装焊接工程检验采用的无损探伤方法主要有射线探伤、超声波探伤、磁粉探伤、着色探伤等。该类探伤方法准确性高、效果好，适宜检查焊缝内部和表面目测无法观察的缺陷。

1）内部缺陷的无损探伤。焊接接头内部缺陷的无损探伤，主要采用射线探伤和超声波探伤。两种探伤方法在焊接工程检验中的应用：

在检验焊接接头内部缺陷时，射线探伤和超声波探伤均得到了广泛应用，在工程检验中，应针对不同的焊件，选用合理的探伤方法。一般做法是：①厚度≤20mm的焊件，多采用射线探伤，如采用超声波探伤，还应另作不小于20%探伤量的射线透照；②厚度>20mm，且小于70mm的管子和焊件，多采用超声波探伤；③厚度≥70mm的管道，焊接完成后做100%的超声波探伤；④对于焊接接头为Ⅰ类的锅炉受热面管子，除做不少于25%的射线透照外，还应另做25%的超声波探伤。

A、B、C、D_1、E_1和F类焊接工程的焊接接头均要求做无损探伤，但检验比例各不相同。

2）表面和近表面焊接缺陷的无损探伤。对于焊接接头的表面和近表面焊接缺陷的无损探伤，通常采用磁力探伤和着色探伤。

磁力探伤通常用于检查角接、搭接等钢结构的焊接接头，该类焊接接头通常不便采用超声波和射线探伤。

着色探伤通常用于检查有色金属焊接接头的开口型缺陷，以及不便采用其他探伤方法的焊件，如凝汽器钛管的焊接接头只能采用着色探伤方法。

(3) 光谱分析。对焊缝金属进行光谱分析是为了验证合金焊件所用焊材是否用错。规程规定“合金钢件焊后应对焊缝进行光谱复查”，复查数量是：对锅炉受热面管子焊接接头不少于10%；其他管子及管道为100%。光谱分析复查应根据每个焊工的当日工程量，按比例抽查或普查，这是为了避免因材料用错造成大面积返工。

(4) 硬度试验。硬度试验是为了测定焊接接头在焊接过程和热处理后，热循环对焊接接头的影响及焊后热处理工艺是否恰当。

焊接接头的硬度试验一般采用便携式里氏硬度仪在现场进行测定，硬度数值能直接以数字方式显示，简捷直观。

规程规定：“经焊接工艺评定，且具有与工艺指导书规定相符的热处理自动记录曲线图的焊接接头可免去硬度试验”。

(5) 严密性试验。依照DL/T 5210相关专业标准规定，焊接专业分项工程参与相关专业严密性试验，故介绍严密性试验的应用方法。严密性试验用于各种储存液体或汽（气）体的容器及管道系统，主要检查设备及焊接接头的泄漏与否和严密程度，常采用如下三种方法：

1) 水压试验。用来检验焊接接头的致密性和强度。检验对象是单排管束、容器及其管道系统、锅炉分部或锅炉整体。

试验方法有两种：一种是将参加水压系统内的孔、眼堵塞好，将系统上满水，排尽系统内的存留空气，用水泵把水压提高到系统工作压力的1.25～1.5倍，恒压5min后，再降至系统工作压力，此时全面检查系统内的焊接接头及其他部位，看有无渗水、泄漏现象。如发现焊缝有泄漏，则水压试验为不合格，并在该处作标记，以便补修；另一种方法是对于开口容器，可用水灌满，不附加压力来检验焊接接头的严密性。

A、B、C、D类焊接工程均需做100%的水压试验。

2) 气压试验。此法多用于以较低的压力检查容器及管道系统的严密性。试验时，将压缩空气通入容器内，在焊接接头表面涂抹肥皂水，出现肥皂泡处，即表明此处有穿透性缺陷。若气压试验压力保持不住，则证明系统可能有多处泄漏。

此法不适用于强度试验，但在锅炉分部及整体水压试验前，通常先做气压试验检查有无泄漏，以免由于焊接缺陷的存在造成锅炉多次做超压试验，影响锅炉设备的材料性能。

3) 渗油试验。利用煤油的渗透性能检查非受压容器及管道的严密性。检查时，先在焊缝易于观察的一面涂上石灰水，干燥后，再在焊缝的另一侧涂煤油。由于煤油表面张力小，具有透过微小孔隙的能力，当焊缝有穿透性缺陷时，煤油能渗进去，并在涂有石灰浆水的一侧形成明显的油斑或带条。为准确地确定缺陷的大小和位置，应在涂煤油后立即观察，标出缺陷区。若在规定时间内（一般为15～30min）不出现油斑和带条，则认为该焊缝合格。

E_2类焊接工程焊接接头（即煤、风、烟、粉、灰等“六道”及附件）要求焊后做100%

煤油试验。

三、焊接工程的验评数量

焊接工程分类不同，设置的检验项目和数量各不相同，各类焊接工程的检验项目和数量，见表 6-1。

表 6-1　　焊接工程分类和质量验收评定抽查样本[a] 数量一览表

工程类别		范围	焊接接头类别	质量检查、检验项目及抽查样本数量（%）					
				表面质量测量检查		检测、试验结果及记录检查			
				施工单位专业检查	验收批抽查	无损检测报告	热处理曲线记录[c]	硬度报告	光谱报告
A	1	工作压力大于或等于 9.81MPa 的锅炉受热面管子	Ⅰ	≥2	0～1	5	5	2	5
A	2	外径大于 159mm 或壁厚大于 20mm、工作压力大于 9.81MPa 的锅炉本体范围内的管子及管道	Ⅰ	≥5	0～3	10	20	20	100
A	3	外径大于 159mm、工作温度高于 450℃的蒸气管道	Ⅰ	10	0～5	10	20	20	100
A	4	工作压力大于 8MPa 的汽、水、油、气管道	Ⅰ	≥5	0～3	10	10	20	50
A	5	工作温度大于 300℃且不大于 450℃的汽、水管道及管件	Ⅰ	≥2	0～1	10	10	20	50
B	1	工作压力小于 9.81MPa 的锅炉的受热面管子	Ⅱ	≥5	0～3	5	5	5	5
B	2	工作温度大于 150℃，且不大于 300℃的蒸汽管道及管件	Ⅱ	10	0～5	10	10	10	10
B	3	工作压力为 4～8MPa 的汽、水、油、气管道	Ⅱ	10	0～5	10	10	10	10
B	4	工作压力大于 1.6MPa，且小于 4MPa 汽、水、油、气管道	Ⅱ	10	0～5	10	10	10	10
C	1	工作压力为 0.1～1.6MPa 的汽水、油、气管道	Ⅲ	10	0～5	10	—	—	—
C	2	外径小于 76mm 的锅炉水压范围外的疏水、放水、排污、取样管子	Ⅲ	≥2	0～1	10	5	—	5
D	1	工作压力为 0.1～1.6MPa 的压力容器	Ⅰ	≥5	0～3	20[b]	—	—	—
D	2	工作压力小于 0.1MPa 的容器	Ⅲ	≥2	0～1	5	—	—	—

续表

工程类别		范　围	焊接接头类别	质量检查、检验项目及抽查样本数量（%）					
				表面质量测量检查		检测、试验结果及记录检查			
				施工单位专业检查	验收批抽查	无损检测报告	热处理曲线记录[c]	硬度报告	光谱报告
E	1	承重钢结构（锅炉钢架、起重设备结构、主厂房屋架、支吊架等）	Ⅱ	≥2	0～1	5	—	—	—
E	2	烟、风、煤、粉、灰等管道及附件	Ⅲ	≥2	0～1	—	—	—	—
E	3	一般支撑钢结构（设备支撑、梯子、平台、步道、拉杆、非主要承重钢结构等）	Ⅲ	≥2	0～1	—	—	—	—
E	4	密封结构	Ⅲ	≥2	0～1	—	—	—	—
F	1	铝母线	—	10	0～5	10	—	—	—
F	2	凝汽器管板	—	—	0～1	—	—	—	—

a　抽查样本数量以 DL/T 869 规定的各类检验比例为基数。

b　丁字接头的抽查数量不得少于其总样本量的 50%。

c　焊接热处理曲线及记录的抽样检查数量以实际热处理的焊口数为基数，焊接热处理应该符合 DL/T 819 的规定。

第三节　焊接工程质量验收及评价工作的总体要求

焊接工程施行质量验收及评价工作，对工程建设焊接质量进行全面地考核，使我们对工程焊接质量有了底数、开展质量检查工作有了具体内容、提高质量水平有了目标、判断质量优劣有了可比性，同时，也丰富了焊接技术管理工作的内容，对焊接质量的监督和控制、促进工程整体质量的提高起到了重要作用。

为做好焊接工程质量验评工作，全面地规划和设计实施办法，按其规律去管理、遵循其各项规定，并认真、规范地施行，是至关重要的。

一、参加焊接工程质量验评工作的单位及其职责

1. 建设工程质量验评工作的单位

工程建设主体各单位均应参加各专业的质量验评工作，单位应包括施工单位、监理单位和建设单位。

2. 工程建设主体各单位在焊接工程质量验评工作中的职责

（1）施工单位。

1）根据建设工程实际，编制焊接工程质量验评项目划分一览表。

2）完成承担的相应焊接施工任务和各类检测试验任务。

3）完成单位内部焊接工程验收（分批验收）和焊接分项工程验评工作。

4）向监理单位或建设单位提出质量验评工作的申请，并参加这些单位组织的验评工作。

（2）监理单位。

1）审批施工单位编制的焊接工程质量验评项目划分一览表。

2）审批施工单位送交的焊接分项工程分批验收和分项工程验评的申请书。

3）确认申请内容和所具备的验评条件。

4）组织属其职权范围内的焊接工程分批验收和分项工程验评工作。

5）参加建设单位组织的焊接分项工程验评工作。

（3）建设单位。

1）按职责分工规定，只参加焊接分项工程验评工作，不参加焊接分项工程分批验收工作。

2）确认焊接分项工程验评条件。

3）组织属其职责范围内的焊接分项工程验评工作。

3. 焊接工程质量验评单位职责分工

建设工程项目繁杂，焊接专业又渗透到各主专业中，这为焊接工程管理带来很大困难，为保证焊接质量验评工作有序施行，原则上对分批验收工作由施工单位、监理单位进行；而分项工程则工程建设主体单位均应参加。见表 6-2。

表 6-2　　焊接工程验评各方工作范围划分表

工程类别		范　围	分批验收		分项工程质量验评		
			施工单位	监理单位	施工单位	监理单位	建设单位
A	1	工作压力大于或等于 9.81MPa 的锅炉的受热面管子	√	√	√	√	√
A	2	外径大于 159mm 或壁厚大于 20mm、工作压力大于 9.81MPa 的锅炉本体范围内管子及管道	√	√	√	√	√
A	3	外径大于 159mm、工作温度高于 450℃的蒸汽管道	√	√	√	√	√
A	4	工作压力大于 8MPa 的汽、水、油、气管道	√	√	√	√	√
A	5	工作温度大于 300℃且不大于 450℃的汽、水管道及管件	√	√	√	√	—
B	1	工作压力小于 9.81MPa 的锅炉的受热面管子	√	√	√	√	√
B	2	工作温度大于 150℃，且不大于 300℃的蒸汽管道及管件	√	√	√	√	—
B	3	工作压力为 4～8MPa 的汽、水、油、气管道	√	√	√	√	—
B	4	工作压力大于 1.6MPa，且小于 4MPa 的汽、水、油、气管道	√	√	√	√	—

续表

工程类别		范围	分批验收		分项工程质量验评		
			施工单位	监理单位	施工单位	监理单位	建设单位
C	1	工作压力为0.1～1.6MPa的汽、水、油、气管道	√	—	√	√	—
	2	外径小于76mm的锅炉水压范围外的疏水、放水、排污、取样管子	√	—	√	√	—
D	1	工作压力为0.1～1.6MPa的压力容器	√	√	√	√	—
	2	工作压力小于0.1MPa的容器	√	—	√	√	—
E	1	承重钢结构（锅炉钢架、起重设备结构、主厂房屋架、支吊架等）	√	√	√	√	—
	2	烟、风、煤、粉、灰等管道及附件	√	—	√	√	—
	3	一般支撑钢结构（设备支撑、梯子、平台、步道、拉杆、非主要承重钢结构等）	√	—	√	√	—
	4	密封结构	√	—	√	√	—
F	1	铝母线	√	√	√	√	√
	2	凝汽器管板	√	√	√	√	√

注 √表示该单位有责任，—表示该单位无责任。

二、焊接工程验评工作人员的设置及其工作范围

1. 人员设置

（1）施工单位。

参与焊接工程质量验收及评价工作的人员有：焊接工程技术人员（焊接技术员、焊接技师、焊接工程师）、焊接质量检查人员（二级、三级质量检查人员）、检验人员（主要为无损检测人员）、焊接班组长和焊工等。

（2）监理单位或建设单位。

负责焊接工程质量验收及评价工作的焊接专业监理人员或建设单位主管焊接工程质量验评工作的焊接专业主管人员。

2. 各类人员工作范围

（1）施工单位。

1）焊工：

按其职责规定，对本人施焊的焊接工程焊接接头表面进行外观检查。

2）焊接班组长：

①负责组织其管理范围内的焊接工程表面质量复检，并开展质量互检工作。

②参加焊接工程质量分批验收和分项工程验评工作。

3）焊接质量检查人员：

①二级质检员（中级，施工作业单位的焊接质检员）：

a. 按规定职责范围内的焊工所焊的焊接接头表面质量进行外观检查；

b. 参加施工作业单位承担的焊接工程质量分批验收和分项工程验评工作；

c. 参加施工单位内部组织的焊接工程质量分批验收和分项工程验评工作；

d. 参加监理单位组织的焊接工程分批验收和分项工程验评工作；

e. 参加建设单位组织的焊接分项工程验评工作。

②三级质检员（高级，施工单位质检部门或项目部的焊接质检员）：

a. 对焊接接头表面进行质量复查；

b. 参加施工单位内部的焊接工程质量分批验收和分项工程验评工作；

c. 参加监理单位组织的焊接工程分批验收和分项工程验评工作；

d. 参加建设单位组织的焊接分项工程验评工作。

4）检验人员：

①在焊接工程质量验收和评定工作中承担焊接接头抽样检测和试验工作；

②对经其检测或试验的焊接接头质量做出判定结论，提出报告。

5）焊接工程技术人员：

①具有焊接工程师任职资格的焊接工程技术人员负责组织施工单位内部各层次的焊接工程质量验收和评定工作；

②具有焊接技师资格且取得焊接质量检查证书者，亦可组织单位内部焊接工程质量验收和验评工作；

③所有焊接工程技术人员均应参加单位内部、监理单位和建设单位组织的焊接工程验收和验评工作。

（2）监理单位。

焊接专业监理人员负责组织表6-2所涉及的焊接工程质量分批验收和分项工程验评工作。

（3）建设单位。

负责焊接工程人员参加表6-2重大项目的验收工作。

3. 各类验评人员的资质条件

（1）施工单位。

1）焊接质量检查人员：

①施工作业单位：

配备二级质量检查员，要求由具有一定焊接专业理论知识、较丰富的实践经验和焊接操作技术水平较高的人员担任，也可由工地焊接工程技术人员兼任，并经过焊接质检工作专业培训、考核，取得相应资格证书者。

②施工单位或项目部质检部门：

配备三级质量检查员，要求由具备一定焊接专业理论知识、较丰富现场实践经验和焊接操作技术水平，经过焊接工程质检专业培训、考核，并取得相应资格证书者担任。

2）焊接工程技术人员：

焊接工程师、技师、技术员等工程技术人员按工作需要设置在施工作业单位及项目部质量部门或施工单位总部质量部门。

资质条件为：

①工程师：具有焊接专业技术职称证书；

②技师、技术员：具有焊接专业技术职称证书、经过专门焊接质量检查培训、考核，取

得与其承担质量检查工作相适应的质检证书。

3）各类检验人员：

在经过专门资质认证的检验、试验部门任职，并具有从事该专业技术证书（Ⅱ级及以上），经过焊接专业质检培训、考核，取得相应资格证书。

4）焊接班组长：

具有较高焊接技术能力和一定焊接专业理论知识以及较高的施工组织能力，并经过专业质检培训、考核，取得相应资质证书。

（2）监理单位或建设单位。

具有任职资格的焊接专业主管人员。

1）具有一定焊接专业理论知识和丰富的实践经验，且熟悉焊接专业规程、标准的，取得焊接工程师、技师、技工员资格证书者。

2）经过专门焊接质检培训、考核，取得相应（三级）焊接质检证书者。

3）具有从事焊接专业监理工作证书者。

焊接专业主管人员按表 6-2 的范围，组织焊接工程质量验评工作。

三、焊接工程质量验评工作的原则规定

（1）验评工作的方式及确定原则。

1）验评工作的方式：

分为焊接工程单独评定和与主专业联合评定两种。单评为焊接专业自审；联评即焊接工程质量参与其他主专业共同验评。

2）确定原则：

①在其他主专业工程验评中，凡规定焊接为“主控”性质者，焊接专业应单独作为分项工程组织质量验评，以其评定结论参加相应主专业分部或单位工程的质量验评；

②明确焊接工程为“作主控”性质者，焊接工程应先单独进行焊接接头表面质量评定，形成“观感检查记录”，然后随相应主专业进行分项工程质量联评。

（2）对施工量大、周期长的分项工程和隐蔽工程以及专项工程，其验评工作按下述办法进行。

1）焊接工程量大、施工周期长的分项工程，可根据工程实际需要在分项工程内划分成若干“验收批”，以“批次”实施质量验收。

2）隐蔽工程（如地面组合、不可逆的工序施工等工程）属按阶段施工的工程项目，应在隐蔽或吊装前、上道工序进行完毕为阶段划分验收批，实施质量验收。

（3）所有的焊接工程均实行“先验收、后验评”的原则，凡划分验收批的分项工程，应在汇总“验收批”质量验收结果的基础上，再组织分项工程质量验评。

（4）焊接工程综合质量等级评定的规定。

1）按分项工程组织的综合质量等级评定分为合格和优良两级。

2）合格级标准是按 DL/T 869《火力发电厂焊接技术规程》中的质量标准确定的；而优良级是在合格级标准的基础上适当提高（由于各类焊接工程要求不同，故无统一规定）而定的。

（5）对焊接工程质量验评工作中应用计量器具的要求。

1）焊接工程质量验评工作中所使用的仪器、设备和量具均应经过具有一定资质条件的

单位或部门检定合格，并出具证明方可应用。

2）经检定合格的仪器、设备和量具均应在检定合格周期内应用，逾期者不得应用。

（6）组成专门实施焊接工程验评工作的“验收组”。

1）无论施工单位内部质量验收和验评工作或是监理、建设单位组织的质量验收和验评工作，均应以“验收组”形式实施。

2）“验收组”是焊接工程实施质量验评工作的基本组织，应由相关人员组成。

3）“验收组”应依据焊接工程验评工作需要分层次组建，属于哪个层次的验评工作，就由哪个层次的“验收组”实施。

4）各层次“验收组”的召集人，分别由施工单位质检部门或项目部的焊接工程师担任；监理单位由焊接专业监理人员担任；建设单位由焊接专业主管人员担任。

四、焊接工程验评的基础性工作

1. 焊接工程质量验评项目划分表

为利于焊接工程质量验评工作的开展、编制验评项目划分以与主专业统一为宜，不主张另搞一套，以避免执行验评时造成混乱。焊接工程验评项目划分表与主专业相比较也有许多特别规定，设计表格时基本思路如下：

（1）除单位工程、分部工程、分项工程外，根据焊接工程验评工作特点应增加“验收批次”栏。

1）熟悉各主专业验评规程，重点查明焊接工程性质的划分属“主控性质”还是“非主控性质”的，以便确定焊接工程质量验评工作属“单评”或“联评”。

2）“验收批次”划分应根据工程实际情况和与有关方面协商后确定。

3）了解各主专业对隐蔽工程、地面组合工程和安装工程各部分划分情况后再行划定“验收批次”。

4）“验收批次”划定后，编出序号，并将其列入验评项目划分表中。

（2）在工程名称后增加“工程类别”、“工程性质”栏，以此为据确定参与验评工作的单位和验评方法。

（3）随后再按表 6－2 规定列出参与焊接工程验评工作的单位或部门。

（4）最后再列出应用的“焊接工程质量验评记录表”的编号（按 DL/T 5210.7《电力建设施工质量验收及评价规程　第 7 部分：焊接》中记录表的编号）。

（5）“验评项目表”参考格式见表 6－3。

表 6－3　**焊接工程质量验评项目划分表**

部分：________

工程编号				工程名称	工程类别	焊接接头类别	工程性质		验评方式		参与验评单位				应用质量验评记录表编号
单位工程	分部工程	分项工程	验收批次				主控	非主控	单评	联评	施工作业单位	施工项目部	监理单位	建设单位	

2. 焊接工程质量验收、验评工作申请表

焊接工程质量验收、验评申请表，是联系参与验评工作各单位的联络单，是开展验评工作的沟通渠道，是必备的基本文件，对验评工作的实施很有意义。其表格内容建议如下：

（1）申报单位的内容为：

1）主送单位：送交验评工作相关单位的具体名称；

2）列出工程名称、验评范围、验评性质（分批验收或分项工程验评或单评、联评）；

3）具备条件：列出已达到或满足规定的条件，以备审验单位确定可否施行；

4）附件：列出与验评相关的资料、文件；

5）申请单位、负责人、具体申报责任人等并签章，最后注明申请日期。

（2）受理单位。

1）提出审查意见；

2）确定验评实施日期；

3）受理单位、总负责人、焊接专业主管人员等签章，注明签单日期。

（3）本申请表一式两份。

（4）验评申请表格式参见表 6-4。

表 6-4　　焊接工程验收、验评申请表

工程名称：__________

主送单位：__________ 分项工程编号及名称：__________ 验评属性：__________验评范围：__________ 具备条件：__________ 附件：__________ 申 请 单 位：__________ 负　责　人：__________ 具体责任人：__________ 申 请 日 期：__________
审查意见：__________ 验评实施日期：__________ 受 理 单 位：__________ 总 负 责 人：__________ 专业主管人员：__________ 受 理 日 期：__________

第四节 焊接工程质量评定

当某分项工程焊接工作或整个焊接工程完成，并经大量的焊接检查和检测工作后，需要对该分项（或整体）焊接工程进行验收和作出评价，以确定该焊接工程的质量，决定该工程是否转入下道工序、投入使用或移交生产。因此，焊接工程质量的验收和评定工作是焊接工程实行验评工作的具体内容。

一个良好的焊接工程质量是焊接工人、技术人员、质量检验人员和管理干部共同劳动的结晶，焊接工程质量的真实状况是施工企业焊接施工技术、操作工艺及管理水平的综合反映。它既包括产品质量的特性，又含有人和管理体系的质量因素，因此焊接质量的评定工作应能准确地反映焊接工程的真实质量状况，并作出科学、切实的评价。评定工作应严格按照标准衡量，评出的质量等级与完成的质量指标具有可靠性、可比性。

一、进行评定工作的前提条件

焊接工程质量等级评定分为焊接分项工程分批验收和分项工程验评两个阶段。实施前应具备的条件如下：

1. 焊接工程质量分批验收应具备的条件

（1）参加该验收批次焊接工程的焊接人员资格证书齐全。

（2）该验收批次所使用的焊接材料应有质量证明资料，如出厂合格证或补充试验的合格报告（一般应有材料的化学成分报告、力学性能报告和硬度试验报告等）。

（3）该验收批次的焊接工艺文件（如焊接工艺评定资料、焊接工艺指导书等）齐全。

（4）该验收批次焊接工序全过程已进行完毕，记录齐全、规范。

（5）该验收批次各类焊接检测工作已完成，资料齐全、规范。

（6）该验收批次返修工作已完成，过程记录和检测报告齐全。

（7）参与该验收工作的组织落实，相关人员到位。

2. 焊接分项工程质量验评应具备的条件

（1）该分项工程各验收批次的验收工作均已完成。

（2）该分项工程有关质量争议已处理完毕。

（3）该分项工程的各验收批次资料齐全（有完整的焊工自检记录、施工作业单位和试验部门的焊接接头表面质量检查记录及各项检验报告）。

（4）参与分项工程评定工作的组织落实，相关人员到位。

二、焊接工程质量验评基础

1. 焊接工程验评建立的管理制度

焊接工程的验评工作，包括检验、验收和质量等级评定等工作。为使这一整体工作运行正常，应建立焊接质量管理体系。施工单位的焊接质量管理体系，应根据焊接施工组织形式编写焊接检验管理办法或制度，以支持管理体系的正常运转。制度一旦建立，均应严格执行实施。要给检验留有必要的时间，上道工序检验未完成，决不能转入下道工序。这些管理办法或制度至少应有：

（1）焊接工程检验和评定大纲。

（2）焊接工程检验和评定程序。

（3）焊接检验委托制度。

（4）焊接检验信息反馈制度。

（5）各种检验方法的工序及工艺指导书。

（6）焊接检验和评定中的各种记录、报告、表卡。

2. 焊接工程验评的时机

焊接工程的检验、验收和质量等级评定工作，贯穿于整个焊接施工过程中，尤其检验工作，从焊前和焊接过程中每一环节，均须作周到细致的检查，焊后还要做各种方式的检验和试验，查明焊接质量是否达到规范或技术标准要求。现代的质量管理观点特别强调“质量是制造出来的，而不是检查出来的”，从这个意义上讲，焊前和焊接中的质量检验远比焊接后的大量质量检验来得重要，因为此时检验出的不合格品已既成事实，即便可以返工返修，也会造成人力、材料的浪费。尤其对于焊接接头，即便返修后无损探伤评定合格，但该接头由于重复加热，其材料性能已受到影响。因此，要把大气力花在焊前和焊接施工中的检验上，即便是焊后检验，由于电站安装施工周期长、工作量大，也要很好地把握焊接检验的时机。把握焊接检验的时机有两个原则：及时、合理。

（1）及时。及时地进行焊接检验是为了将质量事故消灭在萌芽之中，而不是等到问题成堆，或者人为地贻误了检验时机。及时是指：

1）不能将上道工序应做的检验拖到以后做，比如焊接材料的检验、焊工合格证的检查等，必须在焊接前进行，否则可能会造成严重的质量事故。

2）应在单项工程初期做的检验，不能到中期或后期去做，比如焊缝金属光谱分析，如做得不及时，等到单项工程结束后再补做，如检验不合格，则该批的焊接接头即全不合格。

3）焊接检验应随时进行，比如焊接接头的无损探伤应对某一焊工某天施焊的数量按比例进行，如果出现不合格，也是限定在该焊工该天焊的焊口上，而不致造成大面积返工。所以，安排施工进度时，应为焊接检验留有充分、合理的时间。

（2）合理。选择焊接检验的时机，还须掌握合理的原则，比如：需做热处理的焊接接头，必须在热处理后进行无损探伤，以发现可能发生的再热裂纹；材料有延迟裂纹倾向的焊接接头，必须按钢材特性尽快做无损探伤；需要做无损探伤抽检的一批焊接接头，不能在施工初期将该批焊接接头总数应检验的数量一次抽查完，否则以后施焊的焊接接头质量即告失控。

选择焊接工程检验的时机，一是要认真执行规程、规范，二是要靠工程实践中积累的经验，恰如其分地安排。

3. 验评项目性质及其要求的确定

在本教材表 6-5～表 6-10“质量验收评定标准表”中，根据不同焊接工程类别对检验项目指标的性质和要求分别作了规定。

（1）验评项目和指标性质、要求的确定。

1）验评项目和指标的性质，是按“主要”和“一般”区分的。在一个验评项目中或验评其中的某一指标，凡为主要影响焊接质量因素者，都按主要项目或主要指标对待；而对于非主要影响焊接质量因素者，则按一般对待。

表 6-5　　**A 类工程焊接质量验收评定标准表**

序号	验评项目	验评指标及要求						性质		部件规格[a] (mm)	质量标准[a] (mm)		检查方法及器具
		验评指标	检验要求										
			A-1	A-2	A-3	A-4	A-5	项目	指标		合格	优良	
1	焊接接头表面质量	焊缝成形	有	有	有	有	有	—	—	—	焊缝过渡圆滑，接头良好	焊缝成形美观、匀直、细密，接头良好	目测
		焊缝余高[b]	有	有	有	有	有	—	—	$\delta \leqslant 10$	0～2.5	0～2	目测，焊缝检测尺
										$\delta > 10$	0～3	0～2.5	
		焊缝宽窄差[b]	有	有	有	有	有	—	—	$\delta \leqslant 10$	≤3	≤2	
										$\delta > 10$	≤4	≤3	
		咬边	有	有	有	有	有	—	主要	—	$h \leqslant 0.5$，$\sum I \leqslant 0.1L$，且≤40	无	
		错边	有	有	有	有	有	—	—	—	外壁$\leqslant 0.1\delta$，且≤4	外壁$\leqslant 0.1\delta$，且≤1	目测，直尺
		角变形	有	有	有	有	有	—	—	$D < 100$	≤1/100		
										$D \geqslant 100$	≤3/200		

续表

序号	验评项目	验评指标及要求						性质		部件规格[a]（mm）	质量标准[a]（mm）		检查方法及器具
		验评指标	检验要求										
			A-1	A-2	A-3	A-4	A-5	项目	指标		合格	优良	
1	焊接接头表面质量	裂纹	有	有	有	有	有	—	主要	—	无		3～5倍放大镜，目测
		弧坑	有	有	有	有	有	—	—	—	无		
		气孔	有	有	有	有	有	—	主要	—	无		
		夹渣	有	有	有	有	有	—	主要	—	无		
2	无损检测	射线	有	有	有	有	有	主要	主要	—	达到DL/T 821规定的Ⅱ级		检测仪器
		超声波	有	有	有	有	有	主要	主要	—	达到DL/T 820规定的Ⅰ级		超声波仪器
3	金相[c]	焊缝微观	—	—	有	—	—	—	—	—	没有裂纹和过烧组织，在非马氏体钢中，无马氏体组织		200～400倍金相显微镜
4	光谱	焊缝	有	有	有	有	有	—	—	—	无差错，符合要求		光谱仪
5	热处理	焊缝硬度	有	有	有	有	有	—	—	—	合金总含量 $Me<3\%$，上限为270HBW；$3\%\leqslant$ 合金总含量 $Me\leqslant 10\%$，上限为300HBW；合金总含量 $Me>10\%$，上限为350HBW		硬度计

a　δ—管子壁厚；h—缺陷深度，L—焊缝长度；I—缺陷长度；$\sum I$—缺陷总长；D—管子外径（表6-6～表6-10符号含义同此）。

b　指焊缝全长三点测量平均值（表6-6、表6-7同此）。

c　按照DL/T 869—2004中6.5.3规定执行。

表 6-6　B类工程焊接质量验收评定标准表

序号	验评项目	验评指标	检验要求 B-1	检验要求 B-2	检验要求 B-3	检验要求 B-4	性质 项目	性质 指标	部件规格（mm）	质量标准（mm）合格	质量标准（mm）优良	检查方法及器具
1	焊接接头表面质量	焊缝成形	有	有	有	有	—	—	—	焊缝过渡圆滑，接头良好	焊缝成形美观、匀直、细密，接头良好	目测
		焊缝余高	有	有	有	有	—	—	$\delta\leqslant10$	0～3	0～2	目测，焊缝检测尺
									$\delta>10$	0～4	0～2.5	
		焊缝宽窄差	有	有	有	有	—	—	$\delta\leqslant10$	≤3	≤2	
									$\delta>10$	≤4	≤3	
		咬边	有	有	有	有	—	主要	—	$h\leqslant0.5$，$\sum I\leqslant0.2L$，且≤40	$h\leqslant0.5$，$\sum I\leqslant0.1L$，且≤20	
		错边	有	有	有	有	—	—	—	外壁≤0.1δ，且≤4	外壁≤0.1δ，且≤1	目测，直尺
		角变形	有	有	有	有	—	—	$D<100$	≤1/100		
									$D\geqslant100$	≤3/200		
		裂纹	有	有	有	有	—	主要	—	无		3～5倍放大镜，目测
		弧坑	有	有	有	有	—	—	—	无		
		气孔	有	有	有	有	—	主要	—	无		
		夹渣	有	有	有	有	—	主要	—	无		
2	无损检测	射线	有	有	有	有	主要	主要	—	达到DL/T 821规定的Ⅱ级		检测仪器
		超声波	有	有	有	有	主要	主要	—	达到DL/T 820规定的Ⅰ级		超声波仪器
3	光谱	焊缝	有	有	有	有	—	—	—	焊口经返修，符合要求	无差错，符合要求	光谱仪
4	热处理	焊缝硬度	有	有	有	有	—	—	—	合金总含量$Me<3\%$，上限为270HBW；$3\%\leqslant$合金总含量$Me\leqslant10\%$，上限为300HBW；合金总含量$Me>10\%$，上限为350HBW		硬度计

表 6-7　C 类工程焊接质量验收评定标准表

序号	验评项目	验评指标及要求			性质		部件规格（mm）	质量标准（mm）		检查方法及器具
		验评指标	验评要求							
			C-1	C-2	项目	指标		合格	优良	
1	焊接接头表面质量	焊缝成形	有	有	—	—	—	焊缝成形尚可，接头良好	焊缝过渡圆滑、匀直，接头良好	目测
		焊缝余高	有	有	—	—	$\delta \leqslant 10$	0～4	0～3	目测，焊缝检测尺
							$\delta > 10$	0～5	0～4	
		焊缝宽窄差	有	有	—	—	$\delta \leqslant 10$	$\leqslant 4$	$\leqslant 3$	
							$\delta > 10$	$\leqslant 5$	$\leqslant 4$	
		错边	有	有	—	—	$D \leqslant 800$	外壁$\leqslant 0.1\delta$，且$\leqslant 4$		目测，直尺
		咬边	有	有	—	主要	—	$h \leqslant 0.5, \sum I \leqslant 0.2L$，且$\leqslant 40$	$h \leqslant 0.5, \sum I \leqslant 0.1L$，且$\leqslant 30$($D \geqslant 426, \sum I \leqslant 100$)	目测，焊缝检测尺
		焊接角变形	有	有	—	—	$D < 100$	$\leqslant 1/100$		目测，直尺
							$D \geqslant 100$	$\leqslant 3/200$		
		裂纹	有	有	—	主要	—	无		3～5 倍放大镜，目测
		弧纹	有	有	—	—	—	无		
		气孔	有	有	—	主要	—	无		
		夹渣	有	有	—	主要	—	无		
2	无损检测	射线	有	—	主要	主要	—	达到 DL/T 821 规定的Ⅲ级		检测仪器

表 6-8　D类工程焊接质量验收评定标准表

序号	验评项目	验评指标及要求			性质		部件规格 (mm)	质量标准 (mm)		检查方法及器具
		验评指标	验评要求							
			D-1	D-2	项目	指标		合格	优良	
1	焊接接头表面质量	焊缝成形	有	有	—	—	—	D-1 焊缝过渡圆滑，接头良好；D-2 焊缝成形高可，接头良好	D-1 焊缝成形美观、匀直、细密、接头良好；D-2 焊缝过渡圆滑、匀直、接头良好	目测
		焊缝尺寸	有	有	—	—	—	符合设计要求，并符合 DL/T 869—2004 中表 7 的规定		目测，焊缝检测尺
		咬边	有	—	—	主要	—	$h \leqslant 0.5$，连接长度$\leqslant 100$，$\sum I \leqslant 0.1L$	$h \leqslant 0.5$，连接长度$\leqslant 50$，$\sum I \leqslant 0.05L$	
		根部未焊透[a]	有	—	—	—	—	单面焊 $h \leqslant 0.15\delta$ 且$\leqslant 2$，$\sum I \leqslant 0.15L$	单面焊 $h \leqslant 0.1\delta$ 且$\leqslant 1$，$\sum I \leqslant 0.1L$	
		错边	有	—	—	—	—	纵缝$\leqslant 0.1\delta$，且$\leqslant 2$，环缝$\leqslant 0.2\delta$ 且$\leqslant 3$		目测，直尺
		裂纹	有	有	—	主要	—	无		3～5 倍放大镜，目测
		弧坑	有	有	—	主要	—	无		
		气孔	有	有	—	—	—	无		
		夹渣	有	有	—	主要	—	无		
2	无损检测	射线	有	—	主要	主要	—	达到 JB/T 4730 规定的Ⅱ级		检测仪器
		超声波	有	—	主要	主要	—	达到 JB/T 4730.3 规定的Ⅰ级		超声波仪器

a　指焊条电弧焊或埋弧焊。

表 6-9 E 类工程焊接质量验收评定标准表

序号	验评项目	验评指标及要求							部件规格（mm）	质量标准（mm）		检查方法及器具
		验评指标	检验要求				性质					
			E-1	E-2	E-3	E-4	项目	指标		合格	优良	
1	焊接接头表面质量	焊缝成形	有	有	有	有	—	主要	—	焊缝成形尚可，接头良好	焊缝过渡圆滑、匀直，接头良好	目测
		焊缝尺寸	有	有	有	有	—	—	—	符合设计要求，并符合 DL/T 869—2004 中表 7 的规定		目测，焊缝检测尺
		咬边	有	—	—	—	—	主要	—	$h\leqslant 0.5$	$h\leqslant 0.5$，$\sum I\leqslant 0.1L$	
		对接单面焊未焊透[a]	有	—	—	—	—	—	—	$h\leqslant 0.15\delta$，$\sum I\leqslant 0.1L$	无	
		裂纹	有	有	有	有	—	主要	—	无		3～5 倍放大镜，目测
		弧坑	有	—	—	—	—	—	—	无		
		气孔	有	有	—	有	—	—	—	无		
		夹渣	有	有	有	有	—	—	—	无		
2	无损检测	无损检测	有	—	—	—	—	主要	—	按设计要求		检测仪器

a 指焊条电弧焊或埋弧焊。

表 6-10　F 类工程焊接质量验收评定标准表

序号	验评项目	验评指标及要求			性质		部件规格 (mm)	质量标准 (mm)		检查方法及器具
		验评指标	验评要求							
			F-1	F-2	项目	指标		合格	优良	
1	焊接接头表面质量	焊缝成形	有	有	—	—	—	焊缝过渡圆滑，接头良好	焊缝成形美观、匀直、细密，接头良好	目测
		焊缝尺寸	有	有	—	—	—	符合 DL/T 754、DL/T 1097 的规定		目测，焊缝检测尺
		咬边	有	—	—	—	—	$h\leqslant 0.1\delta$，且 $h\leqslant 1$，$\sum I\leqslant 0.2L$	$h\leqslant 0.5$，$\sum I\leqslant 0.15L$	
		错边	有	—	—	—	—	$\leqslant 0.5$		
		焊接角变形	有	—	—	—	—	$\leqslant 1/500$		
		裂纹	有	有	—	主要	—	无		3～5 倍放大镜，目测
		弧坑	有	—	—	—	—	无		
		气孔	有	有	—	—	—	无		
		夹渣	有	有	—	—	—	无		
		焊缝表面颜色	—	有	—	主要		符合 DL/T 1097 的规定		
		焊偏	—	有	—	—				
		管翻边	—	有	—	主要				
2	无损检测	无损检测	有	有	主要	主要	—	符合 DL/T 754、DL/T 1097 的规定		检测仪器

2）验评项目和指标的要求，是按“有”和“没有”区分的。在一个验评项目中或验评其中的某一指标，凡对焊接质量有主要影响者，都必须列入验评项目或指标中，规定为“有”；而对焊接质量没有影响的因素，即确定没有验评要求。

（2）性质和要求规定的依据。

1）根据焊接工程和焊接接头类别所处工况条件和承载情况确定。

2）按验评项目、指标对焊接质量影响的程度及质量要求确定。

3）根据部件类型和检测手段利用的可能性确定。

4）考虑到所列验评项目、指标的要求，应与焊接技术规程、规定一致。

4. 焊接工程质量评定的等级

焊接工程质量等级一般分为合格与优良两个级别。不合格不能验收，不能交付下道工序或投入运行。不合格的焊接接头应及时处理，返工重做的工程应重新检查评定。

（1）焊接接头表面质量的检查指标中，属焊接接头表面外形尺寸项（焊缝成型、余高、宽窄差）、咬边和错口等项的评定等级分为合格与优良两级；其余焊接接头表面缺陷项和弯折项只有一级，合格级即优良级。

表面质量总体质量评定等级分为合格与优良两级，具体评定方法见后面有关内容。

（2）各种检测结果质量评定等级只有一级，合格级即优良级。

三、焊接工程质量评定方法

1. 焊接工程质量评定内容和标准

由于焊接工作施焊对象的不同，将焊接工作分为 A、B、C、D、E、F 等六个类别，并按不同类别进行了各项检查与检测，这六类工程的质量要求是不同的，其质量验评的内容综合有以下三项：

（1）焊接接头表面质量评定。

（2）各种检测结果的评定（包括无损探伤、光谱、硬度等）。

（3）焊接综合质量等级评定。

各类焊接工程的质量评定内容及标准，见表 6 - 5～表 6 - 10。

2. 焊接工程质量验评步骤

焊接工程质量验评分为施工单位内部质量检查、焊接分项工程质量分批验收和焊接分项工程质量验评等三个步骤。第一项由施工单位内部进行；第二、三项则由建设工程参与各方按规定职责进行。

（1）施工单位内部质量检查。

分为焊缝表面质量检查和焊缝内部质量检验两部分。具体检查实施时，应结合“分批验收”规定的“批次”为单位进行。

1）焊缝表面质量检查。

①焊工：

对当日本人焊接的焊接接头表面质量按规程规定进行 100%的自检（观感检查），填写《焊缝表面质量（观感）检查记录表》表 6 - 11 后交班组长。

②班组长：

接到焊工自检的《焊缝表面质量（观感）检查记录表》进行核对确认（方式可为抽查）后，送交施工作业单位二级焊接质量检查员复查。

表 6-11　　焊缝表面质量（观感）检查记录表

工程名称：　　　　　　　　　　　　　　　　　　　　　　　　　　　　　　编号：

<table>
<tr><td colspan="2">分项工程名称</td><td colspan="4"></td><td>工程类别</td><td></td></tr>
<tr><td colspan="2">钢材牌号</td><td colspan="3"></td><td>焊丝</td><td colspan="2"></td></tr>
<tr><td colspan="2">部件规程</td><td colspan="3"></td><td>焊条</td><td colspan="2"></td></tr>
<tr><td colspan="2">焊工代号</td><td colspan="3"></td><td>焊缝总数</td><td colspan="2"></td></tr>
<tr><td rowspan="8">检查
记录</td><td>焊口编号范围</td><td>接头清理</td><td>焊缝成形</td><td>表露缺陷</td><td>缺陷处理情况</td><td>焊工签字</td><td>检查日期</td></tr>
<tr><td></td><td></td><td></td><td></td><td></td><td></td><td></td></tr>
<tr><td></td><td></td><td></td><td></td><td></td><td></td><td></td></tr>
<tr><td></td><td></td><td></td><td></td><td></td><td></td><td></td></tr>
<tr><td></td><td></td><td></td><td></td><td></td><td></td><td></td></tr>
<tr><td></td><td></td><td></td><td></td><td></td><td></td><td></td></tr>
<tr><td></td><td></td><td></td><td></td><td></td><td></td><td></td></tr>
<tr><td></td><td></td><td></td><td></td><td></td><td></td><td></td></tr>
<tr><td>检查
结论</td><td colspan="4">自检确认意见：

班（组）长：　　　　　　年　月　日</td><td colspan="3">施工作业单位复查意见：

二级质检员：　　　　　　年　月　日</td></tr>
</table>

注　本表仅作为表面质量观感检查用，“接头已清理”和“焊接成形”符合要求，以“√”表示；如有表露缺陷，应标注具体的焊口编号；缺陷及处理情况应据实填写。

③二级焊接质量检查员：

接到班组长送来的《焊缝表面质量（观感）检查记录表》后，按下列顺序进行复查：

a. 按照 DL/T 869《火力发电厂焊接技术规程》表 5 规定的比例，对焊接工程表面质量进行外观检查，并对照焊工自检记录、班组长确认的意见，对《焊缝表面质量（观感）检查记录表》签署复查意见。

b. 当这一验收批次施工结束后，按表 6-1《焊接工程分类和质量验收评定抽查样本数量一览表》规定的比例对焊接工程进行焊接接头表面质量抽查测量检查，并代表施工作业单位写出检查意见，填写《焊接工程外观质量测量检查记录表》（见表 6-12）后，连同《焊缝表面质量（观感）检查记录表》送交施工单位质量部门（或项目部）三级焊接质量检查员进行复查。

④三级焊接质量检查员：

接到二级焊接质量检查员送来的《焊缝表面质量（观感）检查记录表》和《焊接工程外观质量测量检查记录表》后，以《焊接工程外观质量测量检查记录表》为准，对焊接工程表面质量进行外观复查，复查后在《焊接工程外观质量测量检查记录表》上签署复查意见。

表 6 - 12　　　　焊接工程外观质量测量检查记录表

工程名称：　　　　　　　　　　　　　　　　　　　　　　　　　　编号：

分项工程名称							工程类别			
检查焊口编号							接口数量			
类别	检查测量焊口编号	检验项目								
		焊缝成形	焊缝余高	焊缝宽窄差	焊脚尺寸	咬边	错边	角变形	表露缺陷	检查结论
抽样测量检查记录										
	抽样汇总	检验点数			合格数			优良数		
检验结论	施工作业单位检查意见： 二级质检员：　　　年　月　日					质量部门复查意见： 三级质检员：　　　年　月　日				

2）焊缝内部质量检查。

①焊缝内部质量检查的内容和依据：

焊接接头内部质量检查的内容、程序、方法和检验比例等，应按 DL/T 869《火力发电厂焊接技术规程》的规定进行。

②焊接接头各项检验标准制定依据：

焊接接头无损检测标准、各类焊缝制定的质量级别、焊缝硬度合格标准、焊缝金相组织标准和焊缝金属光谱分析要求等，均应符合 DL/T 869《火力发电厂焊接技术规程》的规定。

③焊缝内部质量检查的实施：

a. 焊缝内部质量检查（验）由施工作业单位二级焊接质量检查员指定检验部位、由施工作业单位焊接工程技术人员负责向检测部门委托，由检测部门实施各项检测试验工作，并出具检验报告。

b. 施工作业单位焊接工程技术人员接到检验报告后，与二级焊接质量检查员共同以 DL/T 869《火力发电厂焊接技术规程》为依据进行确认，符合规定后汇总留存，以备验收、验评时应用。

（2）焊接工程分批验收。

焊接工程分批验收应按表 6 - 2《焊接工程验评各方工作范围划分表》分工的规定，分为施工单位内部组织的分批验收和监理单位组织的分批验收等两级进行。

1）分批验收应具有的资料：

①应用“焊接工程质量分批验收应具备的条件”中规定的相关文件；

②《焊接工程外观质量测量检查记录表》规定的内容已进行完毕；

③各项检验报告齐全。

2）施工单位内部分批验收。

①程序：

施工作业单位二级焊接质量检查员将施工作业单位内部质量检查积累的“焊缝表面质量检查记录”和“焊缝内部质量检验报告”，负责向施工单位质量部门（项目部）报验；由施工单位质量部门（项目部）组织分批验收。

②参加人员：

焊接专业质量检查员、焊接班组长或焊接工程技术人员等共同组成验收组进行分批验收。

③分批验收形式：

通过现场实地检查、抽查检验报告、核对外观检查记录和查阅施工过程的技术记录等。

④分批验收结果：

对各项检查内容进行确认，得出结论，形成《焊接工程质量分批验收记录表》（见表6-13）作出记录。

表6-13　　焊接工程质量分批验收记录表

工程名称：　　　　　　　　　　　　　　　　　　　　　　　　编号：

<table>
<tr><td colspan="2">分项工程名称</td><td colspan="6"></td><td colspan="2">工程类别</td><td></td></tr>
<tr><td colspan="2" rowspan="3">本批焊口编号
（或验收部位）</td><td colspan="6" rowspan="3"></td><td colspan="2">接头数量</td><td></td></tr>
<tr><td colspan="2" rowspan="2">验收单位</td><td>施工单位□</td></tr>
<tr><td>监理单位□</td></tr>
<tr><td colspan="2">无损检测结论</td><td colspan="2">光谱复查结论</td><td colspan="2">其他检测</td><td>热处理记录</td><td colspan="2">外观质量检查结论</td><td colspan="2">文件资料情况</td></tr>
<tr><td colspan="2"></td><td colspan="2"></td><td colspan="2"></td><td></td><td colspan="2"></td><td colspan="2"></td></tr>
<tr><td rowspan="2">类别</td><td rowspan="2">检查测量
焊口编号</td><td colspan="8">检验项目</td><td rowspan="2">检查
结论</td></tr>
<tr><td>焊缝成形</td><td>焊缝余高</td><td>焊缝宽窄差</td><td>焊脚尺寸</td><td>咬边</td><td>错边</td><td>角变形</td><td>表露缺陷</td></tr>
<tr><td rowspan="7">表面质量验收抽查记录</td><td></td><td></td><td></td><td></td><td></td><td></td><td></td><td></td><td></td><td></td></tr>
<tr><td></td><td></td><td></td><td></td><td></td><td></td><td></td><td></td><td></td><td></td></tr>
<tr><td></td><td></td><td></td><td></td><td></td><td></td><td></td><td></td><td></td><td></td></tr>
<tr><td></td><td></td><td></td><td></td><td></td><td></td><td></td><td></td><td></td><td></td></tr>
<tr><td></td><td></td><td></td><td></td><td></td><td></td><td></td><td></td><td></td><td></td></tr>
<tr><td></td><td></td><td></td><td></td><td></td><td></td><td></td><td></td><td></td><td></td></tr>
<tr><td>抽样汇总</td><td colspan="2">检验点数</td><td></td><td colspan="2">合格数</td><td></td><td colspan="2">优良数</td><td></td></tr>
<tr><td>验收记
录事项</td><td colspan="10"></td></tr>
<tr><td colspan="11">验收意见：

施工班组代表（签字）：　　　　　　　　　　年　月　日
作业单位代表（签字）：　　　　　　　　　　年　月　日
质量部门代表（签字）：　　　　　　　　　　年　月　日
监理单位代表（签字）：　　　　　　　　　　年　月　日</td></tr>
</table>

3）监理单位分批验收。

①范围：

按表 6－2《焊接工程验评各方工作范围划分表》规定的验收范围进行。

②程序：

由施工单位质量部门（项目部）负责向监理单位报验，由监理单位按其申报的项目组织分批验收。

③参加人员：

监理单位：焊接专业主管人员；

施工单位：焊接质量检查人员（二级、三级）、焊接班组长或焊接工程技术人员共同组成焊接工程验收组进行分批验收。

④验收形式：

a. 焊接接头表面外观现场实地检查、焊接接头内部抽查检验报告、核对外观检查记录和查阅施工过程中的技术记录等。

b. 直接对施工单位形成的《焊接工程质量分批验收记录表》中的内容进行复查确认。

上述两种形式可任选其中一种进行。

4）分批验收时应注意的事项：

①分批验收的现场实地检查，应按表 6－1 规定的比例确定数量，并确定外观抽查的种类和部位，由不少于 2 人的验收组成员共同到现场进行表面质量的外观检查，注意做好记录。

②分批验收结束后，由验收组对《焊接工程质量分批验收记录表》审核，并按规定签证。

(3）焊接分项工程质量验评。

焊接分项工程质量验评应按 6－2《焊接工程验评各方工作范围划分表》的规定进行。分为施工单位内部组织的焊接分项工程质量验评、监理单位组织的焊接分项工程质量验评和建设单位组织的焊接分项工程质量验评等三级。

1）焊接分项工程质量验评应具有的资料：

①应有“焊接分项工程质量验评应具备的条件”中规定的相关文件；

②焊接工程质量分批验收资料（如《焊接工程质量分批验收记录表》等）；

③各项检验报告齐全。

2）施工单位内部组织的分项工程质量验评。

①程序：

由施工作业单位二级焊接质量检查员负责向施工单位质量部门（项目部）报验。由施工单位质量部门（项目部）组织焊接分项工程质量验评。

②参加人员：

焊接专业质量检查员、焊接班组长和焊接工程技术人员等。

③验评形式：

a. 焊接接头表面外观现场实地检查、焊接接头内部抽查检验报告、核对分批验收记录和查阅施工过程中的技术记录等。

b. 不同工程性质实施方法：

Ⅰ.属“主控性质”者，焊接专业分项工程验评可独立进行；

Ⅱ.属“非主控性质”者，焊接专业分项工程验评应与各主专业共同评定（即联评）。

对上述有关内容进行确认，得出结论。对焊接分项工程属“主控性质”的，应形成《焊接分项工程综合质量验收评定表》（见表6-14），而属“非主控性质”的，应将焊接检查记录结论列入各主专业分项工程中。

表6-14　　　　焊接分项工程综合质量验收评定表

工程名称：　　　　　　　　　　　　　　　　　　　　　　　　　　编号

<table>
<tr><td rowspan="3">分项工程名称</td><td colspan="3" rowspan="3"></td><td rowspan="3">验评单位</td><td>施工单位□</td></tr>
<tr><td>监理单位□</td></tr>
<tr><td>建设单位□</td></tr>
<tr><td>工程类别</td><td>验收批数</td><td>分批验收结论</td><td>验收抽查数</td><td>合格数</td><td>优良数</td></tr>
<tr><td></td><td></td><td></td><td></td><td></td><td></td></tr>
<tr><td></td><td></td><td></td><td></td><td></td><td></td></tr>
<tr><td></td><td></td><td></td><td></td><td></td><td></td></tr>
</table>

<table>
<tr><td rowspan="8">质量评定记录</td><td>评定项目</td><td>总焊口数/个</td><td>实检焊口数/个</td><td>检验比例/%</td><td>评定抽查数</td><td>优良数（合格数）</td><td>评定结论</td></tr>
<tr><td>观感检查</td><td></td><td></td><td></td><td></td><td></td><td></td></tr>
<tr><td>测量检查</td><td></td><td></td><td></td><td></td><td></td><td></td></tr>
<tr><td>超声</td><td></td><td></td><td></td><td></td><td></td><td></td></tr>
<tr><td>射线</td><td></td><td></td><td></td><td></td><td></td><td></td></tr>
<tr><td>光谱</td><td></td><td></td><td></td><td></td><td></td><td></td></tr>
<tr><td>硬度</td><td></td><td></td><td></td><td></td><td></td><td></td></tr>
<tr><td>金相</td><td></td><td></td><td></td><td></td><td></td><td></td></tr>
<tr><td colspan="2">综合验收
评定抽查
情况记录</td><td colspan="6"></td></tr>
<tr><td colspan="8">综合质量验收评定结论：

作业单位代表（签字）：　　　　　　　　年　月　日
质量部门代表（签字）：　　　　　　　　年　月　日
监理单位代表（签字）：　　　　　　　　年　月　日
建设单位代表（签字）：　　　　　　　　年　月　日</td></tr>
</table>

注　1.对检测、试验项目的抽查是对试验报告及结果的检查。

2.本表至少一式两份，一份送相关专业，一份作为焊接质量综合验评资料。

3）监理单位（或建设单位）组织的质量验评。

①范围：

按表6-2《焊接工程验评各方工作范围划分表》规定的验收范围进行。

②程序：

由施工单位质量部门（项目部）负责报验，由监理单位（或建设单位）组织验评。

③参加人员：

由监理单位（或建设单位）组织工程建设主体各方的相关人员共同进行。

④验评方式：

a. 以工程性质为准，按施工单位内部验评的形式和内容进行。

b. 根据分批验收的具体情况，分项工程验评可由施工单位向监理单位或建设单位申请两级验评合并进行。

4）焊接分项工程质量验评工作中应注意的事项：

①质量验评中的现场实地检查，主要是对焊接接头表面质量的观感检查，必要时可进行测量抽查。

②在质量验评中对焊缝表面质量测量检查数据和内部质量检查、检验结果有争议时，可请具有相应资质的第三方机构，对有争议的检查、检验项目进行抽查，提出结论，并形成记录。

③焊接分项工程质量验评结束后，参与验评工作的各方均应在《焊接分项工程综合质量验收评定表》上签字，并形成统一意见，填写该分项工程综合质量验收评定结论。

3. 焊接工程质量验评的具体规定

按焊接工程焊接接头表面质量验评、焊接接头内部检验结果的验评和焊接分项工程综合质量等级评定等三个部分实施验评工作。

焊接分项工程综合质量评定是在焊接接头表面质量验评和内部检验结果验评后，将其成绩综合一起确定的，是该焊接分项工程质量等级最终评定的结果。现做如下规定：

（1）焊接分项工程焊接接头表面质量验评。

在焊接工程分类中把其分为承压管道、压力容器、钢结构和铝母线及凝汽器管板等四个方面，由于其焊接接头类型不同、焊接长短不一等原因，为统一尺度，采取设“检查基本点”方法进行，即先评出“单个检查点”的质量等级，再评定分项工程焊接接头表面质量等级。

1）焊接接头表面质量检查的基本单位——检查点划分方法如下：

①管道、管子以一个焊接接头为一个检查点。

②容器、铝母线以一条焊缝（不论长短）为一个检查点。

③钢结构以一个“结点”为一个检查点。

④凝汽器及其他部件可按上述原则合理确定检查单位。

2）“检查点”（即规程上的“单个样本”）评定规定：

当该“检查点”检查指标汇总后有≥80%为优良，且其中主要指标全部为优良时，该检查点的汇总数表面质量即评为优良，否则评为合格。

3）焊接分项工程分批验收时的规定：

①当单个检查点（单个样本）焊缝表面无气孔、夹渣、裂纹、未熔合等表面缺陷，其余各项指标全部合格时，该单个检查点可以验收。

②当所有检查点（抽样样本）全部合格，则该批焊接接头可以验收。

4）焊接分项工程验评时的规定：

①按“先验收、后验评”的顺序进行。

②当该分项工程内各验收批均达到验收标准时，该分项工程焊接接头表面质量可以验收。

③该分项工程的全部检查点（样本）焊接接头表面质量全部合格，且有≥80%检查点（样本）表面质量优良时，该分项工程焊缝表面质量等级可评为优良，否则评为合格。

（2）焊接分项工程焊接接头内部检验结果验评。

1）焊接分项工程分批验收时的规定：

①该批次内的检验报告应100%参加验评。

②按表6-1《焊接工程分类和质量验收评定抽查样本数量一览表》规定的比例对检验报告进行抽查。

③上述两种情况所具有的报告符合规程规定（DL/T 869《火力发电厂焊接技术规程》，则该批次的焊接接头应予验收。

2）焊接分项工程验评时的规定：

①按“先验收、后验评”的顺序进行。

②该分项工程内各验收批均符合验收标准时，该分项工程焊接接头检验报告应予验收。

③当记录的焊接接头质量合格、检验报告结论的准确率≥95%，该分项工程检验结果可评为优良，否则评为合格。

（3）焊接分项工程综合质量等级评定的规定。

1）综合质量等级评定的依据：

根据焊接接头表面质量验评的结论和各类检验结果验评的结论，进行焊接分项工程综合质量等级评定。

2）综合质量等级评定的原则规定：

在所有验评项目（焊接接头表面质量、内部检验等）全部合格的基础上，主要验评项目（无主要验评项目者，应按主要验评指标评定）全部为优良时，其综合质量评为优良，否则评为合格。

（4）遇有下列情况时，评定应按下列规定：

1）当焊接接头的表面或内部返工、返修数量超过总数的10%时，该分项工程不得评为优良。

2）当一个分项工程内含有承压管道焊口和其他类型焊口时，其综合质量等级按承压管道焊口质量等级（标准）评定。

3）当一个分项工程中含有多个工程类别的焊接接头时，其综合质量等级按类别较高的质量等级评定。

4）在验评检验结果中发现一般记录不规范、漏检、误判等问题时，应责成施工主体单位整改，完成整改后应予验收。

5）在验评检验结果中发现弄虚作假行为的，对该批及所属的分项工程应重复相关的检验过程，复验合格的可以验收，但不得参与评优。

6）在验评检验结果中，参与验评的任何一方均可提出对检验结果核对的要求。核对方式有：查阅原始记录或查阅射线检测底片，直至对实物质量按比例进行复测。

核对与复测可委托具有相应资质的第三方机构进行。

复测结果应计入验评记录。

7）在质量评定过程中出现复检的，其质量等级按复检结果评定。

8）分项工程在严密性试验至机组整套启动期间出现重大焊接质量问题时，已经完成的质量等级评定结论应予取消，按处理后重新评定的等级为准做好记录。

四、焊接工程总体质量的评价

火电安装施工企业在单位工程竣工后，对单位工程总体焊接质量作一概括的评价，通常用数量统计的方法，以焊接工程优良品率、无损探伤一次合格率和泄漏焊口数作为焊接工程总体质量优劣的衡量指标。

1. 优良品率

优良品率应以分项工程为统计单位，计算优良级分项工程在总分项工程数中比例，即：

$$\text{优良品率}=\frac{\text{优良级数}}{\text{分项工程数}}\times 100\quad(\%) \tag{6-1}$$

优良品率越高，反映工程的焊接质量越好。根据国家规定，优良品率必须在90%以上。

2. 无损探伤一次合格率

焊口无损探伤一次合格率就是无损探伤一次合格的焊接接头数在被探伤的焊口总数中所占的比率，即：

$$\text{无损探伤一次合格率}=\frac{A-B}{A}\times 100\quad(\%) \tag{6-2}$$

式中 A——一次被检焊接接头当量数（不包括复检及重复加倍当量数）；

B——不合格焊接接头当量数（包括挖补、割口及重复返工当量数）。

当量数计算规定如下：

(1) 外径小于或等于76mm的管子接头，每个接头当量数为1。

(2) 外径大于76mm的管子、容器接头，同一焊口的每300mm被检焊缝长度计当量数为1。

(3) 无损探伤中发现的两相邻超标缺陷其实际间隔小于300mm的可计为一个当量。射线探伤时，两相邻底片上的超标缺陷间距也适用此条。

无损探伤一次合格率，从统计规律的角度反映焊接工程的施工质量和施工企业的技术水平，因此，无损探伤一次合格率是安装单位焊接队伍技术素质的综合反映。无损探伤一次合格率一般应≥95%。

3. 泄漏焊口数

焊口泄漏数反映压力容器及管道焊接接头严密性的程度。一般受监焊口在严密性试验（气密、水压）和热态运行中达到无渗漏。渗漏越多，表明焊接工程质量特性越差。

第五节　焊接工程验评资料的内容和管理

焊接工程质量验评是一件系统的、有序的、严密的工作，正确的实施才能真实反映焊接工程实际状况，把焊接工程质量验收及评价工作坚定、持续地开展下去，对焊接工程质量才能做到心中有数。

为做好焊接工程质量统计工作，在验评工作实施过程中，应该注重验评资料的积累和保存，待整体工程施工完毕，可根据需要按类别进行整理，建档封存。

一、验评资料名细

1. 表 6-3《焊接工程质量验评项目划分表》

2. 验评记录资料

(1) 表 6-11《焊缝表面质量（观感）检查记录表》（焊工自检记录表）；

(2) 表 6-12《焊接工程外观质量测量检查记录表》；

(3) 表 6-13《焊接工程质量分批验收记录表》；

(4) 表 6-14《焊接分项工程综合质量验收评定表》；

3. 焊接工程质量验收、验评申请表

焊接工程分批验收申请表和焊接分项工程质量验评申请表共同表 6-4 表格。

4. 焊接工程验评人员的资质证件

(1) 施工单位。

1) 二、三级焊接质量检查员资格证书；

2) 焊接班组长从事验评工作的资格证书；

3) 工程技术人员：

①工程师：

焊接工程师任职资格证书；

②焊接技师和技术员：

除具有任职资格证书外，还应具有质检培训、考核资格证书。

(2) 监理单位或建设单位。

1) 监理资格证书；

2) 相应职称的资格证书；

3) 焊接质检培训、考核的资格证书；

4) 焊接专业主管的资质任命书。

5. 焊接工程质量总体评价“三大指标”统计资料

(1) 无损检验一次合格率；

(2) 焊接工程优良品率；

(3) 焊接工程焊口泄漏统计。

二、各种记录文件的填写人和数量

(1) 表 6-11《焊缝表面质量（观感）检查记录表》，由焊工填写，班组长及二级质检员签字确认，数量一式一份；

(2) 表 6-12《焊接工程外观质量测量检查记录表》，由二级质检员填写，三级质检员复验签字确认，一式三份；

(3) 表 6-13《焊接工程质量分批验收记录表》，由质量部门（项目部）三级质检员填写，按规定组织验收后，由相关人员复验签字，一式二份；

(4) 表 6-14《焊接分项工程综合质量验收评定表》，由质量部门（项目部）三级质检员填写，按规定组织验评后，由相关人员复验分别签字，一式三份（另一份为与相关专业联评用）。

三、验评资料管理的规定

（1）所有与焊接工程质量验评相关的资料，均由施工单位焊接质检负责人主持汇总。

（2）施工作业单位二级质检员协助工程技术人员共同负责各分项工程焊缝表面质量检查资料的整理和各种检测报告的汇集，汇总整理后交质量部门（项目部）保存。

（3）各类检验人员负责将各分项工程焊接检测报告、底片或与验评相关的其他资料汇总，并向质量部门（项目部）三级质检员移交保存。

（4）质量部门（项目部）将各类人员交送的与验评有关的资料进行系统地整理，审核无误后，按 DL/T 869《火力发电厂焊接技术规程》规定处理。

复　习　题

1. 焊接工程分为哪几个方面？哪几大类？
2. 焊接接头共分几类？根据什么原则分类的？
3. 焊接工程验评的检验项目包括哪些内容？其选用原则是什么？
4. 焊接接头外观检查有何规定？要求是什么？
5. 无损探伤有几种？工程上是如何应用的？
6. 根据什么原则确定验评项目的“主要”和“一般”，“有”或“无”？
7. 各项验评项目的检查数量是根据什么确定的？
8. 焊接工程为什么采取“分批验收”方式？以何为据划分批次？
9. 验评工作实施的基本形式是什么？
10. 焊接工程验评项目划分表有何特点？
11. 焊接工程验评中施工单位与监理单位或建设单位工作如何衔接？
12. 施工作业单位和施工单位质检部门（项目部）质检人员是如何设置的？其分别应具备哪些条件？
13. 进行焊接工程质量评定工作的前提条件是什么？
14. 焊接工程质量评定按几级评定？其标准是根据什么制定的？
15. 焊接接头表面质量等级如何评定？按几级评定？
16. 各种检测结果等级如何评定？按几级评定？
17. 焊接综合质量等级如何评定？按几级评定？
18. 以验评项目为准，评定工作的步骤是什么？
19. 如何把握验评工作中检验时机？合理安排的标志是什么？
20. 焊接质量评定以什么为单位进行？“联评”或“单独评定”根据什么确定？
21. 焊接工程质量总体评价的目的是什么？有哪三个指标？
22. 验评工作记录文件、资料包括哪些？
23. 建立焊接工程质量验评质量管理制度的资料有哪些？

第七章

焊接热处理管理

火力发电厂管道、部件焊接热处理工作是改善焊接接头性能，确保焊接质量的重要环节，做好该项工作对发电设备的安全运行起到决定性作用，因此，对热处理工作必须加强管理。

火力发电厂向着大容量、高参数趋势发展，应用的合金钢材料，无论元素数量或含量都在增多，焊接性能越来越差，焊接过程要求越来越严格，管道或焊接件需作热处理的范围也越来越广，对焊接热处理工作的管理也提出了许多新的要求。

焊接热处理工作分为管道、焊接件的热处理和加工零部件的热处理。电力工业的工作范围基本上是管道或焊接件的热处理。管道或焊接件热处理工作内容，主要为焊前预热、焊接过程中层间温度保持、后热和焊后热处理。

第一节　焊前预热和层间温度

一、预热目的

（1）延长焊接时铁水凝固时间，避免氢致裂纹。

（2）减缓冷却速度，提高抗裂性。

（3）减小温度梯度，降低焊接应力。

（4）降低焊件结构的拘束度。

二、预热种类和适用范围

1. 种类

预热分为局部预热和整体预热两类

2. 适用范围

（1）局部预热适用于管道对接焊缝或其他短小焊缝、返修焊缝等。一般可采用氧—乙炔火焰或远红外电加热方法进行。

（2）整体预热适用于焊缝较长，刚性较大的工件。一般可采用感应加热、远红外电加热、电阻炉加热等方法进行。

三、预热温度的确定

1. 确定的依据

（1）工件的焊接性（主要取决于含碳量和合金元素含量）。

（2）焊件厚度、焊接接头型式和结构拘束程度。

（3）焊接材料内在含氢量。

（4）环境温度。

是否预热主要取决于工件的含碳量和合金元素含量，而预热温度的高低，则应按上述因素综合确定。

2. 碳当量估算法

（1）结合我国钢材化学成分特点，推荐如下碳当量公式：

$$Ceq = C + \frac{Si}{24} + \frac{Ni}{40} + \frac{Mn}{6} + \frac{Cr}{5} + \frac{Mo}{4} + \frac{V}{14} \quad (\%) \tag{7-1}$$

该公式适用于S、P含量＜0.030%，钢材强度级别$\sigma_s \leqslant 490MPa$，以正火或调质状态供货的钢材。

（2）国际焊接学会推荐的公式：

$$Ceq = C + \frac{Mn}{6} + \frac{Cr + Mo + V}{5} + \frac{Ni + Cu}{15} \quad (\%) \tag{7-2}$$

该公式适用于钢材强度级别$\sigma_s \leqslant 490MPa$。

上述两式一般如Cep＞0.45%时，均应进行预热。考虑到工件厚度对焊接性的影响，则预热温度可对照表7-1选定。

表7-1　板厚、Cep大于或等于表载数值时的预热温度

预热温度(℃) / Cep(%) / 板厚(mm)	50		75		150	
	平均值	下限值	平均值	下限值	平均值	下限值
10	0.54	0.42	0.58	0.46	0.65	0.51
15	0.45	0.37	0.50	0.43	0.55	0.45
20	0.40	0.33	0.45	0.38	0.49	0.41
25	0.37	0.31	0.43	0.36	0.48	0.40
30	0.36	0.30	0.41	0.34	0.47	0.39

3. 以综合因素确定预热温度的计算公式

$$预热温度\ T = 1440\left(Cep + \frac{K}{4 \times 10^4} + \frac{H}{60}\right) - 392 \quad (℃) \tag{7-3}$$

式中　K——拘束度；

H——扩散氢含量。

4. 电力工业常用钢材焊接和焊补预热温度（见表7-2）

表7-2　发电厂常用钢材焊接和焊补预热温度推荐表

钢　材	管　材		板　材	
	厚度（mm）	预热温度（℃）	厚度（mm）	预热温度（℃）
含碳量≤0.35%的碳素钢及其铸件	≥26	100～200	≥34	100～150
C-Mn（16Mn、16MnR） Mn-V（15MnV、15MnVNR、18MnMoNbR）	≥15	150～200	≥30 ≥28	

续表

钢材	管材		板材	
	厚度（mm）	预热温度（℃）	厚度（mm）	预热温度（℃）
1/2Cr-1/2Mo（12CrMo）	—	—	≥15	150～200
1Cr-1/2Mo-V（15CrMo、2Cr20CrMo）	≥	150～250		
11/2Mn-1/2Mo-V(14MnMoV、18MnMoNbg)	—	—		
1Cr-1/2Mo-V（$12Cr_1MoV$）	—	200～300		
11/2Cr-Mo-V（$15Cr_1Mo_1V$） 2Cr-1/2Mo-VW（$12Cr_2MoWVTiB$） 13/4-1/2Mo-V（$10CrSiMoV_7$） 21/4Cr-1Mo（$12Cr_2Mo$、10CrMo910） 3Cr-1Mo-VTi（$12Cr_3MoVSiTiB$）	—	250～350	—	—
5Cr-1Mo	—	≥250	—	≥250
$ZG15Cr_1Mo_1$	50～80（A_{201}、A_{202}焊条） 150～200（R_{307}、R_{407}焊条热补焊）			
$ZG15Cr_1Mo_1V$	60～100（A_{132}、A_{137}焊条） 250～350（R_{327}、R_{337}焊条热补焊）			
$ZG15Cr_2Mo_1$	50～80（A_{302}、A_{307}焊条） 150～250（R_{407}焊条热补焊）			
ZG20CrMoV	50～100（A_{132}、A_{137}焊条） 250～300（R_{317}焊条热补焊）			

四、预热过程中应考虑的问题

（1）预热采用的方法。选定预热方法的原则是：只要该方法对母材或熔敷金属不损害，且不会将有害杂质带入焊接区域，任何方法均可采用。但必须注意是，该方法应对加热的均匀性和渗透性有保证。

（2）预热宽度。预热温度在焊件厚度方向的均匀性和在焊接区域受热部位的均匀性，对降低焊接应力有着重要的影响，因此，不同厚度的部件其预热宽度是不同的。局部预热的宽度一般规定为焊件厚度每侧各三倍厚度，且不得小于150～200mm，具体数值应根据焊件拘束程度而定。

若预热宽度不够或加热不均匀，对氢的扩散、淬硬组织改善和降低拘束度仍能起一定作用，但其作用程度将有很大的减弱，而且对焊接应力不但不能降低，甚至出现增大现象。

（3）预热焊件为异种钢接头或不等厚度接头时，可以下列办法处理：

1）应按钢材强度等级较高或合金元素含量高的一侧选定预热温度。

2）当钢材有一侧不需预热时，可根据具体情况，允许只预热一侧至规定的温度。

3）当仅是厚度上的差异时，可按厚度大的一侧选定预热规范，以保证均匀性和渗透性。

（4）当工件厚度超过200mm时，应适当提高预热温度，但一般亦不应超过400℃。

（5）当环境温度低于0℃时均须预热，且应在始焊处100mm范围内预热至大于或等于15℃（如有预热规定时按预热温度）。

（6）如因工艺操作条件恶劣无法达到规定预热温度时，允许适当降低预热温度，但焊后必须进行热处理。

五、层间温度

1. 概念

层间温度是指多层焊中在施焊后续焊道时，其前一相邻焊道所保持的温度。

根据这一概念，在连续进行多层焊过程中，焊前预热温度是对首层焊道而言，在施焊首层焊道以后的后续焊道时，预热温度概念就自然消失，取而代之的是包括预热温度余热在内的层间温度。

2. 层间温度的选定

为使首层焊道预热的效果得到延续，在焊接后续焊道的全过程中，要求层间具有一定的保持温度，并有一定的温度区间。一般要求层间温度下限值不得低于某个温度值或预热温度。

层间温度上、下限值都应控制。控制上限值的目的是防止金属处于1100℃以上区域内的停留时间过长，而引起焊接接头晶粒粗化严重，使塑性、韧性降低；控制层间温度下限值的目的，是为了防止冷却速度过快，而形成淬硬组织和影响扩散氢的逸出。视钢材品种不同，层间温度应控制在200～400℃之间为宜。

在施焊过程中，若层间温度低于规定值下限时，应在施焊过程中采取伴热方法达到规定值，以利于焊接过程的进行。层间温度下限值不一定就是预热温度，因为焊接第一层焊道时，焊件处于室温，如对接接头坡口处留有间隙，存在一定的缺口敏感性，因此，在焊接工艺评定或试验中已考虑了这一因素。而确定的预热温度，实际上包括了这些不利因素，所以在一般情况下，层间温度的下限值以预热温度为准选定，包括了一定的安全系数，即留存一定的裕量。在焊接过程中，有时层间温度的下限值低于预热温度而没有出现裂纹，原因即在此。

在焊接合金含量高、厚度大的工件时，层间温度的控制是焊接过程的重要环节，是保证质量的关键因素，作为配合焊接过程实施的热处理工作人员，对此也应有足够的认识，自觉地遵守工艺纪律，协助焊工监督焊接过程层间温度的控制，要视为己任，不可马虎。

第二节　后热和焊后热处理

一、后热的概念和目的

1. 概念

对有冷裂纹倾向的焊件，当焊接工作完毕，若不能立即进行焊后热处理时，在焊缝冷却至室温或尚未冷却至室温（＞100℃），立即将焊件加热到一定温度，并保持一定时间，缓冷至室温，这一过程称为后热或焊后消氢处理。

2. 目的

（1）促使焊缝中的扩散氢尽快逸出，避免氢致裂纹。

（2）适当减缓焊接接头残余应力水平，防止冷裂纹和再热裂纹的发生。

3. 后热处理规范

后热加热温度一般为200～350℃，但不得低于预热温度。保持时间为0.5～6h。加热温度高低视钢材合金元素含量多少而定；保持时间则主要根据焊件厚度确定。

4. 后热时应注意的问题

(1) 对某些合金元素含量较高的焊件需要较高的预热温度，才能有效地防止冷裂纹，但较高的预热温度对焊工操作不利，当采取后热措施时，可适当降低焊前预热温度。

(2) 后热加热时必须具有一定的宽度，一般与预热宽度相同即可。

(3) 后热处理操作过程与焊后热处理程序基本相同，只是规定上有所区别，但在降温时必须缓冷。

二、焊后热处理的概念和目的

1. 概念

焊接工作完成以后，将焊件加热到一定温度，保持一定的时间，然后以一定速度冷却下来，以改善焊接接头的金相组织和力学性能的这一工艺过程叫焊后热处理。

凡符合 DL/T 869《火力发电厂焊接技术规程》及其他规程的相关规定，或工艺文件有要求时，均应按其规定进行焊后热处理。

2. 焊后热处理的目的

焊接接头焊后热处理的目的是降低焊接残余应力，获得一定的金相组织和相应的各项性能。

(1) 降低焊接残余应力。

(2) 改善组织和提高焊接接头的综合性能。

(3) 除氢。

三、热处理的加热方法和设备

(一) 加热方法及其设备

从加热原理看，目前经常使用的焊后热处理加热方法有两类：辐射加热和感应加热。

1. 辐射加热

热源将热能辐射到金属表面，再由金属表面把热量向其他方向传导的方法叫辐射加热。由于金属加热侧与其他侧温差较大，热量传导速度慢、不均匀，故其加热效果不甚理想。

辐射加热有火焰、电阻炉和柔性陶瓷电加热等方法，火焰和电阻炉法虽然设备简单、工艺简便，但能量损失大，故应用范围越来越小。柔性陶瓷加热器（炉）以红外线和远红外线辐射为好，能量损失较小，加热效率比前者为高。

(1) 火焰和电阻炉加热。火焰加热是最早期使用的方法，经常用大、中型“烤把”作为加热器，向被处理部件加热，由于其热量损失大、控制温度困难，目前基本已淘汰，但因其设备简单、不受空间位置制约，对某些位置较困难、量少、分散的焊接接头，偶尔也有采用。

电阻炉是采用电阻丝、电阻片或硅碳棒等来源广、维护容易的发热元件为热源，因其结构简单、使用便利，目前仍有采用。

从发热元件对比，电阻丝和电阻片热量辐射以可见光为主，元件易烧坏，而硅碳棒使用断面较大，寿命长些，但对炉体密封要求较高。

(2) 远红外线加热。利用远红外线加热是近十几年发展起来的热源，加热原理是通过远红外线发热元件把能量转换成波长为 2～20μm 的红外线辐射到焊件上，焊件表面吸收红外线后发热，并向被处理件内部渗透、传导。这种加热方法由于加热器可制作成各种型式，因此适应范围较广，可应用于各种尺寸、形状的焊接接头。

远红外线加热由于具有耗电少、热效率高、设备比较耐用、容易实现自动控温等优点，是应用最多的方法。

但目前广泛应用的柔性陶瓷电加热器却没有“远红外涂料”，其加热原理与电阻法相近，应用中应注意。

2. 感应加热

感应加热是将被处理焊件放在感应线圈里，在交变磁场中产生感应电势，当加热温度未超过居里点（A_2）时，依靠被处理焊件本身涡流和磁滞作用使钢管发热，若加热温度超过居里点（A_2），钢管成为非磁性材料，这时只依靠涡流作用发热，直到加热要求的温度。

产生热量的速度与交变磁场的频率有关，频率越高，涡流与磁滞越大，加热作用越强，但频率增大到一定程度时，集肤效应增强，热量集中于金属表面，造成内外侧温差增大，对厚壁管道的焊后热处理极为不利，因此，频率的提高也受到一定的限制。

从频率看，目前应用于感应加热者有工频和中频等两种方法。

（1）工频感应（频率为50Hz）。工频感应加热的工作电流很大，一般都在1000A以上，可采用专门制作输出电源小于100V的变压器，也可采用多台交流电焊机并联。

热处理用电是连续、长时间的，应注意按铭牌规定的100%暂载率时所允许的电流值选用。

工频感应加热设备简单、操作方便，尽管存在着效率低、耗电量大、温度超居里点（A_2）后升温困难和剩磁等缺点，但仍多为采用。

（2）中频感应（频率＜10kHz）。中频感应热处理电源一般都是晶闸管式的，它是将三相交流电通过三相全波桥式整流器变成直流电。由电抗器把脉动直流电滤波成平滑直流电，同时，把工频网络和中频网络隔离开。直流电通过逆变器再重新逆变为中频单相交流电，供感应线圈作为电源使用。

中频感应加热具有效率高、节能、升温速度快、调节方便、无剩磁等优点，但因设备结构复杂、成本高、维护困难、集肤效应大等问题而限制了使用。

（二）对加热设备的基本要求

1. 辐射加热设备

（1）火焰加热。

1）热源可选用氧—乙炔或高压煤油、液化石油气等。

2）气源应采用瓶装气体，如乙炔气，瓶装乙炔应装设逆止阀，防止回火。

3）火焰加热应根据工件的大小和加热范围选定“焊炬”型号。

（2）电阻炉加热。

1）电热元件应合理布置，炉内有效加热区的范围应符合GB 9452《热处理炉有效加热区测定方法》的要求。

2）最高温度应满足热处理工艺要求，有效加热区温度的均匀性应≤20℃。

3）控温精度应在±5℃，热处理温度记录曲线与标准记录纸对照，记录纸读数误差不大于5℃/mm。

4）对计算机温控系统，其显示温度应以自动记录的温度显示为准进行调整。

（3）远红外线电加热（柔性陶瓷电加热器）。

1）电阻丝、陶瓷套管、引出线和所有附件均应满足热处理工作要求和相关技术标准。

2）多个加热器同时使用时，其电阻值应尽可能相同，以保证各加热器的功率相同。

3）其他与（2）中3）、4）相同。

2. 感应加热设备

（1）感应圈一般应为铜质管状或线形物构成，其具体形状应根据被处理工件的几何形状确定。

（2）感应圈匝间距离或与工件的间隙，应以保证加热温度均匀为准，可进行调整。

（3）控温精度和要求与辐射加热相同。

（三）温度测量

1. 对测温的要求

（1）根据不同的加热方法，可选用接触法或非接触法测定焊件温度。电阻炉和柔性陶瓷电加热一般采用接触法；火焰加热一般采用非接触法；感应加热可采用接触法或非接触法。

（2）接触法测温一般应采用热电偶、测温笔、接触式表面温度计等；非接触法测温一般采用红外线测温仪。

2. 对热电偶的要求

（1）热电偶型号应根据加热温度选择，宜选用防水型铠装热电偶。

（2）热电偶的直径与长度应根据热处理工件的大小、加热宽度、固定方法来选用。

（3）热电偶摆放位置，必须保证测温准确可靠，所测温度必须有代表性。测温点的位置应以焊缝中心为准对称布置，最少为两点。焊接接头在管道水平位置时，测温点应上下对称布置。

对小径管管束型多个焊接接头成批热处理时，则可采取分区控温法进行，此时，应注意热电偶应与加热装置相对应，并置放于具有代表性的焊接接头处。

3. 热电偶的固定方法

可采用不锈钢片、螺母、短钢丝等焊压，也可采用铁丝捆扎。易淬火钢不宜采用焊压方法，而采用焊压法者，热处理结束后应将焊压处打磨干净。

无论采用哪种方法，都应保证热电偶的热端与焊件接触牢固。

除上述要求外，在安装热电偶时，还应注意以下两点：

（1）感应加热时，热电偶的引出方向应与感应线圈相垂直。

（2）热电偶与补偿导线的型号、极性必须相匹配。

（四）加热器的安装

1. 柔性陶瓷电加热器的安装

（1）安装加热器以前，应将焊件表面的杂物和焊接接头处的焊渣、飞溅清理干净，并使加热器与焊件表面紧密接触。

（2）当用绳形加热器对管道进行预热时，从对口中心算起两侧应对称布置，加热器的缠绕圈数和缠绕密度应尽量相同，缠绕方向应相反。

（3）如同时操作多个加热器处理多个焊口时，各加热器的布置方式应相同，其保温层厚度和宽度也应尽量相同。

2. 感应线圈的安装

（1）以铜导线缠绕线圈时，应注意每匝间距离应均匀，不可忽疏忽密。

（2）缠绕宽度应以焊接接头为中心，两侧宽度应均等。

（3）感应线圈与工件间隙：工频加热时以10～15mm为宜；中频加热时以30～60mm为宜。

3. 火焰加热器具选择和工艺

（1）加热器选用的喷嘴型号和数量应与被处理件相对应，当使用多喷嘴加热时，应使其对称布置，以保证加热均匀。

（2）加热火焰焰心与工件的距离应保持在10mm以上，喷嘴移动速度应稳定，并注意不得在一个位置上停留时间过长。

四、焊后热处理规范的选择

热处理规范包括：热处理方法、加热温度、保持时间和升降温速度等。

（一）焊后热处理方法

焊接接头焊后常用的热处理方法是正火和高温回火。

1. 正火

钢加热到上临界点（A_{c3}或A_{cm}）以上某一温度，保持一定时间，当完全奥氏体化后，再在静止空气中冷却，这一操作过程称为正火。

正火加热温度，可按下式计算：

$$t = 上临界点温度 + 正火过热温度(℃)$$

正火过热温度依钢的含碳量的不同亦不同，一般为：

低碳钢　$t = A_{c3} + (100 \sim 150°)(℃)$

中碳钢　$t = A_{c3} + (50 \sim 100°)(℃)$

高碳钢　$t = A_{cm} + (30 \sim 50°)(℃)$

亚共析钢随着含碳量的增加，上临界点温度降低，而正火的过热温度增加。

正火处理适用碳素钢和强度级别较低的普低钢，对于淬火倾向较大的普低钢、中合金钢和高合金钢，因为在空气中具有一定的淬火倾向，强度和硬度都较高，故在正火处理后，还应再采取回火处理，以改善其力学性能。

正火是一种重结晶过程，可改善钢的组织，消除过热现象，细化晶粒，使组织均匀化，故对易过热和调整组织的部件具有较好的效果。

2. 回火

钢加热到下临界点（A_{c1}）以下某一温度，保持一定时间，然后在空气或保温层内冷却，这一过程称为回火。

一般随回火温度的升高，强度和硬度下降，塑性和韧性升高。回火保持时间根据工件形状和尺寸确定，一般为1～3h，回火后，冷却通常是空冷。

回火一般将工件加热到500～700℃，用于综合力学性能高（高强度、高塑性和韧性）的工件。

原理是：回火时，碳化物颗粒进一步集聚，这种碳化物与铁素体的机械混合物叫索氏体或叫回火索氏体。这种组织具有良好的综合力学性能。

3. 焊接接头焊后热处理规范选定原则

焊接接头焊后热处理的主要目的是消除焊接残余应力，其次是调整组织、改善性能，因此，单一的正火、回火或正火后加回火均有采用，主要是根据钢材特性和焊后焊接接头的状态选定。

采用气焊方法施焊的焊接接头，由于气焊后焊缝和热影响区的晶粒粗大，容易过热，一般均采用正火处理，对淬硬性较强的钢材则采用正火加高温回火处理，正火处理是为了消除过热组织、细化晶粒，随后的高温回火则为了消除残余应力。

对于大多数钢材的焊接接头，热处理的主要目的是消除焊接残余应力，故一般均采用高温回火。

（二）加热温度

1. 高温回火加热温度确定的原则

（1）不能超过 A_{c1}，一般应确定在 A_{c1} 以下 30～50℃。

（2）对于调质钢，加热温度应低于调质处理时回火温度约 30℃。

（3）异种钢焊接接头，加热温度不能超过合金成分含量低侧钢材的 A_{c1}。

2. 高温回火温度的确定

根据 DL/T 869《火力发电厂焊接技术规程》的规定进行选定并以焊接工艺评定所提供的数据为依据确定。推荐数值见表 7-3。

表 7-3　常见钢材焊后热处理的加热温度

钢　材	加热温度(℃)	钢　材	加热温度(℃)
C≤0.35(20、ZG25)	600～650	2Cr-0.5Mo-VW(12Cr$_2$MoWVB)	750～780
C-Mn(16Mn)		3Cr-1Mo-VTi(12Cr$_3$MoVSiTiB)	
0.5G-0.5Mo(12CrMo)	650～700	9Cr-1Mo	750～780
1Cr-0.5Mo(15CrMo、ZG20CrMo)	670～700	12Cr-1Mo	
1Cr-0.5Mo-V(12Cr$_1$MoV、ZG20CrMoV)	720～750	1Cr5-Mo	720～760
1.5Cr-1Mo-V(ZG15Cr$_1$Mo$_1$V)		18MnMoNbR、20MnMoNb	600～650
1.75Cr-0.5Mo-V		09Mn$_2$VD、06MnNbDR	580～620
2.25Cr-1Mo	720～750		

当遇有新钢种时，首先应查询有无工艺评定，此时，应以工艺评定所提供的数据为准确定加热温度。如对上、下临界点不清而需要了解时，则可按下列公式进行确定。

（1）下临界点（A_{c1}）：

$$A_{c1} = 723 - 14 \times \%Mn + 22 \times \%Si - 14.4 \times \%Ni + 23.3 \times \%Cr \quad (℃)$$

（2）上临界点（A_{c3}）：

$$A_{c3} = 854 - 180 \times \%C - 14 \times \%Mn + 44\%Si - 17.8 \times \%Ni - 1.7 \times \%Cr \quad (℃)$$

电站常用钢材组织转变温度，可参见表 7-4。

表 7-4　电站常用钢材组织转变温度

钢　材	加热（℃）		冷却（℃）		马氏体（℃）	
	A_{c1}	A_{c3}	A_{r1}	A_{r3}	M_s	M_5
20	735	855	680	835	—	—
16Mn	736	849～867	—	—	—	—

续表

钢　　材	加热（℃）		冷却（℃）		马氏体（℃）	
	A_{c1}	A_{c3}	A_{r1}	A_{r3}	M_s	M_5
15MnV	700～720	830～850	635	780	—	—
12CrMo	720	880	695	790	—	—
15CrMo	745	845	—	—	—	—
WB36（15NiCuMoNb5）	725	870	—	—	—	—
$12Cr_1MoV$	774～805	882～914	761～787	830～895	—	—
T/P23	800～820	960～990	—	—	—	—
T/P24	800～820	960～990	—	—	—	—
$12Cr_2MoWVTiB$	812～830	900～930	736～785	836～854	—	—
T/P91	800～830	890～940	—	—	400	100
T/P92	800～830	900～920	—	—	400	100

3. 加热温度的保证方法

（1）具有一定宽度的加热区。进行热处理过程中，一般均要求有一定的加热宽度，以保证消除应力效果更为显著。因为，在整个加热范围内以加热区中心温度最高，然后自中心向两侧逐渐降低，这样保证加热区具有一定的宽度，才能实现焊后对焊接接头热处理的目的。

加热宽度一般规定为，从焊缝中心算起，每侧不少于工件厚度的3倍，且不小于60～100mm。利用不同的加热方法其有效加热宽度是不同的，感应法的有效加热宽度大约等于感应线圈宽度的2/3，电阻炉或柔性陶瓷电加热器方法，加热区有效宽度则为其1/2～2/3。因此，为保证有效加热区宽度，装置的加热器宽度多少至关重要。

（2）应有足够的保温区宽度。为保证加热范围内加热温度达到一定的宽度和控制加热区温度梯度不致过大，热处理时，还必须保证应有一定的保温宽度。所谓保温宽度即加热宽度两侧外延的加热范围，一般规定从焊缝中心算起，每侧不小于工件厚度的5倍。

（三）保温时间

保温时间也叫保持时间或恒温时间，是指将焊件加热到焊后热处理规定温度后，在此温度范围内保持的时间。

（1）保温目的。

1）使被处理焊件整个截面热透，达到内外温度均匀。

2）保证组织转变完全或残余应力有足够时间松弛。

（2）保温时间的确定。保温时间的确定和钢材种类、结构刚性、材料厚度和热处理方法等有关。一般均以材料厚度为主，选定保温时间，电力工业保温时间的规定，见表7-5。

热处理最短保温时间也可按表7-6的数据供选用时参考。

（四）升降温速度

加热和降温过程的控制是焊接接头热处理的关键环节，只有通过合理地控制，才能有效地达到热处理的目的，否则将起到相反的作用，如达不到降低残余应力的目的、调整不了焊接接头组织、改善不了焊接接头力学性能，反而容易造成局部应力集中和产生再热裂纹等。

表 7-5　　常见钢种焊后热处理的保持时间

钢　　材	各种厚度（mm）的保温时间（h）						
	≤12.5	>12.5～25	>25～37.5	37.5～50	>50～75	>75～100	>100～125
0≤0.35（20、ZG25　C-Mn）	—	—	1.5	2	2.25	2.5	2.75
0.5Cr-0.5Mo（12CrMo）	0.5	1	1.5	2	2.25	2.5	2.75
1Cr-0.5Mo（15CrMo、ZG20CrMo）	0.5	1	1.5	2	2.25	2.5	2.75
1Cr-0.5Mo-V（$12Cr_1MoV$、ZG20CrMoV） 1.5Cr-1Mo-V（$ZG15Cr_1Mo_1V$） 1.75Cr-0.5Mo-V	0.5	1	1.5	2	3	4	5
2.25Cr-1Mo	0.5	1	1.5	2	3	4	5
2Cr-05Mo-VW（$12Cr_2MoWVB$） 3Cr-1Mo-VTi（$12Cr_3MoVSiTiB$）	0.75	1.25	1.75	2.25	3.25	4.25	5.25
9Cr-1Mo 12Cr-1Mo	0.5	1	1.5	2	3	4	5
$1Cr_5Mo$	当厚度≤125mm时，恒温时间为δ/25h，最短1/4h； 当厚度>125mm时，恒温时间为（375+δ）/100h						
18MnMoNbR、20MnMo-Nb $09Mn_2VD$ 06MnNbDR	当厚度≤50mm时，恒温时间为δ/25h，最短1/4； 当厚度>50mm时，恒温时间为（150+δ）/100h						

表 7-6　　热处理最短保温时间参考表

热处理类别	碳素钢及16Mn类普低钢			低合金高强钢、合金钢		
	<50mm	50～125mm	>125mm	<50mm	50～125mm	>125mm
正火调质	1～1.5min/mm			1.5～2min/mm，不得少于1h		
消除应力	2.5min/mm	2.5min/mm，厚度>100mm部分增加2min/mm		3min/mm	3min/mm，厚度>50mm部分增加2min/mm	
退　火	35min	2h+1min/mm		33min	2.5h+1min/mm	3h+2min/mm
回　火	2.5min/mm	2.5min/mm 3min/mm		3min/mm	2.5min/mm	

对不同的部件，其升降温速度的要求也不同。对承压管道和受压容器不同的规定：

（1）承压管道。升降温速度为：$250\times\frac{25}{\delta}$（℃/h），且不大于300℃/h，降温至300℃以下时可不控制。

（2）压力容器。升温速度为：$250\times\frac{25}{\delta}$（℃/h），且不大于200℃/h，最小为50℃。降温速度为：$260\times\frac{25}{\delta}$（℃/h），且不大于260℃/h，最小为50℃。在300℃以下时不控制。

第三节　焊接热处理的管理工作

一、热处理工作的归属及组成形式

1. 热处理工作的归属

电力建设中由于焊接工作质量要求高、配合范围广，占有特殊地位。因此，焊接工作统筹管理问题是个非常突出的问题。细分焊接工作是由焊接、热处理和检验等三个环节构成，相关规程中也特别强调了是三道重要的工序，它们是密不可分的关系，协调配合是至关重要的。

DL/T 869《火力发电厂焊接技术规程》中将电力工业焊接人员构成十分明确地提出，共有五类人员，其中就包括热处理人员。因此，热处理人员应归属于焊接人员行列，是焊接专业人员的重要组成部分，热处理工作应在焊接专业整体工作统一部署下，按照相关规程的规定和要求开展工作。

2. 组织形式

几十年来，电力建设焊接队伍管理没有定型，这是广大管理人员值得深入探讨的问题。尽管焊接队伍集中管理有很多的优点，但由于存在经营管理和人员配备、调度等尚未有妥善解决办法的问题，致使许多企业仍在根据自身的认识，做着各种不同形式的尝试。因此，集中与分散始终在讨论着，不像其他承担具体任务的专业那样稳定。

作为焊接队伍组成部分的热处理人员，也随着焊接队伍的不定型而在变化，随其归属进行着调整，也无一定的管理模式。为适应当前施工需要，按目前的理解和习惯，热处理人员及工作分别按下列模式管理。

（1）焊接队伍以集中模式管理者，一般都建立热处理班，专门从事热处理工作。

（2）焊接队伍以分散模式管理者，一般有两种形式：

1）将热处理队伍归属金属试验室专门组建班组管理。

2）将热处理队伍根据情况，指派至某一专业工地（队）附属其中管理。

3. 热处理人员构成及资质

热处理人员一般应包括热处理负责人、热处理技术人员、热处理检验人员和热处理工等。

独立从事热处理工作和评价热处理结果的各种热处理人员，必须经过专门的培训和考核，取得相应资质证书后方可担任。对没有经过专门培训、考核和取得资质证书的人员，只能从事热处理的辅助性工作，不能单独作业，更没有资格对热处理结果进行分析和评价。

4. 各种热处理人员的职责

（1）热处理负责人。

1）熟悉工作范围和工程量，能制定热处理工作计划和编制实施方案。

2）熟悉焊接和热处理的规程和基本知识，掌握热处理设备和工器具的功能和维修技能，正确控制和实现热处理工艺过程。

3）了解各种热处理人员的工作动态，指导和监督全体人员的工作质量。

4）注重工作资料积累，经常进行阶段性工作总结，每阶段工作完毕后，能提供完整的总结和工艺资料。

（2）热处理技术人员。

1）熟悉和掌握焊接和热处理的基本知识，严格执行焊接和热处理的相关规程，组织各种热处理人员的业务和技术学习。

2）负责编制总体和单项的热处理施工方案（或叫技术措施）、作业指导书等技术文件。

3）指导和监督热处理工作的实施过程，遇有与规程、规定不相符现象时，有制止和完善的责任。

4）收集、汇总、整理、审定热处理资料，负责向质检部门移交热处理资料。

（3）热处理检验人员。

1）严格执行相关标准，熟悉焊接热处理的质检工作和质量等级评定工作。

2）严格按指定部位进行检验工作。

3）负责出具检验报告和及时反馈检验结果。

4）检验后的焊接接头，按规定做好各项标记工作。

（4）热处理工。

1）认真按焊接热处理施工方案、作业指导书或工艺卡进行操作。

2）对热处理工艺过程的每个环节认真操作，对不符合规定和对某个工序有怀疑时，要真实反映，以求妥善解决。

3）做好热处理工艺过程的记录和记事，对热处理后的焊接接头进行自检。

4）在热处理过程中，设备、器具（包括表计等）应注意爱护、正确操作，对不符合要求的设备和器具等，有权拒绝使用。

二、技术管理

（一）热处理的基本条件

1. 热处理的厚度界限

（1）各类钢种消除应力热处理的厚度界限，见表 7-7 的规定。

表 7-7　　各类钢种消除应力热处理厚度界限规定

钢　号	热处理厚度(mm)		钢　号	热处理厚度(mm)	
	压力容器	锅　炉		压力容器	锅　炉
Q235、20g、20R、22g	>34	≥20	16Mo、$15Mo_3$	>16	>16
16Mn、16Mng、16MnR	>30	≥20	15CrMo、$13CrMo_{44}$	>10	>10
$19Mn_5$、$19Mn_6$	>30	≥20	$12Cr_1MoV$、$13CrMoV_{42}$	>6	>6
15MnVR、15MnTi	>28	≥20	20CrMo、2 1/4$CrMo_1$(10CrMo910)	任意厚度	任意厚度
14MnMoV、14MnMoVg、14MnMoVR	>20	≥20	Cr5Mo、$12Cr_2MoWVTiB$(钢 102)	任意厚度	任意厚度
20MnMo、13MnNiMoNb、18MnMoNb	>20	≥20	$12Cr_3MoVSiTiB$、$Cr_5MoWVTiB$(G106)	任意厚度	任意厚度
13MnNiMo54(BHW-35)	>20	≥20			
20MnMoNb、SA2PP	≥18	≥18	9Cr-1Mo、20CrMoWV12-1(F11)、20CrMoV121(F12)	任意厚度	任意厚度
12CrMo	>16	>10	15MnMoVN	任意厚度	任意厚度

（2）电力工业焊后热处理厚度范围的规定，见表 7-8。

表 7-8　　电力工业焊接接头焊后热处理规定

条　　件	厚度（mm）	条　　件	厚度（mm）
碳素钢管子和管件	>30	耐热钢管子和管件	任意厚度
碳素钢容器	>32	经焊接工艺评定需做热处理的焊件	评定厚度允许范围
普通低合金钢容器	>28		

2. 规范选定注意要点

（1）加热方法。

1）根据焊件形状、尺寸的复杂程度，选取的方法应能使其加热尽量趋于均匀。

2）感应加热注重考虑焊件厚度，合理选定中频或工频方法，对于厚度大于 30mm 的焊件，不宜采用中频法，最好选定工频法。

3）火焰法加热仅限于小径薄壁管（厚度小于 10mm）或因结构原因、环境条件而无法进行电加热时使用。

4）其他加热方法可针对具体情况合理选用。

（2）加热温度。

1）加热温度应保证能达到热处理目的，且对钢材焊接接头没有恶化影响。

2）必须了解钢材出厂状态，对调质钢所选取的加热温度必须与其回火温度相符（在其以下）。

3）注重热影响区和焊缝区的淬硬组织软化程度。

4）氢的逸出。

（3）保温时间（恒温时间）。

1）对焊接接头及母材的使用性能不能因加热保温时间的不当而导致恶化。

2）控制淬硬区软化和应力减缓结果，保温时间应恰当，过长或过短都是不适宜的。

3）因为加热保温时间不是线性关系，是以 12.5mm 或 25mm 为一档次确定的，因此，具体应以厚度为准适当选定。

（4）升降温速度。

1）升、降温速度宜平稳，不可忽快忽慢，以匀速为好。

2）为使焊接接头应力缓慢松弛，一般升温速度比降温速度稍慢。

3）控制升、降温速度时，应注意避开敏感温区（此时速度应快些）。

（5）保温层厚度和宽度。

1）焊接热处理的保温厚度依加热方法的不同而不同，一般以 40～60mm 为宜。辐射加热应厚些，而感应加热可适当薄些。

2）辐射加热时应将保温包裹在加热器外，感应加热则将保温层紧贴于焊件。

3）保温层宽度应以加热范围及加热装置的宽度为准确定，一般均应稍宽些（此外，还应考虑焊件厚度）。

3. 热处理反复次数

当热处理曲线不正常或检验硬度不合格、焊口返修焊补时，都需要进行重复热处理，无论哪种原因，反复热处理次数都不宜过多，否则钢材受损，因此，反复热处理次数也需有规定。

在焊接规程中或其他相关规程中，焊接接头焊补次数都有规定，而对焊后热处理这一加热过程并没有明确要求，一般处理方法与焊补规定相同即可。对一般钢材重复热处理次数为3次，对淬硬倾向大的钢材不得超过2次。

4. 焊接与热处理的间隔时间

为避免焊后焊接接头延迟裂纹的发生，对焊后应及时进行热处理都提出了要求，但淬硬倾向不同的钢材其要求是不同的。

(1) 对淬硬倾向较大的钢材。

1) 2¼Cr-1Mo等铬钼钢、铬钼钒钢和含硼钢，应于焊后24h内做完热处理。

2) P_{91}、F_{11}、F_{12}等大厚度、高铬钢，焊后冷却至100～150℃（按工艺规定）立即进行热处理。

(2) 其他低合金钢焊接接头的间隔时间，没有严格要求，也不宜过长，以尽快处理为宜。

5. 热处理与无损探伤检验顺序

当焊接完毕后，为防止热处理加热过程中出现再热裂纹等缺陷，有关规程规定了热处理与无损探伤检验的顺序，一般要先进行热处理而后再进行无损探伤，以杜绝热处理过程中缺陷漏检而存在隐患。

（二）加热设备选定的注意问题

(1) 设备。

1) 焊接热处理设备应能满足工艺要求，质量可靠，温度测定准确，参数调节灵活、方便，通用性好，并能保证达到安全要求。

2) 焊接热处理所用的计量器具必须定期校验，并在有效期内使用。

(2) 加热装置。

1) 能够满足热处理工艺要求，装卸方便，安全可靠。

2) 在加热过程中，对被加热件无有害影响。

3) 能够保证被加热件的加热部分温度均匀、热透。

(3) 保温材料。

热处理效果与保温材料的选取有一定的关系，过去一般多采用石棉绳、石棉布等耐热材料。由于其耐热程度较低，反复利用次数较少，很不理想，目前多采用硅酸铝保温毡，电解石棉布效果较好。

选取保温材料时必须注意，应选取性能满足工艺要求、质量符合相关标准的产品，同时应选用绝缘、耐热性能好且干燥的物品。

（三）特殊条件下热处理应考虑的因素

1. 免做热处理的条件

火力发电厂锅炉受热面管子，由于其管径小、管壁薄，且多为蛇形管，拘束度小，焊接后残余应力较小，如果焊接过程中有效地控制焊缝的氢含量，加之高温运行的工况条件，会使焊接接头应力逐渐得到改善，所以，在规程中，对该部分焊接接头做了在一定条件下免做热处理的规定。

(1) 先决条件。凡采用氩弧焊方法或低氢型焊条，焊前预热和焊后均适当缓冷，具有一定厚度和管径的部分部件，焊后可免作热处理。

（2）具体条件。在满足先决条件的基础上，下列部件可免作热处理：

1）壁厚≤10mm、管径≤108mm 的 15CrMo、$12Cr_2Mo$ 钢管子。

2）壁厚≤8mm、管径≤108mm 的 $12Cr_1MoV$ 钢管子。

3）壁厚≤6mm、管径≤63mm 的 $12Cr_2MoWVTiB$ 钢管子。

2. 异种钢焊接接头

异种钢的焊接和热处理都应执行专门规程规定，此处要强调的是管理原则。异种钢焊接接头焊后热处理规范和工艺的选定应以两侧母材成分和焊接材料类型综合确定，其加热温度应按低侧母材选定，而保温时间应按高侧母材考虑。

3. 不同壁厚的接头

首先必须注意，不同壁厚的对接接头型式及尺寸，必须符合规程焊前准备中的规定，不符合其要求者，应拒绝进行焊后热处理。

不同壁厚的对接接头，进行焊后热处理时，主要是保温时间的控制，一般应按厚度大的一侧选定。

4. 受压件与非受压件连接

受压件与非受压件连接的焊接接头，是否进行焊后热处理或其工艺规范如何确定，应按具体情况确定，一般情况下应以受压件的热处理工艺规范进行处理为宜。

5. 接管座

由于接管座类型的焊接接头一般管座侧长度较短，给热处理过程造成很多困难，且不能保证加热宽度达到标准的规定。为此，颁发的热处理规程对此问题，采用增长保温时间来解决。将以焊件厚度计算改为以焊缝高度计算的方法，增加保温时间。

考虑到不同厚度其影响程度的不同，共分为 3 档计算：

（1）焊缝高度≤5mm 时，计算厚度＝3×焊缝高度＋5（mm）。

（2）焊缝高度为 5～10mm 时，计算厚度＝2×焊缝高度＋10（mm）。

（3）焊缝高度＞10mm 时，计算厚度＝焊缝高度＋20（mm）。

（4）保温时间最少不得少于 30min。

三、工作管理

（一）质量管理

1. 编制热处理施工技术措施和作业指导书

施工技术措施是热处理工作的依据，是保证质量的重要文件，在每个工程开工前必须依据相关资料编写，作业指导书是具体指导热处理工作实施过程规范化的保证，两者正确的实施才能全面保证热处理工作的质量。

（1）热处理技术措施（施工方案）。热处理技术措施是对其各道工序应遵循的原则和达到的标准的具体规定，通过技术措施保证了热处理工作以规范化方式开展，除保证达到质量标准外，对其他相关的多项要求也给以明确，从而全面地完成热处理工作。一般应包括如下内容：

1）措施的名称及适用范围。

2）处理前应具备的条件。

3）处理采用的方法和规范的确定。

4）加热装置安装的要求和测温点的布设。

5）防变形的措施。

6）质量标准（曲线图、硬度值）。

7）安全要求。

（2）作业指导书。作业指导书是控制热处理规范达到质量标准、在热处理实施过程中必须认真遵循的文件，是根据焊接工艺评定的结论而编写的，是使焊接接头达到使用性能要求的保证，在实施前必须认真编写，在实施中必须严格执行，在实施后必须认真对照，以验证热处理效果。一般内容有：

1）名称和应用范围。

2）焊接工艺评定的相关数据及编号。

3）针对该部件确定的具体热处理规范。

4）质量标准（曲线圈、硬度值）。

2. 热处理的质量检查及验收

（1）热处理后自检。

1）被处理件表面无裂纹及不允许的缺陷。

2）应用的热电偶无损坏，无位移。

3）工艺参数在选定范围内，自动记录曲线图与作业指导书相符。

（2）硬度检验。当热处理自动记录曲线图与作业指导书不符或无自动记录曲线图时，应做硬度检验。

1）每个焊接接头硬度测定一个部位，当管子直径大于219mm时，应测定两个部位。每个部位至少测定三点，即焊缝、热影响区及母材。

2）硬度检验结果，应符合DL/T 869《火力发电厂焊接技术规程》的要求。具体规定如下。

测定硬度值不得超过母材金属布氏硬度HB+100，且不超过下述规定：

合金总含量≤3%　　　　HB≤270

合金总含量<3%～10%　　　　HB≤300

合金总含量<10%　　　　HB≤350

3）硬度检验超过标准值时，应按热处理班次查找原因，除对不合格的焊接接头重新进行热处理外，还应另选测点进行复验，得出可靠的结论。

3. 技术文件

（1）日常管理需用的资料。

1）热处理施工技术措施（施工方案）。

2）焊接工艺评定资料及作业指导书（或工艺卡）。

3）热处理标准的曲线图（指各项的曲线图）。

4）热处理统计需用的表格。

（2）热处理工作完毕后应有下列资料，并与焊接其他资料汇总一并移交。

1）热处理记录图及统计表。

2）热处理自动记录曲线图。

3）热处理硬度检验报告。

（二）班组管理

1. 人员配置

热处理一般均以班组形式管理，在工作部署上，要强调应按人员资质条件合理安排，对每项、每块热处理工作，均应明确责任人，并以其为核心配置操作和辅助人员，以小组形式开展工作。

检验人员应由班组统筹考虑，不在小组编制之内。每个小组均应建立工作记录，详细记载工作状况，以备班组统一检查。

2. 工作记录

热处理工作记录是班组管理中一项重要内容，它是工作进展情况、质量状况和异常事态的原始记载，通过工作记录，能直接、全面地了解热处理过程总体和具体情况，同时，对出现的异常现象便于查找原因和采取有效的办法解决。

热处理工作记录应建立班组和责任组两种类型，内容应包括：热处理件名称、钢号、规格、接头类型、焊口编号、加热方法、热处理规范、热处理起止时间、热处理操作工代号和特殊或异常情况的记载等。

热处理工作记录应按日期、班次分别记录，标示出责任人、记录人等。

3. 安全要求

（1）经电力建设有关安全规程规定学习、考核合格和身体检查符合条件者，方可从事实际操作。

（2）热处理作业时，应穿戴必要劳动保护用品，以防烫伤和触电。工作场所应设置足够的灭火器材和高温、有电等警示牌。

（3）必须在确认已经切断电源的条件下拆装热处理加热装置或感应线圈。热处理工作完毕后，应认真检查施工现场，确认无任何事故隐患后，方可撤离。

（4）热处理设备及加热装置的安全性能必须符合有关标准的规定，尤其在绝缘、电磁辐射和有害物污染等方面，必须与热处理工作要求相符合。

（5）其他方面应符合电力建设安全规程的规定。

复　习　题

1. 试述火力发电厂焊接热处理的工作范围？
2. 预热的目的是什么？焊接哪些钢材（或部件）需进行预热？
3. 预热温度根据什么确定？应考虑哪些问题？
4. 什么叫层间温度？控制层间温度上、下限值的意义是什么？
5. 什么叫后热？目的是什么？规范是多少？后热时应注意什么？
6. 什么叫焊后热处理？目的是什么？
7. 热处理加热方法有几种？各有何优缺点？
8. 对热处理加热器的要求是什么？
9. 热处理过程中对温度测量有哪些要求？
10. 热处理规范参数包括哪些内容？如何确定？
11. 加热温度确定的依据是什么？如何保证加热温度在有效范围内达到？

12. 保温时间的作用是什么？如何确定保温时间？
13. 升、降温度速度为什么要控制？如何控制？
14. 对符合哪些条件的部件可免作焊后热处理？
15. 如何确定热处理过程是正常的？当发现异常时应如何做？
16. 热处理移交资料包括哪些？应达到什么程度？
17. 热处理工作的组织应如何进行？对组成人员有什么要求？
18. 为什么要做工作记录？应记哪些内容？

第八章

焊 接 工 程 监 理

建设工程监理是20世纪80年代，随着我国国民经济改革开放深入发展脱颖而出的一项新生事物，并以一种新型管理机制——建设工程监理制度，在全国推行。它的出现，既扩大了我国基本建设程序的内容，也为我国在经济建设管理模式向国际惯例接轨奠定了良好的基础。

建设工程监理制的推行，实质上就是取代了我国旧有的基本建设模式。过去，一个工程（如电站建设）立项后，国家（或地方）下达建设计划指标，承接任务的主管企业便着手组建一个临时性的管理机构——筹建处或扩建处或工程指挥部或其他，代表业主对整体工程建设的质量、进度、投资监督、检查、控制以及协调各方的工作关系。这种管理模式虽然在工程建设中起到了一定作用，做出了一定成效，但由于这种管理机构属临时性的，即无长远规划和健全的管理制度，更不能积累丰富的管理经验，与我国由计划经济转化为市场经济的改革大潮发展趋势极不适应，必须更新。

而建设工程监理属于固定的、专业化的、机制健全的执行监督管理机构，对经济趋势的适应性极强，并成为推动我国基本建设的一支主流，这就是取代旧的管理模式的原因所在。

建设工程监理制推行的初始，由于人们对监理性质、目的、意义不认识、不理解，对监理的介入抵触情绪很大，认为自身实力雄厚，经验丰富，没有必要让监理参与，参与也是个累赘。因此，拒绝监理、阻挠监理、讥讽监理的事态时有发生，致使监理任务难以执行。

经过几年的实践证实，加以监理人员对监理工作的敬业精神，务实、公正的作风和积极、主动、认真的态度，获得了人们的好评，扭转了过去对监理的偏见，逐步形成和谐相处、相互支持、共同协商解决问题的可喜局面。尤其是近几年来国内一些地区的重大质量事故频频发生，血的教训震撼了每个人的心，对不注重质量的人们敲响了警钟，进一步促进了人们的质量意识的提高，相应地增强了监理人员对工程质量监控的责任感，进而也强化了监理力度。

人们对监理态度的转变，意识到监理的重要性和必要性。因此，建设工程监理制度将会随着我国经济改革开放深入发展需求，不断创新，不断健全，沿着社会的潮流向纵深拓展。建设工程监理制度的顺利进行，给监理工作铺平了道路，执行监理的局面打开，畅通无阻的执行公务，也将会使我国的经济腾飞取得更加辉煌的成就。

第一节 概 述

一、监理

所谓监理，顾名思义就是监督管理。概括地讲，就是以某项条理或准则为依据，对一项预定的行为进行监视、督导、控制和评价。

二、建设工程监理

建设工程监理实质上就是指监理的执行者，以国家颁布的法律、法规和有关政策，对参与工程建设各方的行为进行规范和制约，以科学的态度对工程建设的质量、进度、投资和安全进行严格、有效的监督、检查、控制、管理和评价，公正、合理地协调各方的关系和权益。

三、建设工程监理制

为了使建设工程监理具有法律依据，便于从事工程建设者对监理事务的遵循，防范和制约人们违背法律、法规行为，逾越规定的限度，故国家将建设工程监理作为经济建设领域的一项新型管理制度公布于全国。

四、推行建设工程监理制度的目的和意义

1. 适应我国经济建设高度发展的需要

工程建设也是一种物质生产，耗资大、建设周期长，既是一项生产技术活动，又是一项商务活动。同时，当今的工程建设已进入一种复杂的系统工程，优化组织和管理都涉及众多的专业知识和现代管理技术。为了实现大规模化、高科技化的工程建设项目快速、有效地完成，必须设置一个精通现代技术和管理的机构，才能达到节约投资、确保质量，促进社会经济协调发展。

2. 适应我国市场经济发展的需要

20 世纪 80 年代，随着我国经济政策改革，由计划经济转化为市场经济的发展趋势，社会的经济关系日益繁杂，市场调节作用日益增大，必须在纵向监督的基础上，加强横向制约和监督。而过去单纯计划经济和产品经济时期的制约和监督方式已不相适应，实行建设工程监理制的目的也就在于此。

3. 改进我国基本建设管理模式的需要

过去，我国对基本建设的管理模式一直采取自营制，建设项目由上级安排，投资由国家分配，施工单位自行管理工程的质量、进度、投资，管理上是领导负责制，这种管理体制的本身就存在不少弊病，并意味着很大的随意性，只求进度不顾质量的倾向普遍地存在，投资失控，工期拖长，质量下降的现象十分广泛和严重，实质上已与我国的经济改革的发展趋势相悖。因此，这种旧的管理机制便被建设工程监理制度所取代。

4. 加强与国际经济合作交流的需要

自我国经济改革开放以来，外商在中国投资、合资、贷款兴建的工程项目越来越多。为了与国际通行的管理体制接轨，我国推行建设工程监理制度，便可对外交流合作，利用外资和先进技术，拓宽国际市场，加速我国经济建设事业。

5. 促进生产力发展的需要

通过管理体制的改革，或者说推行建设工程监理制度后，可以缩小建设单位的筹建班子；减轻建设单位负担；加快建设速度；投资得到有力的控制；工程质量得到保障；协调好参与工程建设有关各方的工作关系。

五、监理机构的层次及其性质

从工程建设监理制度来看，监理机构分为政府建设监理和社会建设监理两个层次。由于两者的性质不同，则分工也不同。但两者无论在组织上或者法规上均形成一个系统。

1. 政府建设监理

政府建设监理是国家政府权利机构，实施对社会公共事务的管理，它的职能就是对工程建设实行监督管理。其性质包括：

（1）强制性。国家管理机构的职能是授权于法，对被管理者来讲，只能是强制性的、必须接受的，与参与工程建设各方不是平等主体关系，而是管理与被管理的关系。

（2）执法性。政府监理机构作为执法机构，带有明显的执法性。主要依据国家法律、法规、方针、政策和国家颁布的技术规范、工程建设有关文件等对建设工程进行监督管理。

（3）全面性。政府监理的范围以全国或一个行业、一个地区的建设活动为对象。对一项工程项目来说，是针对整体工程建设活动而言，并贯穿建设项目的过程。

（4）宏观性。政府监理不同于社会监理的直接、连续、不间断地对工程项目进行监理，而是侧重于宏观的社会效益，规范建设行为，维护国家利益和参与建设各方的合法权益。

2. 社会建设监理

社会建设监理是指独立的、专业化的社会监理单位，受业主委托，以与业主签订的监理合同为依据，对待建工程建设项目实施全过程的监督管理。其性质包括：

（1）服务性。社会监理的主要特征就是服务性，是为业主提供智力服务，其劳动与相应的报酬也是技术服务性的，但不参与工程承包的盈利分配。

（2）独立性。社会监理的人际关系、业务关系和经济关系是独立的、平等的，它既不是参与工程建设各方的隶属关系，也不任职。按合同约定行使监理职权，他方不得干预监理的正常工作。

（3）公正性。社会监理在组织协作配合和协调各方的权益过程中必须坚持公正性，这是社会监理极为重要的特征，也是顺利实施监理职能的必备条件。

（4）科学性。科学性是社会监理必需具备的先决条件和重要标志。一项工程的建设，没有科学技术管理和指导是实现不了的。而社会监理的内涵就是以科学理论为依据，以实践经验为基础，完成业主委托的监理任务。

六、社会监理是监理行业的主力军

社会监理与政府监理的不同点主要在于社会监理是职业性的，直接、连续、不间断地对工程进行监理，亦即全过程、全方位、全天候地执行监理公务，随时随地对工程建设中的设计、制造、施工、调试进行监督、检查、管理。社会监理发现问题出主意、定措施解决问题，时时离不开有关各方和现场，需要情况了解得一清二楚。参与工程建设各方也处处离不开监理，听取监理意见和建议，相互协商解决问题。通力合作的目的就是想方设法把工程搞上去、搞好，圆满地完成国家交给的建设任务。由此可见，社会监理已成为工程建设的全面管理者和协调者，更充分表明了社会监理的主力军作用。

七、社会监理的基本任务

社会监理的基本任务主要是：四控、两管、一协调。

——四控：质量控制、进度控制、投资控制和安全控制。

——两管：合同管理、信息管理。

——协调：协调参建各方的工作关系和权益。

1. 质量控制

质量是一项工程建设的命脉，没有质量就没有工程的一切。工程质量的优劣，最根本的是取决于设计质量、设备制造质量、施工质量和调试质量，是他人所不能取代的，更不是通过检验来改变或保证的。质量事故的预防首先是参建各方自身的预防，强化自身的能力，不出或少出影响工程质量的漏误、差错，不出质量事故，尽量地少出质量缺陷或不合格品。

当然，人无完人，事无完事，物无完物。一项庞大的工程建设，完完全全地确保质量而不出一滴差错是不可能的，也是达不到的。解决方式是多样化的，如：设计审查、设计交底和设计会审；设备制造的监督检查；材质、成品的实验检验或抽查；设备的调整试验；工程的竣工验收等，都是控制工程质量的极为重要的检测手段。而推行建设工程监理制度的目的，就是通过监督、检查，验收，进一步严格、有效地控制参与建设各方，对基本建设程序和质量标准正确的施行。

2. 进度控制

进度包括设计图纸交付日期，设备、主材供货时间，施工的开、竣工日期（包括调试）等，均以计划进度及实际进度方式予以表达。进度分为年度计划、季度计划、月份计划等。通常这些计划均由参建各方向业主和监理单位提供，并标明主要工程项目的形象进度。监理人员可以此进行审核，并以网络计划图的形式标出重点部位见证点（W）、停工点（H）、旁站点（S）的质量监控监理计划，以此作为质量监控目标，按期施行。同时，也应掌握各方执行计划的实施状态，超越计划的，要及时督促抓紧，协助解决疑难问题，以免贻误工期。

3. 投资控制

无论是国家投资、地方集资或企业自身筹资的，都是国家财产，需要每个人爱惜，不能浪费或盲目支付，付出要得当（包括业主或建设单位在内）。而工程建设投资的控制就是监理的重要职责之一。每月完成的工作量或每项工程完工，监理人员都要按图核实所完成的工程量，再按定额和收费标准核算完成的工作量和支付的款额，核实签署后转交有关单位。不符之处，应与对方协商解决。协商否决，可不签证，并向业主反映处理。

4. 安全控制

主要是针对施工现场而言。

施工现场面广，施工点覆盖厂房内外各个角落，高空作业、带电作业、明火作业繁多，管理不善、忽视安全极易发生人身和设备事故。对监理单位来说，控制施工现场安全是每个监理人员对施工现场安全监控的内容，主要有“五查”、“三参”、“三不放过”。

（1）五查。

1）查施工单位安全组织组建、机构的设置、成员的组成、职责的划分。

2）查施工单位安全管理制度和安全技术措施。

3）查施工人员安全思想的重视程度。

4）查施工现场的安全标志、安全设施及安全防护措施。

5）查施工现场存在的不安全因素。

（2）三参。

1）参加施工单位定期召开的安全例会。

2）参加施工单位组织的有关安全研讨会、座谈会。

3）参加（必要时组织）重大事故的分析会。

（3）三不放过。

1）对发生的重大人身伤亡或严重设备损坏事故，未查清引起事故的原因不放过。

2）没有找出事故责任人不放过。

3）未订出事故处理方案及防范措施不放过。

5. 合同管理

合同是为了适应我国社会主义市场经济发展的需要，是商品生产和商品交换的产物，一经签订就具有法律的约束力，签订双方必须按合同要求严格执行，不能擅自违约或解除。

而监理单位对合同的管理，主要是指对参建各方与业主所签订合同的管理，其目的就是全面掌握设计、设备制造、施工、调试、主材供应等单位与业主签订的合同的内容（如：合同实施范围、要求、责任、义务、资金等），以便进行监理。合同的修改、变更或撤消，无论是业主提出或是合同签订方提出，必须事先与监理协商，说明理由，并经监理审批，否则不予承认，后果自负。

6. 信息管理

工程信息是工程活动和与其相关的外部事物中所发生的一切事宜的表述，其来源渠道主要是采集和传递，经过抽取、处理做出判断，予以利用和采取行动。监理的工程信息来源众多，如：社会调研、现场勘察、文件、合同、图纸资料、各种会议、检验、事宜的传递、问题的反馈、用户的评价、工程回访等。

工程信息是监理人员监控参建各方的基础，没有全面、准确、及时的信息提供，就不能对工程进行有效的监督控制。因此，信息是监理必不可少的动力资源，更需要对其加强管理并妥善管理。

7. 协调

通过监理人员对参建各方所发生的工作问题或矛盾予以协商解决，调解、处理好各方面关系，以实现工程顺利进行。

八、社会监理与各方面的关系

1. 与政府监理的关系

前已提及，政府监理是代表政府执法的权利机构，与参与工程建设的各方不是平等的主体关系，而是管理与被管理的关系（包括社会监理在内）。而社会监理则是独立的、服务性的经济实体，只接受业主委托，以双方签订的监理合同为依据，从事工程监理任务。但两者在组织上或法规上形成一个系统，并在政府监理的监督管理下进行工作。

2. 与业主的关系

业主是工程建设的投资者，是代表国家对工程的建设、投资使用负全责，并有权按合同的规定，委托和授权监理方对工程的质量、进度、投资和安全进行监理。而监理方则依此执行监理任务。所以，投资方与监理方的关系是合同的关系，是委托与被委托的关系，是授权与被授权的关系。但两者均属平等的主体间的关系，委托方在合同规定业务范围内，对工程的任何决定都要事先通知监理方，但不能指使超越合同范围的其他事宜。监理方应定期向委托方汇报及反映情况。

3. 与参建各方的关系

参建各方系指设计、设备制造、施工、调试、供应等单位。其与监理方的关系都是企业性质的平等主体关系，相互无任何合同约定或隶属关系，而是监理与被监理的关系或者是合作者。监理方在工程建设中所具有的监理身份，一是委托方的授权，二是参建各方与委托方签订的合同中事先予以承认。

九、监理的工作宗旨

不少监理单位，常以精炼而内容丰富的语言文字，表达自身的工作指导思想和行动纲领，如："监督、管理、协调、帮助、服务"，"严格认真、通力协作、热情服务"，"协调、监督、支持、促进"，"恪守合同、公平合理、平等互利、友好合作"等。其目的具有双重意义，可以说是向社会公布的服务宣言，是对本企业内部职工规定的治家格言。对外的含义是：

(1) 表明对业主的忠恳承诺。

(2) 宣传自己，扩大社会知名度。

(3) 显示自身实力，拓宽监理市场。

对内的含义是对该企业内部职工的鼓动、要求和制约。

例如，某个监理单位所提出的"诚信、服务、公正、科学"是较为典型的，即：

——诚信：诚恳待人，诚实办事，诚守信用，维护信誉——是体现监理人员品德的根本；

——服务：信守合同，服务业主，积极主动，协作配合——是监理人员实施业务的核心；

——公正：公平合理，不偏不倚，遇事协商，遵纪守法——是监理人员必备的行为准则；

——科学：讲究科学，遵循标准，严格把关，处理果断——是监理人员获取成效的基础。

第二节　监理的组织机构及监理的基建程序

一、监理单位及其组织机构

(一) 监理单位的申请注册

成立独立的监理单位，必须事先向有关政府建设管理部门提出申请，经过审查批准，并向相应的政府工商行政机关申请登记注册，领取营业执照，办理税务登记后方可开展监理业务活动。

(二) 监理单位的申请条件

(1) 要有按《中华人民共和国企业法人登记条例》所取得的法人资格。

(2) 要有明确的企业名称。

(3) 要有健全的组织机构。

(4) 要有固定的工作场所。

(5) 要有相当的业务活动资金。

(6) 要有与监理业务相适应的技术和经济管理人员。

(7) 要有必要的技术设施和检测手段。

(三) 监理单位设立申请书的填写内容

(1) 企业名称和地址。

(2) 拟定法定代表人和技术负责人的姓名、年龄及工作简历。

(3) 拟定担任监理工程师的人员一览表，包括姓名、年龄、专业、职称和监理工程师证书号等。

（4）单位所有制性质及章程（草案）。

（5）上级主管部门名称。

（6）注册资金数额。

（7）主要检测手段。

（8）拟申报的监理业务范围及等级。

（四）监理单位的资质等级

经主管部门审查合格后，发给《监理申请批准书》或《资质等级证书》。但《资质等级证书》可根据企业现状缓领，待时机成熟或做出了一定的业绩后再办申请。

资质等级一般划分为甲、乙、丙三个等级，如电力系统的规定（见表 8-1）。

表 8-1　　电力部监理单位的资质规定

项目 / 等级		已获得总监理师资格人数（不少于）且组织过以下工程	工程技术和管理人员（不少于）			自有资金（万元）（不少于）	社会信誉评价
			总数	已获专业监理工程师资格			
				人数	其中：高级技术职称		
火电类	甲级	2人，300MW或以上机组工程	50	30	15	100	好
	乙级	2人，200MW或以上机组工程	40	25	10	50	好
	丙级	1人，50MW或以上机组工程	20	12	4	10	好
送变电类	甲级	2人，330kV或以上送变电工程	25	15	10	100	好
	乙级	2人，220kV或以上送变电工程	20	12	8	50	好
	丙级	1人，110kV或以上送变工程	15	10	3	10	好

（五）监理单位组织机构的设置

从上述申请条件来看，关键是企业管理和人员素质，而首先是企业的管理机构的设置，它是反映一个企业管理模式优化与否、运作机动灵活程度、人员安置恰当与否、工作效率高低的具体体现。

而对监理单位的组织机构设置，主要是工程监理和经济管理（或计划经济）两个部门。前者属技术范畴部门，直接与工程参建各方发生关系；后者属经济范畴的部门，与工程参建各方发生经济往来。为此，以工程监理部门为主要内容介绍。

1. 工程监理部门的区分

工程监理部门分管理型和执行型两种。企业本部设置的工程监理部（室）属于管理性的组织机构，是企业领导的参谋助手职能机构，代表法人对各监理点（设计、制造、施工等）巡视、检查、掌握工程进展情况和指导，并起到上传下达的作用。而监理点（或监理站）则是企业派出的执行机构，对建设的工程监理负有全权责任。

2. 监理站人员设置

监理站通常设总监理工程师一人，专业监理工程师、监理员若干人，负责工程建设的监理业务。

（1）总监理工程师（简称总监理师）。

总监理师既是职称，也是职务，应经国家有关政府机关考核合格并取得“总监理工程师证书”。它是企业法人任命和授权派到监理站全权负责工程建设的常驻代表，对企业法人负全责。其职责是：

1）认真贯彻执行国家有关方针、政策、法律、法规和上级有关规定。

2）按监理合同、监理大纲和工程具体情况确定监理点的人员组成、分工及岗位职责。

3）主持监理工作会议和负责管理监理内部日常工作。

4）主持编制工程项目监理规划，审批各专业监理实施细则。

5）检查和监督监理人员的工作，根据工程项目的进展情况可进行人员调配，对不称职的人员应调整。

6）审查分包单位的资质，并提出审查意见。

7）审定承包单位提交的开工报告、施工组织设计、技术方案和施工进度计划。

8）审核签字确认分部工程和单位工程的质量检验评定资料。

9）审查承包单位的竣工申请，组织对验收工程项目进行质量检查，并参与竣工验收。

10）审核签字确认承包单位的申请支付证书和竣工结算。

11）主持或参与工程质量事故、重大安全事故的调查。

12）组织编写并签发监理月报、监理工作阶段报告和工程项目监理工作总结。

13）审查和处理工程变更，调节建设单位与承包单位的合同争议，处理索赔和审批工程延期。

14）主持整理工程项目的监理资料。

（2）监理工程师。

监理工程师是指经过资质确认、持有监理工程师资格证书，并已注册，正在从事工程建设监理业务的技术、经济管理的人员。其职责是：

1）认真贯彻执行国家有关方针、政策、法律、法规和上级有关规定。

2）熟悉掌握本专业工程验收规范和质量标准。

3）熟悉施工图纸和施工现场的具体情况。

4）负责编制本专业的监理实施细则和具体的实施。

5）负责本专业分项工程验收和资料的收集、汇总整理。

6）参加设计图纸的设计交底、设计会审和施工图纸的会审工作。

7）核实检查进场设备、材料的原始凭证、检测报告等质量证明文件及其外观质量情况。

8）审查施工单位编写的专业施工组织设计、施工技术方案和施工进度计划。

9）审核与本专业有关的施工单位资质证明、营业执照和特种工的技术考核合格证件。

10）深入现场认真检查施工质量，纠正违规、违章作业。

11）认真做好监理日志，重要事件要及时向总监书面报告。

12）参加有关的工程质量、人身、设备事故的调查、分析和处理会议。

13）收集和整理施工单位提交的工程竣工移交资料。

14）负责本专业的工程计量工作，审核工程量和原始凭证。

15）负责指导和监督本专业监理员的监理工作。

（3）监理员。

监理员是指没有监理证件而从事监理工作的技师或实践经验丰富的工人而言。重点对施工现场、设备监造等的监理业务。其职责是：

1）在专业监理工程师的指导下开展监理工作。

2）了解和熟悉有关规程、规范和质量标准。

3）深入现场坚守工作岗位、对施工工艺过程进行检查和记录。

4）检查施工作业投入的人力、材料、主要设备及其使用状况，并作好检查记录。

5）负责旁站工作，当发现问题时，应及时指正，并向监理工程师报告。

6）复核或从施工现场直接获取工程计量的有关数据，进行签字确认。

7）计真填写每天的监理日志。

二、监理的基建程序

1．基建程序

基建程序是基本建设程序的简称，它是指导、规范人们从事生产活动有序地运作而制定一系列的纲要。它涵盖了工程建设的全过程和参与工程建设的有关行业，并规定必须依其按系统有组织、有计划，按部就班、有条不紊地开展自身的工作。这样，才能达到基本建设的预期目的。否则，就会给工程带来莫大的损失。人们常说："要按基建程序办事"的道理也就在于此。

2．基建程序的阶段划分

对电力工业系统来讲，基建程序主要划分为三个阶段，即：

（1）工程建设前期准备阶段。该阶段主要以建设单位（及监理单位）为主线，其主要工作是：

1）工程项目的申请及批准立项。

2）组织工程的招投标。

3）与中标单位签订合同。

（2）工程施工阶段。该阶段主要以施工单位和监理单位为主线，其主要工作是：

1）施工前的准备。

2）工程施工及监理。

（3）工程竣工验收阶段。该阶段主要以调试单位、使用单位和监理单位为主线，其主要工作是：

1）设备调整试验。

2）整套设备试运。

3）投产发电。

3．工程项目的申报及立项

无论是国家、地方下达的基建计划（如电站的新建或扩建），或是企业（电站）自身设备的技术改造项目，建设单位均以报告的形式向国家政府机关申报。

以往建设单位的作法是，首先聘请勘察、设计单位参与工程项目及其他工作作前期准备。自建设工程监理制度的推行，打破了原有的基建程序，增加了基建程序的内容。因此，建设单位首先考虑要对监理单位的安置。或者说，是否需要监理单位的问题。然后再进行下一步工作程序。

4．建设单位的招标

工程招投标制度与合同制度、建设工程监理制度成为我国基本建设的三大支柱。由于监理的介入，招标工作就存在投标单位的先后问题，亦即：监理单位为先，还是设计为先。这主要取决于采取招标方式、方法。

（1）招标类别。招标方式一般分为公开招标、邀请招标、分段招标和议标四种。主要根据该工程建设规模的大小予以确定。

（2）招标方法。对监理来讲，是采取工程的全过程监理（即从工程项目申报开始，至工程竣工验收止），还是采取按阶段或是划分为几部分监理（即只监理工程项目申报，或设计监理，或设备监造监理，或施工监理等）。此外还涉及招标次序的问题，这主要看建设单位的抉择和监理单位的监理能力。

由于我国的工程监理制起步不久，监理单位组建时间不长，监理能力尚不成熟，尤其对设计监理更无能为力，无法对建设工程的前期准备阶段进行监理，故只能对工程施工予以监理。

（3）一项工程几个监理单位的招标。一般，对一项工程的监理，大多都是选择一个监理单位，但有少数建设单位认为工程规模大、工程投资多，或其他缘故，须委托两个及以上的监理单位共同监理，各方监理各自的范围。但问题是有些事宜难以接口，并且繁乱，易于发生争端，出了问题互相推托。为此，在建设工程监理制度中明确规定，必须在几个监理单位中确定其中一个监理单位为主，建设单位直接与其对口，其他监理单位辅助，有问题直接与主监理单位汇报、反映。

5. 监理单位的投标

监理单位见到媒体的招标报道或接到建设单位的邀请书后，便可参与该工程项目的投标。投标的程序是：

（1）工程摸底。

1）向建设单位索取（一般为建设单位提供）有关本工程的文件、批件、设计资料以及其他有关资料。

2）听取建设单位介绍本工程的简况、建设规模、工程投资数额、工程计划工期、参建有关单位以及对监理的希望和要求等。

3）去现场考察，了解现场环境和具备的施工条件。

（2）编制建设工程投标书（即监理单位所指的监理大纲）。其内容包括：

1）隶属关系，即监理单位的上级机关。

2）资质证书、资质等级证书和营业执照及其编号。

3）法人代表及其资质。

4）组织机构。

5）人员的构成（主要是总监理工程师、监理工程师、经济管理人员）和人数及其职称、职务、年龄、专业等。

6）工程监理的业绩。

7）质量保证体系。

8）监理工作流程。

9）技术装备（主要指检测手段）。

10）各项管理制度。

11）其他。

（3）参加投标。

6. 与建设单位签订监理合同

（1）合同内容。

1）封面：工程施工监理委托合同、项目名称、合同编号、签订合同单位、签订日期。

2）首面及次页：有关条款，如委托监理工程概况、监理范围及工程造价、监理依据、现场监理组织、监理酬金及支付规定、权力、义务及其他。

（2）应注意的事项。

1）签订合同时，除经济管理人员外，监理工程师必须在场，参与解决合同中的技术问题。

2）合同书中，需要另加说明、附件或附图时，应将其置于合同末页之后。

3）填写合同内容时，宜用打印方式，尽量不用手抄。

4）对合同的内容应慎重斟酌，不能草率。

5）合同书必须盖有双方公章和合同签订日期，否则无效。

第三节　工程建设监理

一、工程建设前期准备的监理

前已提及，一项建设工程对监理单位的招投标，可采取全过程方法或是分阶段方法进行监理，但除少数监理单位外，大多数监理单位由于能力的局限，只能承接施工阶段的工程监理。本节仅介绍工程施工阶段的监理，但考虑其系统性，故于此简要地介绍工程建设前期准备阶段的监理。

（一）监理的主要工作内容

（1）参与编制工程项目建议书。

（2）编制初步可行性研究报告，协助办理工程项目的申报手续。

（3）参加工程项目的招、投标工作和编制招标文件和资料。

（4）参加评标、定标工作。

（5）参与中标各方（设计、设备制造、施工、调试、物资供应等）经济合同的签订。

（二）工程项目建议书的编制

工程项目下达后，建设单位便可组织监理单位及有关人员进行工程项目建议书和初步可行性研究报告的编写工作。其内容主要是在工程投资前，对该项目轮廓的设想，建设的必要性和可行性，并从其经济效益和社会效益的概况进行估计（其中包括规划选厂）。

（三）编制招标文件和资料及招标程序

（1）招标条件。

1）可行性报告已批。

2）法人已确定并注册。

3）法人有组织招标的能力。

4）配有与招标相适应的经济、技术管理人员。

5）有组织编标、评标能力人员。

6）有审查投标单位资质能力。

（2）招标书的内容包括：工程名称、建设地点、建设规模、批准文号、概预算、计划开竣工日期、招标方式、承发包方式、投标单位资质的要求、工程建设范围、工程条件等。

(3) 招标程序。

1) 招标的申报。

2) 招投标管理机构的审批。

3) 资格预审文件、招标文件、工程标底价格的编制。

4) 刊登资格审查通告。

5) 资格预审、发售招标文件。

6) 勘察现场。

7) 投标预备会（投标单位递交投标文件）。

8) 开、评标。

9) 与中标单位签订合同。

(4) 招投标的次序。

1) 勘测、设计单位。工程项目建设书和初步可行性研究报告审批后，便可对勘测、设计单位进行招标工作。

2) 设备制造单位。建设单位首先拟出设备选型和制造厂家的采购意向，再与设计单位协商确定。但除特殊情况外，一般都不进行招投标。

3) 施工单位。设计单位待出施工图前或初步设计经过审查后，即可对施工单位进行招投标。

4) 调试单位。工程调试是在工程施工阶段的末期才进入施工现场，通常均不进行招投标。

（四）监督经济合同的签订

监理单位除协助建设单位编制经济合同内容外，在建设单位与中标单位签订合同时，监理人员必须在场予以监督、协调、指正。

（五）对中标单位的监理

重点是勘测设计和设备制造的监理。

1. 勘测设计的监理

(1) 勘测过程收集或建设单位提供的水文、气象、地形、地貌、地质、地质结构、地震烈度等资料的审查。要求资料齐全，数据准确。

(2) 设计单位所编制的设计文件，如：设计（计划）任务书、可行性研究报告和初步设计等审查。要求规划的合理性、技术的先进性、投资的经济性、使用的安全性和投产后的经济效果等。初步设计的内容是：

1) 设计的指导思想，建设规模，总体布置和项目构成。

2) 工艺流程和主要设备。

3) 建筑结构和工程标准。

4) 公用、辅助设施。

5) 占地面积和土地使用。

6) 生产组织和劳动定额。

7) 主要建设材料用量。

8) 工程总概算。

9）建设进度。

10）环保、人防、抗震。

2. 设备制造的监理

监理单位根据与建设单位签订的设备监造委托合同，派员进驻设备制造厂开展监理工作，其主要工作内容是：

（1）相关文件。

1）熟悉设备制造加工图纸、有关技术说明和标准。

2）审核设备制造分包单位的资质、实际生产能力和质量保证体系，符合要求给予确认。

3）审查设备制造单位的生产计划和工艺方案，并提出审查意见。

4）审查设备制造的原材料、外购配套件、元器件、标准件及坯料的质量证明文件及检验报告，符合要求时予以签字确认。

5）对设备制造过程中采用的新技术、新材料、新工艺的鉴定书和试验报告进行审核，并签署意见。

（2）检验监督。

1）审查设备制造的检验计划和检验要求，确认各阶段的检验时间、内容、方法、标准和检测手段。

2）对设备制造过程进行监督和检查，对主要或关键零部件的制造工序进行抽捡和检验。

3）对主要设备的装配工艺过程进行监督和检查，符合规定，予以签字确认。

4）参加重要设备的调试和整机性能检测，经过验证符合规定予以签字确认。

5）设备监造结束后，监造人员应编写设备监造工作总结。

二、施工过程的监理

（一）监理前的准备工作

1. 现场考察

这里的现场考察，是指监理单位没有参与建设单位组织的建设工程全过程的招投标工作，而只是对工程施工阶段的投标并中标，或是建设单位对监理单位的直接委托。因此，就需要组织有关人员到现场去了解、考察具体情况，内容与前文所介绍的相同。

2. 编制工程监理规划

现场考察后，监理人员便可根据图纸资料和了解的情况，进行该工程监理规划的编制。编制的内容是：

（1）工程概况。

1）情况简介。重点介绍该工程的名称、建设的地点、方位、相邻的参照物，建设性质（新建、扩建、改建或技术改造）、现场现状（如临近的现有建筑物）、建设规模、工程总投资等。

2）主设备的型号及其介质参数。主要指主机、主炉的类型、生产厂家及介质工作参数（如：额定容量、介质工作压力、介质工作温度等）。

3）建设工程量。主要是主机、主炉、附属设备、电气热控盘台柜的台数，主要管道、电缆的长度等。

4）参与本工程建设的有关单位。系指直接参加工程建设的建设单位、监理单位、设计单位、施工单位（包括承包或总承包、分包）、调试单位等。

5）工程施工计划进度（即计划开、竣工日期）。

6）工程特点，如采用先进技术，新型设备、材料、表计、传递设施，各种障碍等。

（2）监理范围。即按与建设单位签订的监理合同所规定的监理范围及监理项目。

（3）工程监理前的准备。

1）组成监理组（站）及成员。

2）编制监理规划。

（4）监理目标。主要的目标是四控，即：

1）工程进度：要求开、竣工日期及工程投产使用的时间（年、月）。

2）工程质量：包括工程验收合格率、设备自动投入率、水压试验一次成功等。

3）工程投资：静态控制在规定的范围内。

4）施工安全：杜绝人身重大伤亡事故、设备严重损坏事故。

（5）监理依据。

1）国家现行的法律、法规、规程、标准及对监理的有关规定。

2）设计施工图纸、设备制造图纸及有关资料。

3）工程监理合同。

（6）监理工作内容。

1）施工单位的资质证书、营业执照、特殊工种合格证书的审核。

2）参加施工单位提供的施工组织设计、技术措施的审查。

3）参加设计图纸的交底和会审。

4）审核施工单位提交的工程施工进度计划。

（7）监理工作程序。

监理工作必须坚持"先审核后实施"和"先验收后施工"（下一道工序）的基本原则。

（8）监理工作方法及措施。

要体现事先控制和主动控制的方法及相应措施，并注重监理工作的效果。

（9）监理工作制度和设施。

编制监理工作制度和建立必要的设施。

3. 编制工程监理实施细则

工程监理实施细则是工程监理规划的细化和内容的补充。其重点是工程文件、证件、资料的收集和工程项目检查、验收的质量标准及检测手段。补充细化的内容，可摘取工程监理规划中的需要增加或说明的部分，但不是全部内容的重复或和盘托出。

4. 资料的收集和积累

（1）如果建设工程为全过程监理，可按基建程序的各个阶段划分，分别向各有关参建单位索取必要的有关文件、资料列出目录，但也可按文件、资料分类列出。如：前期准备阶段向建设单位、设计单位需要索取的；工程施工阶段及竣工验收阶段向施工单位、调试单位和设计单位（主要是设计变更）需要索取的。

（2）如果建设工程为只是施工阶段的监理，可按施工各个阶段分别向参建有关各方列出需要索取的有关文件、资料目标。

（二）监理施工前的准备

1. 监理站（组）的设置

监理站（组）是监理人员开展监理业务、工作联系的场所。按有关规定和监理合同有关条文规定，建设单位在监理人员进入施工现场前，有义务对其办公、生活地点及其办公、通信设施予以适当的安排。因此，监理站（组）的设置应由建设单位解决，若建设单位无法办理时，监理单位可自行解决，发生的费用由建设单位支付（或报销）。

2. 监理站（组）的基础建设

搞好施工现场的监理工作的基础是管理，否则，无序的监理，就完不成监理任务。为此，加强监理的管理工作尤为重要。

（1）张挂站（组）牌。监理站（组）门外应挂贴该工程的驻厂监理站（组）牌子，以便让人确认和联系监理业务。

（2）室内布置。

1）贴挂施工图（如：施工总平面布置图、热力系统图、主设备结构图等）。

2）贴挂施工总进度网络图及月份施工进度表。

3）贴挂现场监理机构及责任分工图表。

4）贴挂监理守则、监理工作指南和施工监理程序图表。

5）图纸、资料的归纳整理，文件、资料分类入卷。

（3）明确分工，全体投入。监理站（组）虽然配备了各个专业的监理工程师及监理员各1～2名，但监理单位的工作性质是对全部工程的全过程的监理，只要现场有人施工，就应有监理人员在场。为此，就要求监理人员除认真执行自身的专业监理任务外，还需对其他专业所发生的问题也需旁站兼监，然后再向总监理师或专业监理工程师汇报或反映，以保证监理人员在场。

（三）施工过程的监理

1. 施工单位的管理机构监督、检查

（1）根据施工单位提供的工程施工组织设计，对施工现场的平面布置的实施情况进行监督检查，核实实际情况与施工组织设计是否相符。否则，应了解缘由，并提出意见和建议。

（2）了解施工单位组建的各个职能机构是否健全，责任部门及人员的职责分工是否明确。

（3）审查施工单位自行编制的有关规章制度。

（4）审查主要设备、主要工序的技术方案或施工技术措施，以及施工现场安全措施。

（5）检查施工现场的安全标志、安全设施的完整性。

2. 施工质量的监督、检查

（1）工程用的主要材料进厂后，首先检查外观质量，核实数量，再校对其出厂合格证件及复验试验报告。无合格证者，不得使用在工程中。如发现型号、牌号、规格等存有超标缺陷或差量，应及时向施工单位提出更换或追补。

（2）参加设备开箱检查验收，核实出厂合格证书及使用说明书，核对证书指明的配件量。

（3）按工程施工进度网络监理点及监理实施细则所规定的技术标准进行认真检查。重点部位的停工待检点（H点），监理人员必须到场，否则，不得进行下一步工序的施工；重要项目的见证点（W点），监理人员应该在现场监理施工，否则，施工单位可以继续进行施工；重点部位的旁站点（S点）监理人员必须自始至终在位，绝不允许脱岗。各点（包括隐蔽工程）经检查验收后，必须办理签证手续。

施工质量的监理除上述内容外，还注意下列问题：

(1) 不定期地检查施工记录，要求连贯、与实际相符、数据齐全准确。

(2) 审核施工单位提供的四级质量验收清单。

(3) 审查水压试验、烘煮炉技术措施，监督、检查措施执行的全过程。

(4) 需要采用检测设备、仪器对设备、构件进行检验的，均应按规定进行，检测后的结果及时报告，必须经监理人员审签。

(5) 无论是设计提出的设计变更，或是建设、施工单位的变更设计，均由设计单位归口出设计变更，并经建设、监理单位双方签证认可方允执行。

(6) 对检查出来的质量问题应立即向施工者提出纠正，重大质量问题应向施工负责人提出处理，如迟迟不予解决，必要时，以“监理意见通知书”的形式，郑重向施工单位提出。

(7) 施工过程中，监理、施工双方在施工方案、方法、程序上发生异议而无法解决时，可由总监理师出面解决。必要时，监理单位可组织专门会议研讨解决。

(8) 对野蛮施工、盲目施工的现象，监理人员应立即加以制止，不服从监理人员劝阻时，监理人员有权停止其继续施工。必要时，监理人员可以签发停工令。

(9) 经检验确认不合格的实物，返工前或清除后，必须经监理人员查实，方可进行下一步工序。如果私自处理完，监理人员不予承认，并用“监理意见通知单”通报建设单位和施工单位协同解决。

(10) 组织或参加重大质量分析会，分析事故原因和性质，找出事故责任人，订出防范措施。

3. 施工进度的控制

(1) 经常监督、检查当月、当日的施工进度。

(2) 严格按工程施工进度网络图控制工程的形象进度。对应该开工的施工项目而未开或延误工期的，以及影响下一步工序施工的，应了解原因所在，并协助施工单位予以解决。实在不能解决的问题，应向领导汇报。

(3) 施工单位每月月底向监理单位提交的施工进度计划，应经监理单位审核方可实施。

(4) 施工进度的修改，应征求监理单位的认可。

4. 投资的控制

施工单位在每月或一项单位工程完成后申报给监理单位的工程结算书，监理单位的经济管理人员应按施工图、设计变更书及监理工程师提供的有关资料进行审核，无异议时可签批。

5. 施工安全的监督

施工单位强调安全施工，注重施工过程，要求人们注意安全，避免事故发生，属于被动提示实施。而监理单位则强调施工安全，注重安全管理，防患于未然，属于主动强制预防。因此，监理人员首先要对施工单位的安全管理机构、制度等，要严格予以审查和监控，然后是集中精力监督检查现场的安全施工。

(1) 审查施工单位的安全机构是否建立，责任是否明确，安全制度是否健全，人员是否到位。

(2) 监理人员应经常检查施工单位在现场所设置的安全标志，安全设施和安全保护设施是否齐全、完整、可靠。

（3）经常与施工单位的安全员取得联系，互通情况，解决有关安全问题。

（4）审查大件起吊方案及吊装措施，监督吊装过程。

（5）发现不安全因素或现象，监理人员应立即向施工单位有关安全部门或安全员提出解决，遇有违章作业或不按安全规程施工者，监理人员有权劝阻制止。

（6）带电作业施工，施工单位应预先通知监理单位。工作时，监理人员需向施工人员的带电作业票和带电作业措施进行审验。然后，方允施工。

说明：

（1）施工组织设计、施工技术方案和施工技术措施是三个截然不同的概念。

1）施工组织设计——对一项工程建设前，系统的、全面的筹划（设想）。

2）施工技术方案——对一项独立的实体产生几种解决方法，选取其一（建议）。

3）施工技术措施——对一项独立的实体所采取的步骤、方法、规定和要求（实施）。

（2）检查、试验和检验三者的概念是不同的。

1）检查——利用目视或简单工具对实物的形状和外观质量而进行的非破坏性的检测过程。

2）试验——利用试验设备对实物的某些性能及获取数据来进行破坏性或非破坏性的检测过程。

3）检验——利用探伤设备对实物的内在质量而进行非破坏性的检测过程。因检验已含检查、试验之意，故统称为检验。

三、工程竣工验收的监理

建设工程的竣工验收是电力工业系统基本建设程序的最后一个阶段，是考核设计、制造、施工、调试的工程质量和生产准备的一次综合性检验，更是建设投资效果转向生产使用的主要标志。从监理角度来看，更需要认真对待。

（一）成立验收组织

在工程竣工验收阶段，必须建立一个领导班子，统一指挥竣工验收全过程，方能使验收工作有组织、有步骤、有条理、有次序地进行。

通常，大、中型发电机组的竣工验收，均由建设单位临时成立验收（或启动）委员会，由上级领导主持该项工作。而小型的发电机组，一般由建设单位临时成立验收领导小组，由建设单位自己主持该项工作。

参与验收委员会的人员主要有：上级机关领导，地方劳动部门，监理、生产、设计、施工、设备制造的代表组成。

验收委员会主任一名（上级领导担任），委员若干名（包括建设、施工单位领导，劳动部门代表、调试负责人、监理单位的总监理工程师等），成员若干名，并有明确职责划分。工作是：

（1）组织施工质量检查。

（2）对检查出的问题，要求施工单位限期整改。

（3）向调试单位简要介绍工程施工进展情况。

（4）建立调试小组（主要是调试、施工、监理和运行人员）。

（5）督促、检查施工及运行单位向调试单位提供的有关调试需要的资料。

（6）审查调试大纲或调试措施，并确定是否符合调试条件。

（二）工程竣工验收的监理

1. 调试及分部试运

调整试验是鉴定机组质量的重要手段，是确保设备安全启动和今后正式运行的必要措施。因此，监理人员必须重视调试和分部试运的监督控制。

（1）监督、检查按系统、按项目进行的调试和分部试运全过程。

（2）审核、验证调试过程所取得的整定数值，并作记录，以便日后核查。

（3）各转动设备分部试运达到运转正常。

（4）调试、分部试运完成后，调试单位应代表调试小组，及时向验收委员会做出书面汇报及存在的问题。

（5）调试单位应及早将该工程调试报告书提交给验收委员会。

（6）参与试运后的质量评定。

2. 整套启动

整套启动是验证整体工程的施工、调试的最后一道关口，是启动起来与否的关键时刻，监理人员应密切注意。

（1）整套机组启动的条件。

1）建筑工程已竣工，易燃、易爆物体、障碍物等均已消除。

2）生产单位需要提供的资料已齐备，运行人员已上岗。

3）主设备、主系统、附属设备、配套工程分部试运合格，仪表、保护装置、远方操作装置、信号、联锁保护等试验合格，自动程控具备投入条件。

4）广用电已投，燃料等已备齐。

5）照明、通信、防寒、采暖无问题。

6）与尚在施工或运行的部位和系统已采取隔离措施。

（2）正式启动。

1）检查转动设备有无异响、卡涩、发热、过大的震动。

2）检查带有流体介质的容器、管道有无泄漏处。

3）检查传动机构是否灵活，指示正确。

4）电测、热工计量仪表和装置是否灵敏，指示准确。

3. 移交生产

发电机组经过72h试运和24h带负荷运转后（现已采取168h），便可向运行单位移交。但在上述各个阶段里所遗留下来的主要问题，督促施工单位及早处理。

4. 办理移交手续

（1）督促、检查施工单位对移交资料的整理。

（2）审查施工单位提交的全部移交资料的内容是否完整、准确、可靠。

（3）如果是受建设单位委托，可与施工单位办理竣工移交手续。

（三）竣工移交后的监理工作

1. 资料整理

整理建设工程全过程的文件、证件、证据和施工技术资料，装订成册归档。

2. 编制工程监理总结

工程监理总结可参考工程监理规划进行编制，但忌讳直套原文，应改写的改写，应该保留的要保留，应删除的删除。其内容有：

(1) 工程概况。

1) 情况简介（包括实际工程总投资）。

2) 设备形式及介质参数。

3) 安装工程量（按机、炉、电、热工划分）。

4) 参与本工程建设的有关单位。

5) 实际安装工程施工进度。

6) 工程特点。

(2) 监理范围。

(3) 监理组成员。

(4) 施工阶段的监理。

1) 开头语：监理组进入施工现场日期；正式开工日期等。

2) 施工质量的监理（按机炉等列出检查、验收项目表）：说明工程质量所达到的、监理规划所规定的质量目标原因及采取的方法；施工过程中发生的质量问题及处理结果。

3) 施工进度的控制：说明安装开始至投产发电止的日期；实际施工项目进度（列表）；施工过程中影响施工进度的因素及解决的方法。

4) 施工过程存在的其他问题，包括设计、设备制造、施工、调试、分部试运等。

5) 遗留问题。

6) 意见和建议。

3. 资料的整理及归档

工程竣工后，应将施工过程中所收集的各种文件、图纸、资料汇集一起，分类、分项进行整理，必要的集于一起，一般的集于一起另放，无用的剔除。一般归档的有：

(1) 上级文件（如命令、指示、通知等）。

(2) 建设单位与施工单位签订的施工合同。

(3) 各种证明文件，如施工单位的资质证书、资质等级证书、法人代表资格证书、法人代表任命书等。

(4) 各种技术证明，如焊工考试合格证书、电工上岗证书等。

(5) 工程竣工图，主要是设计变更后的热力系统图。

(6) 各种技术文件，如施工技术措施、施工组织设计等。

(7) 设计变更书。

(8) 各种试验报告，包括复验报告。

(9) 各种检查、签证记录。

(10) 主要会议纪要。

(11) 主要会议记录（经过整理的）。

(12) 工程质量监理意见通知书及其回执。

(13) 制造单位提供的有关资料。

(14) 工程的监理规划、监理实施细则及投标用的工程监理大纲。

(15) 监理日志和监理月报。

(16) 向上级领导汇报、报告资料。

四、焊接工程监理

电站建设中，大多数金属结构、管道和压力容器的连接或形成一个系统，都是通过焊接这步工序完成的。而质量的好坏，直接影响设备的使用寿命和安全运行，必须予以高度的重视，更是焊接专业监理人员的重点监理任务，绝不可疏忽大意。

焊接专业的监理，实质上也包括了焊后热处理和焊接接头检验两部分监理，而且在主要部位焊接质量监理的基础上，侧重于重要管道（如主蒸汽、主给水、再热、锅炉受热面、汽机导汽等）焊接的监理工作。现对重要管道（俗称高压管道）按焊接、热处理、检验三道工序的监理予以叙述。

1. 焊接质量的监理

（1）管道焊接前的监理。

1）审查焊接施工组织设计和有关的技术措施。

2）审核焊工的考核合格证书的考试项目、类别、规格、施焊工作范围及合格证书的有效期限。

3）审核焊接材料（如焊条、焊丝等）的出厂合格证件。

4）审查焊接工艺评定书和焊接作业指导书。

5）检查各种焊接记录图表（如焊接记录图、焊接数据表、焊接工程施工进度网络图等）。

6）审核被焊管道的出厂合格证书，核检被焊金属管道的材质证明是否符合质量标准。

（2）管道焊接过程的监理。

1）检核待焊金属管道的外观质量。

2）检查焊接材料的实物质量，有无过期、受潮、腐蚀、脱皮等失效现象。

3）监督检查焊条的烘焙情况，是否按规定的温度和时间进行干燥，使用时是否处于保护良好状态，焊丝是否打磨光亮。

4）检查管端的坡口加工质量及清洁程度。

5）管道接口点固焊后，检查对口质量应符合规定要求。

6）必须进行预热的管道接口，点固焊及正式施焊前，必须按“焊接作业指导书”要求的预热温度和时间进行预热。

7）检查焊工所持的“焊接作业指导书”，是否与被焊管道规定相符，并按其对正式施焊过程进行监督、检查。

（3）管道焊后的监理。

1）检查该焊口的焊工钢印代号。

2）检查焊缝外观质量有无超标缺陷（尤其是咬边和错口）。

3）检查焊接接头的弯折度是否超标。

4）检查焊工焊接自检记录。

2. 热处理质量的监理

管道焊接接头焊后热处理的目的是：改善金相组织、提高所需性能和消除残余应力。因此，对合金钢管及碳素钢大径管在施焊后，必须按规定进行焊后热处理。这是监理人员重点监督检查的一项主要工序。

（1）热处理前的监理。

1）审查“热处理作业指导书”（包括工艺流程）。

2）检查热处理记录表格的准备。

3）审核热处理工的合格资质证书。

4）检查热处理机构和人员配置。

5）检查热处理设备及加热装置的完整性、可靠性。

6）检查热电偶、补偿导线、补偿装置的有效性。

（2）热处理过程的监理。

1）检查热电偶正确的置放及绑扎的牢靠。

2）检查保温材料覆盖的宽度和厚度。

3）检查加热装置正确的选择和置放的恰当。

4）检查热电偶与控制设备内元件的接线是否正确。

5）检查仪器、表计、自动记录仪的指示是否灵活、准确。

6）核实焊接提供的管道系统图。

（3）热处理后的监理。

1）每道大径管或几道小径管道焊接接头一起热处理后，要核实热处理记录及热处理曲线图。

2）监督、检查硬度试验及其结果，并作记录。

3）硬度试验结果不合格时，应协助找出原因，采取措施解决。

3. 焊接接头检验的监理

焊接接头的检验，一般分为破坏性试验和非破坏性探伤两种。除特殊规定必须采取破坏性试验外，通常对管道的焊接接头均采取无损检验（指射线探伤、超声波探伤）来判定其内部质量。这是质量把关的重要工序，监理人员必须严格加以监督控制。

（1）质量检验前的监理。

1）审核金属试验室的资质及等级资质证书。

2）审查试验室的组织结构和成员情况。

3）检查试验室的工作流程和检验工艺流程。

4）审核试验人员的考试合格等级资质证书。

5）审查检验记录和检验报告的格式。

6）检查焊接提供的管道焊接系统图。

7）检查试验设备的完好程度及工作的能力。

8）检查标准块是否符合要求，透视底片是否在有效期内。

（2）质量检验过程的监理。

1）监督、检查操作人员是否按检验工艺流程进行。

2）检查透视底片、铅字等置放的位置是否正确。

3）检查仪器与底片间的距离和角度是否恰当。

4）检查检验部位号是否与图纸相符。

（3）质量检验后的监理。

1）检查射线探伤底片质量是否符合要求。

2）审查已经评判焊接质量的结论有无错判。

3）督促试验室及时出检验报告或临时证明书。

4）试验报告必须由Ⅱ级以上检验人员签字，并盖试验室公章为有效。

4. 焊接后期工作的监理

督促、检查焊接部门及早收集、整理有关竣工移交资料。

第四节 监理常用的记录表格

监理常用的记录表格各监理单位有着各自不同格式、内容和要求，但归纳起来，根据用途划分，一般不外乎有自用或向上级呈报、对外、接收和归档四种。但均应按其性质的不同予以区分，即按管理、进度、质量、投资和安全类别划分为宜。

一、管理用的记录表格

1. 台账（G1）

为了加强文件资料的管理，首要的是建立登记用的台账，以便询查。台账可分为收件台账和发件台账两大类，分别又以管理、进度、质量、投资、安全分册区分。

发件规则：发件为三份，建设、施工、监理各一份，发前要记录及注明日期，发时三份都要签字及注明日期，并在发件台账的收件人栏上签字。

2. 监理日志（G2）

监理日志是记载工程全过程的第一手资料，它不但真实反映出施工进度、工程质量情况，也记录了工程所发生的问题、解决办法和处理结果等一系列事实，因此，监理人员必须做好监理日志。监理日志一般随监理月报上报。

3. 监理月报（G3）

监理月报是每月必报的工程信息反馈、具有综合性的上报资料，其报表包括：工程概况（G3-1-）、工程进度情况（G3-2-）、工程质量验收情况（G3-3-）、工程进度记录（G3-4-）、工程综合分析（G3-5-）等。

4. 资质等级（证书等）核查记录（G4）

5. 岗位证书核查记录（G5）

6. 施工图会审记录（G6）

7. 施工、调试措施方案记录（G7）

8. 设计变更审核记录（G8-）

9. 会议记录（G9）

10. 工程要事记录（G10）

二、工程进度用的记录表格

1. 工程主要形象进度控制计划（包括重要部位控制点，J1）

2. 工程进度记录（J2）

三、工程质量用的记录表格

1. 设备开箱检查记录（J3-）

2. 监理单位验收项目清单（J4）

3. 工程质量验收及评定记录（J5-）

4. 质量问题记录（J6）

5. 工程质量问题通知单（J7 - ）

6. 工程质量事故记录（J8）

7. 检验试验报告记录（J9）

8. 停工通知单（J10-）

9. 复工通知单（J11-）

10. 延长工期审批表（J12）

四、工程投资用的记录

1. 工程款拨付记录（T1-）

2. 减低造价记录（T2）

3. 预算审核记录（T3-）

4. 计经问题洽商记录（T4）

5. 概（预）算核审通知单（T5）

五、安全施工用的记录表格

1. 安全检查记录（A1）

2. 安全问题通知单（A2）

附：

监 理 工 作 守 则

第一条 建设监理单位和监理工程师除受国家、地方政府法规的约束外，还必须遵守本守则的各项规定。

第二条 熟悉并正确执行国家及地方法规、规范、标准。

第三条 守法、公正、诚信、科学、秉公办事，认真服务，维护国家利益。

第四条 不允许以个人名义在任何报刊和其他广播媒介登载承揽监理业务的广告。

第五条 不得承担本专业以外的业务及自己无把握的业务，不允许发表贬低同行，吹嘘自己的文章和讲话。

第六条 监理单位负责人、监理工程师和其他从事监理的成员，不允许在政府部门及施工、材料、设备制造、供应单位兼职。

第七条 不承包委托材料、设备的工程项目。

第八条 不向承建单位供应监理项目所需的材料和设备。

第九条 必须严格履行监理合同所承诺的责任和义务，不得单方废约，并对监理行为承担法律责任。

第十条 独立承担的监理业务不得转让，也不允许其他单位假借监理单位的名义执行监理业务。

第十一条 在监理工作中，不从事超越监理合同规定权限的活动。

第十二条 不允许泄漏自己所监理的工程项目需要保密的事项，在发表自己所监理的工程有关的资料和论文时，需得到委托方同意。

第十三条 除监理合同规定的酬金外，监理人员不得接收委托方额外津贴、材料设备供应单位回扣、施工盈利分配及对技术判断有影响或对委托方失职行为的任何收益。

第十四条 对自己所监理的项目，如需聘请外单位咨询专家或辅助监理人员时，需得到委托方认可。

第十五条 坚持公平和公正的立场处理各方争议。

第十六条 必须坚持科学态度，正确及时掌握现场第一手资料，用科学依据和数据说话，对自己的建议和判断负责，不唯委托或上级意图是从。

第十七条 当自己的建议和判断被委托方或上级否定时，应向其充分说明可能产生的后果，并作好监理记录。

第十八条 监理工程师要服从总监理师（副总监理师）或专业部门的领导，及时完整填写监理日志，适时汇报工作情况。

第十九条 接受建设主管机关的管理和监督，定期报告监理情况。

第二十条 虚心接受委托方和被监理单位的意见，尊重客观事实，及时总结经验，不断提高监理工作水平。

第二十一条 因监理过失而造成的重大事故，应按合同规定承担一定的经济责任，并对当事人给予罚款、警告、记过，直到吊销监理工程师执照和撤换监理人员的处分。

监理单位的法定代表人，要按职责对其经手的工程质量终身负责。

（摘自国务院办公厅“关于加强基础设施工程质量管理的通知”—刊登 1999 年 2 月 24 日人民日报）

复　习　题

1. 什么叫监理？作用是什么？
2. 工程建设监理共有几类？其性质有何不同？
3. 监理的基本任务是什么？
4. 监理“四控制”内容是什么？
5. 监理“一协调”的作用是什么？
6. 监理前的准备工作有哪些？
7. 设备制造的监理工作有哪些？
8. 在实施监理活动中应注意什么？如何与各方处理好关系？
9. 监理机构是如何设置的？监理人员如何配备？
10. 什么叫基建程序？分几个阶段？内容是什么？
11. 工程建设监理前期准备工作的内容是什么？
12. 焊接工程监理内容是什么？
13. 焊接质量如何监理？
14. 热处理质量如何监理？
15. 焊接接头检验质量如何监理？
16. 焊接工作结束后监理工作内容是什么？
17. 如何作好焊接监理总结？

后 记

在火电工程建设中，焊接既特殊，又非常重要。所谓特殊，是指锅炉、汽轮机、电气等需要它的配合，而重要锅炉、汽轮机管道管子焊口以及发电机母线都离不开焊接。在火电工程施工现场有一种说法，“一焊（焊接）、二起（起重）、三转（调试）”抓好了，完成工程任务就有了保证，由此可见焊接的重要性。

笔者是曾在电力安装基层单位和主管部门工作了40多年的焊接工作者，对上述说法深表同意，焊接工作的重要性也得到了各级领导的认同。

本书出版前的初稿曾在国电焊接信息网举办的焊接质检人员培训班使用了5年，经过不断地征求意见并修改，遂成2005年由中国电力出版社正式出版的《电力焊接技术管理》一书。为了更为详尽地介绍火电建设的发展历史和技术进步，国电焊接信息网组织业内资深的老前辈编写了《火电建设焊接纪事》一书，2007年由中国电力出版社出版。

2002年以后，由于电力行业机构变化很大，没有一个火电建设部门的主管单位，因而很多重要的焊接技术活动都中断了。一些基层单位的焊接人员渴望有一个机构，为他们提供技术活动的舞台。存在30多年的国电焊接信息网责无旁贷，为电力行业的焊接工作者提供了信息沟通、交流的平台，2003年开始就对大型火电机组焊接、热处理等出现的问题，及时召开专题研讨会，活动卓有成效。

目前，我国的市场经济正向深度、广度发展，在这种形势下，火电工程建设一定要抓好技术管理，特别是工程质量管理。2012年底，我国发电装机容量达到11.4亿kW，到2020年将达到20亿kW，火电焊接工作者任重道远，让我们为中国龙腾飞而努力奋斗吧！